中国水利教育协会组织编写
全国中等职业教育水利类专业规划教材

水工模板工程施工

主　编　孟秀英
副主编　唐志全

内 容 提 要

本书是全国中等职业教育水利类专业规划教材，是根据全国水利中等职业教育研究会制定的《水工模板工程施工》教学大纲编写完成的。本书共9章，内容包括绪论、模板工程基础知识、胶合板模板及木模板、钢模板、滑动模板、大模板、永久性模板、爬升模板及其他模板、模板工程施工质量控制等内容。本书的编写全部采用新标准，广泛吸纳新技术，并针对职业教育的特点，突出实用性，注重理论知识与实践操作相结合，按照教学改革要求，培养模板施工技能型应用人才。

本书可供中等职业技术学校、高等职业专科学校水利水电工程专业、水利水电施工专业、监理专业以及相关建筑施工专业等教学使用，也可作为其他相近专业的教学参考书，还可供水利水电工程技术人员参考使用。

图书在版编目（CIP）数据

水工模板工程施工 / 孟秀英主编. -- 北京 : 中国水利水电出版社, 2011.1(2023.2重印)
全国中等职业教育水利类专业规划教材
ISBN 978-7-5084-8073-2

Ⅰ. ①水… Ⅱ. ①孟… Ⅲ. ①水利工程－模板法施工－专业学校－教材 Ⅳ. ①TV54

中国版本图书馆CIP数据核字(2011)第000075号

书　名	全国中等职业教育水利类专业规划教材 **水工模板工程施工**
作　者	主编　孟秀英　副主编　唐志全
出版发行	中国水利水电出版社 (北京市海淀区玉渊潭南路1号D座　100038) 网址：www.waterpub.com.cn E-mail：sales@mwr.gov.cn 电话：(010) 68545888（营销中心）
经　售	北京科水图书销售有限公司 电话：(010) 68545874、63202643 全国各地新华书店和相关出版物销售网点
排　版	中国水利水电出版社微机排版中心
印　刷	北京市密东印刷有限公司
规　格	184mm×260mm　16开本　14.25印张　338千字
版　次	2011年1月第1版　2023年2月第3次印刷
印　数	6001—7000册
定　价	**39.00**元

全国中等职业教育水利类专业规划教材

编　委　会

前　言

本书是根据教育部《关于进一步深化中等职业教育教学改革的若干意见》（教职成［2008］8号）及全国水利中等职业教育研究会2009年7月于郑州组织的中等职业教育水利水电工程技术专业教材编写会议精神组织编写的，是全国水利中等职业教育新一轮教学改革规划教材，适用于中等职业学校水利水电类专业教学。

“水工模板工程施工”是水利类职业学校学生必修的一门专业课，是一门理论与实践紧密结合的应用型专业课。本课程介绍了水工模板的基本要求、分类、设计制作、组合、安装等。通过对本课程的学习，使学生掌握水工模板施工的基本操作技能。

混凝土模板施工是建筑领域重要的课题之一，根据我国的施工经验统计，在闸、坝等大体积混凝土施工中，模板工程的造价约占钢筋混凝土总造价的5％～10％，用工量占总用工量的10％～20％；而在厂房或结构复杂的混凝土施工中，模板工程的造价约占钢筋混凝土总造价的20％～30％，用工量占总用工量的30％～50％。所以，掌握、应用、推广模板施工技术具有重要的意义。

本书在注重模板基础知识的同时，结合水利专业施工实际，按照职业教育的要求，结合教学改革实践，严格遵照水利水电工程的新标准、新技术的要求，在编写过程中突出实用性，使学生能更好地理解和掌握模板知识。

本书共9章，内容包括绪论、模板工程基础知识、胶合板模板及木模板、钢模板、滑动模板、大模板、永久性模板、爬升模板及其他模板、模板工程施工质量控制等内容。

本书由河南省水利与环境职业学院孟秀英任主编，新疆水利水电学校唐志全任副主编。第1～3章、第8章、第9章由孟秀英编写，第4章、第5章由河南省水利与环境职业学院赵辰编写，第6章、第7章由唐志全编写。全书由孟秀英统稿。

恳请广大读者对书中存在的缺点和错误随时提出批评和指正。

编　者

2010年5月

目
录

第一章 绪 论

第一节 我国的水电技术与模板工程

我国河川水能资源丰富，理论蕴藏量为6.76亿kW，技术可开发容量3.78亿kW，相应年发电量19233亿kW·h，截至2008年底，中国水电总装机容量已达到1.72亿kW，是世界上最大的水力发电国家，其中黄河上游水电装机容量接近800万kW，年发电量为2129亿kW·h。截至2008年底，我国技术可开发水能资源利用率为26%，而美国为67.4%，法国为96.9%，加拿大为38.6%，日本为66.6%。

随着我国国民经济的高速发展，近10年来我国水利水电工程建设达到了高峰，以三峡、小湾、溪洛渡、龙滩、南水北调等工程为代表的世界级特大工程相继开工建设。世界级的工程需要国际领先的技术，工程建设的形势推动了施工技术的发展，日新月异快速进步的施工技术保证了工程建设的高速度、高质量。目前我国水利水电工程施工技术总体上代表了世界先进水平，许多项目的施工技术达到了国际领先水平。

水利枢纽一般主要由挡水建筑物、泄水建筑物、排沙设施、发电引水系统、发电系统以及其他引水设施和过坝设施等组成。各种水工建筑物的结构一般为现浇钢筋混凝土结构，模板工程是混凝土结构工程施工的重要工具，模板工程是水利水电工程施工中的一个重要项目。

模板工程已成为水电施工中最重要的环节之一。因此，采用先进的模板技术，对于提高工程质量、加快施工进度、提高劳动生产率、降低工程成本和实现文明施工都具有十分重要的意义。

第二节 我国模板工程的发展

一、模板材料

我国在20世纪60年代前的水利水电工程施工中主要采用木质模板，由于木材易于制作成各种形状，有些形状特殊的构筑物，如水电站的尾水管、各种进水口的渐变段等混凝土浇筑通常均采用木材制作模板，近代仍然有许多水利水电工程中使用木模板或钢木混合结构。

70年代以来，我国在混凝土坝施工中多采用大型钢木混合模板，随后广泛发展了滑动模板以及由此带来的混凝土浇筑工艺的革新。1973年丹江口水库下游引水工程排子河渡槽的空心墩，采用了滑动模板施工方案。1975年密云水库溢洪道工程的溢流堰和陡槽陡坡混凝土衬砌，采用了沿轨道行走的拖板式滑动模板，1997年在曲率变化复杂的清水闸双曲拱坝上采用了滑动模板施工，在这一时期还有竖井、隧洞、渠道、拦污栅工程等采用了滑动模板施工。

70年代末，我国执行以钢代木的技术政策，组合钢模板大部分用于基础、柱、梁、板、墙等施工中，尤其用于水电工程中的大体积混凝土施工中，呈现出了明显的优势。钢模板的周转率为50次，大型木模板为15次，一般木模板为7次。

目前，胶合板模板已越来越广泛地被采用。它具有以下优点：①板幅大，最大可达2440mm×1220mm，可减少拼缝，节约立模用工；②承载能力大，重量轻；③表面经耐磨处理后，可重复使用；④加工容易，用于曲面施工较方便；⑤保温性能好。

以竹代钢、以竹代木是制作模板面板的新趋势。我国竹材资源十分丰富。竹材还具有生产周期短、再生性强的特点。竹材的力学性能优于木材，而且收缩率、膨胀率和吸水率均较低。竹胶合板比木胶合板强度高，韧性好。其表面光滑、平整，容易脱模，使混凝土表面成形质量好，可用于清水混凝土。其耐水性好，遇水受潮不变形，板材可正反两面使用，周转次数可达30～50次以上。其施工性能好，可锯可截，而且价格较低。因此，在我国木材资源短缺的情况下，用竹胶合板做模板的面板，前景十分广阔。

二、模板结构

中小型水电站一般由发电厂房、拦河大坝、引水及溢洪设施等水工建筑物组成，多建在山丘地区，以利用其良好的自然条件，获取较好的投资效益和社会效益。施工中主要使用普通木模板、竹胶合板模板、散装钢模板、异形木模板和轻便的移动式模板等。

在水工建筑物施工中，按模板的使用特点可将其分为：①普通模板，包括木模板、组合钢模板和胶合板模板等；②异形模板，包括尾水管模板、渐变段模板、蜗壳模板等；③移动模板，包括半悬臂模板、悬臂模板、钢模台车、自升模板、针梁模板等；④滑动模板，包括滑模、拖模等；⑤预制混凝土模板，包括预制廊道模板、预制倒T形梁模板、预制叠合板模板等。

现在用于大面积平面支模的模板有不同尺寸系列的组合钢模板、钢框胶合板模板、悬臂大模板、翻转模板、自升式模板等；滑模装置有液压千斤顶—钢筋支承杆滑模系统、液压千斤顶—钢管支承杆滑模系统、滑框倒模系统、斜井滑模系统等；隧洞衬砌模板台车有方圆形隧洞的边顶拱台车、圆形隧洞的全断面针梁台车和全断面多功能台车等；具有特殊功能的模板有网状模板、吸水模板、保温保湿模板、真空模板、清水（镜面）混凝土模板等。由于模板结构的创新和施工工艺的精细化，模板功能已经从混凝土成型扩展到混凝土表面免装修、提高混凝土性能和养护等功能。

为提高组合钢模板的强度和刚度，增大模块的面积，减少模板组拼的接缝，已将小钢模的钢板厚度由原来的2.3mm或2.5mm改为2.5mm、2.75mm和3mm；最大模块的规格尺寸，由原来的1500mm×300mm改为1800mm×600mm。

钢框胶合板模板是将胶合板面板嵌入钢框内，既可保护胶合板的边角，又提高了模板整体刚度与承载能力。钢框组合式模板中，如今已有多种肋高（55～90mm）的钢框木（竹）胶合板模板；模板的最大规格也达到2400mm×1200mm。

三、新型模板

1. 悬臂模板

悬臂模板主要应用于大体积混凝土和高边墙等构筑物大面积的直立面和陡倾角斜面支模，其优点是利用起吊设备安装和拆除，施工效率高、周转次数多、混凝土表面成型好。

悬臂模板早在20世纪70年代后期就开始应用。现在的悬臂模板结构合理，基本定型，调节灵活，操作方便。多卡模板是一种典型的悬臂模板。

2. 翻升模板

翻升模板主要应用于碾压混凝土坝施工。碾压混凝土是干硬性混凝土，加之施工仓面大、混凝土上升速度较慢，所以模板承受的混凝土侧压力较小。同时要求模板安装和拆除快捷、方便，以满足碾压混凝土连续铺筑上升的要求。所以，碾压混凝土坝越来越多地采用悬臂翻升模板代替以前采用较多的悬臂模板。悬臂翻升模板是对碾压混凝土采用的悬臂模板的一种改进。

3. 自升式模板

自升式模板在竖井衬砌中应用较多。三峡永久船闸竖井施工采用的液压自升式模板，该模板的中层主梁和下层主梁两端的支腿插入混凝土预留槽内，支腿可以向下转动，但不能向上转动。当油缸活塞顶出时，下层主梁由支腿支承、不动，油缸顶托中层主梁及其上部的竖井模板上升，此时中层主梁的支腿从混凝土预留槽内滑出，直至进入上一层预留槽内，接着收回油缸活塞，此时中层主梁由支腿支承而不能下移，下层主梁的支腿从混凝土预留槽内滑出，下层主梁在油缸的带动下上升，直至其支腿进入上一层预留槽内。如此循环，实现竖井模板的自升。

4. 滑模

我国水利水电工程施工从20世纪70年代开始采用滑模技术。30多年来，滑模施工技术和工艺不断革新、改进，应用范围越来越广，已成为水工建筑物混凝土施工经常采用的施工方法。现在，滑模不仅应用于闸墩、井筒等竖直的高耸建筑物施工，而且应用于溢流面、面板、边坡等倾斜面施工；不仅应用于竖井施工，而且应用于斜井、隧洞底拱乃至平洞施工。滑模的提升（牵引）设备也趋于多样化，除了最初普遍采用的沿ϕ25圆钢爬升的穿心千斤顶外，还有沿ϕ48钢管爬升的起重量较大的千斤顶、沿轨道爬升的爬钳以及连续拉伸钢绞线的液压千斤顶等。

5. 飞模

飞模是一种大型工具式模板，因其外形如桌，故又称为桌模或台模。该模板是借助起重机械从已浇好的混凝土的楼板下吊运飞出转移到上层重复使用，所以称为飞模。

飞模是近年来发展起来的一种主要应用于高层建筑的混凝土模板施工技术，现浇混凝土板柱结构标准层采用飞模施工，具有以下特点：一次组装、整支整拆、重复使用，可节约支拆用工，加快施工速度；飞模借助起重机械从浇筑完的楼盖中飞出，立即转移到上一层或移动到同一楼层另一流水施工段施工，模板不落地，可减少临时堆放模板场地，特别适于用地紧张的工地施工。

6. 钢模台车

现在，隧洞混凝土衬砌普遍采用了各种形式模板台车。针梁模板台车自20世纪80年代初在鲁布革电站由国外引进以来，迅速推广，现在已经比较普遍地应用于圆形断面隧洞全断面衬砌。针梁台车的优点是实现全断面浇筑混凝土，提高了衬砌结构的整体性；针梁和模板互为支承，逐段推进，施工效率高。其缺点是钢结构工程量较大，造价较高；底拱混凝土的上浮力引起的模体变形较大，而且较难克服。因此，针梁台车在超过10m直径的大断面隧洞中很少应用。

大断面隧洞的混凝土衬砌，一般采用先底板、后边顶拱的施工程序。在已浇筑的底板混凝土上架设重型钢轨，安装电动驱动、液压控制的钢模台车、钢筋台车和灌浆台车，实施钢筋绑扎、边顶拱混凝土浇筑和灌浆施工的流水作业。18m 直径的小湾水电站引水隧洞混凝土衬砌就是采用这样的施工程序。

第三节 模板工程的重要性

一、控制施工进度

模板工程可以控制施工进度，在大体积混凝土施工中，根据一些工程的统计，模板的拆装时间，约占总施工周期的35%。模板工序在许多情况下是施工网络图中的关键线路，模板装拆作业往往是控制性工序之一，直接影响工程进度。在某些特殊部位，如大坝溢流面、尾水管弯管段等部位的模板安装，模板工艺的改进常常可以加快施工进度。

二、影响工程造价

根据我国施工经验统计，在闸、坝等大体积混凝土施工中，模板工程的造价约占钢筋混凝土总造价的5%～10%，用工量占总用工量的10%～20%；而在厂房或结构复杂的混凝土施工中，模板工程的造价约占钢筋混凝土总造价的20%～30%，用工量占总用工量的30%～50%。

在国外混凝土坝施工中，前苏联模板的平均劳动消耗占混凝土单价的10%～22%；日本模板费用占施工中的费用为：拱坝47%，重力坝30%；美国模板工程占总费用的20%。

三、改变浇筑工艺

随着模板技术的不断进步，在施工中可以改变混凝土的浇筑工艺。

传统的模板形式是采用拉条固定面板，这种结构方式妨碍入仓，混凝土拌和物的整平与捣固，妨碍面层的凿毛清理，妨碍浇筑仓面的施工准备工作，无法进行机械化作业。

悬臂模板则大大克服了传统模板形式的缺点，在机械化施工和减少劳动消耗上呈现了很大的优势。

意大利修建阿尔卑—得热拉大坝时，采用了一种不拆除的模板（钢挡板），由于这种模板形成了承压面，所以大幅度降低对大坝混凝土砌体的要求，取消了浇筑块间接缝的防渗，采用分层铺筑混凝土，取消施工中的工作面（在混凝土铺完之后用专门机械切出工作缝）。

前苏联在萨扬诺—舒申斯克水电站施工中架用带“锚杆”的双层悬壁模板，这种模板的支撑柱不是向下伸而是向上伸出，下层模板的支撑柱支撑上层模板的面板，模板的自重和混凝土的侧压力均由下层模板承受，因此每个浇筑仓至少有两层模板，这种模板只需拆除下层模板的固定螺栓。因此，减少了各浇筑层间的时间间隔，提高了浇筑速度，减少了混凝土表面的清理工作与准备工作量。

滑动模板则对混凝土浇筑速度更显示出优势和潜在的生命力，这种形式的模板除表现在时间效益（工期缩短）上外，模板本身的价格也可以降低，而且能很大程度上提高混凝土浇筑效果。

总之，不同的模板形式决定了混凝土浇筑的不同施工工艺，也对混凝土的质量和工程效益有不同的影响，如何改进模板工艺是一个重要课题。

四、影响工程质量

模板工程是为混凝土成型用的模板及支架的设计、安装、拆除等一系列技术工作和完成实体的总称。模板工程对保证混凝土外观几何尺寸、外观质量起着决定性作用。工程中因模板及支架系统承载力低、刚度及稳定性差出现局部的、全部的失稳坍塌，以及各种不同程度的跑（胀）模或者出现的其他（变形）问题，对工程质量都会产生很大的影响。

第二章　模板工程基础知识

模板是一种临时性结构，根据设计要求，使混凝土结构、构件按照规定的位置、几何尺寸成型，保持其正确位置，并承受模板自重及作用在其上的荷载。

模板工程是指新浇混凝土成型的模板以及支撑模板的一整套构造体系。其中，接触混凝土并控制预定尺寸、形状和位置的构造部分称为模板，支撑和固定模板的杆件、桁架、连接件、金属附件、工作便桥等构成支撑体系。

第一节　模板的作用与要求

一、模板的作用

模板工程是混凝土工程施工中必不可少的工程，需要消耗大量的木材、钢材、劳力和资金，其质量好坏直接影响工程质量、进度和费用。

模板对混凝土的作用主要有以下几点：

(1) 支撑作用。支撑混凝土的重量、流态、混凝土侧压力及其他施工荷载。

(2) 成型作用。使新浇混凝土凝固成型，保证结构物的设计形状、尺寸和相对位置的正确。

(3) 保护作用。使混凝土在较好的温湿条件下凝固硬化，减轻外界气温的有害影响。

除上述作用外，某些模板还有改善混凝土表面质量的作用，如真空模板和混凝土预制模板等。

二、模板的要求

现浇混凝土结构工程施工用的模板结构，主要由面板、支撑结构和连接件三部分组成。面板是直接接触新浇混凝土的承力板；支撑结构则是支撑面板、混凝土和施工荷载的临时结构，保证模板结构牢固组合，不变形、不破坏；连接件是将面板与支撑结构连接成整体的配件。

模板结构使用的材料种类很多，常用的有木材和钢材，其他还有铝合金、竹木、胶合板等。为了确保模板结构的质量和施工安全，模板结构材料必须满足以下要求：

(1) 具有足够的强度，以保证模板结构具有足够的承载能力。

(2) 具有足够的刚度和稳定性，能可靠地承受本标准规定的各项施工荷载，并保证变形在允许范围内。

(3) 面板板面平整、光洁，拼缝密合、不漏浆，确保新浇筑混凝土的表面质量。

(4) 坚持因地制宜、就地取材的原则，做到支拆简便，周转次数多。

(5) 保证工程结构和构件各部分形状尺寸和相互位置。

(6) 能可靠地承受新浇筑混凝土的自重和侧压力，以及在施工过程中所产生的荷载。

(7) 构造简单，安装和拆卸方便、安全，满足浇筑、养护等要求。

（8）尽量做到标准化、系列化，能重复使用。

第二节 模板的分类

一、按材料性质分类

模板是混凝土浇筑成型的模壳和支架。按材料性质可分为木模板、钢模板、塑料模板等。

1. 木模板

混凝土工程开始出现时，都是使用木材来做模板。然后经过组合成构件所需的模板。木材被加工成木板、木方，20 世纪 50 年代，我国现浇结构模板主要采用传统的手工拼装木模板，耗用木材量大，施工方法落后。

近些年，出现了用多层胶合板做模板料进行施工的方法。对这种胶合板做的模板，国家专门制定了 GB/T 17656—2008《混凝土模板用胶合板》的专业标准，对模板的尺寸、材质、加工提出了规定。用胶合板制作模板，加工成型比较省力，材质坚韧，不透水，自重轻，浇筑出的混凝土外观清晰美观。

2. 钢模板

国内使用的钢模板大致可分为两类：一类是小块钢模，它是以一定尺寸模数做成不同大小的单块钢模，最大尺寸是 300mm×1500mm×50mm，在施工时拼装成构件所需的尺寸。也称为小块组合钢模，组合拼装时采用 U 形卡将板缝卡紧形成一体；另一类是大模板，它用于墙体的支模，多用在剪力墙结构中，模板的大小按设计的墙身大小而定型制作。

20 世纪 60 年代，为了节约木材，提高工效，开始推广定型模板和钢木混合模板，并在烟囱、筒仓结构施工中出现提模与滑模等工艺。70 年代初，我国开始贯彻“以钢代木”方针，发展钢模板。由于其使用灵活、通用性强等特点，是当前采用最广的一种模板，1984 年已占现浇模板使用面积的 45%。

3. 塑料模板

塑料模板是随着钢筋混凝土预应力现浇密肋楼盖的出现而创制出来的。其形状如一个方形大盆，支模时倒扣在支架上，底面朝上，称为塑壳定型模板。在壳模四侧形成十字交叉的楼盖肋梁。这种模板的优点是拆模快，容易周转，它的不足之处是仅能用在钢筋混凝土结构的楼盖施工中。

4. 其他模板

20 世纪 80 年代中期以来，现浇结构模板趋向多样化。主要有胶合板模板、塑料模板、玻璃钢模板、压型钢模、钢木（竹）组合模板、装饰混凝土模板以及复合材料模板等。

二、按施工工艺条件分类

模板按施工工艺条件可分为现浇混凝土模板、预组装模板、大模板、爬升模板等。

1. 现浇混凝土模板

根据混凝土结构形状不同就地形成的模板，多用于基础、梁、板等现浇混凝土工程。

模板支承系多通过支于地面或基坑侧壁以及对拉的螺栓承受混凝土的竖向和侧向压力。这种模板适应性强，但周转较慢。

2. 预组装模板

由定型模板分段预组成较大面积的模板及其支承体系，用起重设备吊运到混凝土浇筑位置。多用于大体积混凝土工程。

3. 大模板

大模板是大型模板与大块模板的剪成，采用专业设计和工业化加工制作的一种工具式模板，一般与支架连在一起，具有安装和拆除方便、尺寸准确、板面平整、周转使用次数多等特点。主要用于筒体结构中竖向结构的施工。

4. 爬升模板

由两段以上固定形状的模板，通过埋设于混凝土中的固定件，形成模板支承条件承受混凝土施工荷载，当混凝土达到一定强度时，拆模上翻，形成新的模板体系。多用于变直径的冷却塔、进水塔以及设有滑升设备的高耸混凝土结构工程。

5. 水平滑动的隧道模板

由短段标准模板组成的整体模板，通过滑道或轨道支于地面、沿结构纵向平行移动的模板体系。多用于地下直行结构，如水工隧洞、地沟、封闭顶面的混凝土结构。

6. 垂直滑动的模板

由小段固定形状的模板与提升设备，以及操作平台组成的可沿混凝土成型方向平行移动的模板体系。适用于高耸的框架、烟囱、圆形料仓、竖井等钢筋混凝土结构。根据提升设备的不同，又可分为液压滑模、螺旋丝杠滑模以及拉力滑模等。

三、按使用特点分类

在水工建筑物施工中，按模板的使用特点可将其分为普通模板和异形模板。

1. 普通模板

普通模板是指常规的定型模板，包括木模板、组合钢模板和胶合板模板等。

2. 异形模板

异形模板是指非定型的模板。包括尾水管模板、渐变段模板、蜗壳模板等。

第三节 模板的连接工具

固定模板的连接工具除木模板采用螺栓与原钉外，一般采用U形卡、L形插销、钩头螺栓、紧固螺栓、对拉螺栓和扣件等。

一、U形卡

U形卡用于钢模纵横向自由拼接。相邻模板的U形卡安装间距一般不大于300mm，即每隔一孔卡插1个，如图2-1所示。

二、L形插销

L形插销用来插入钢模板端部横肋的插销孔内，以增强两相邻模板接头处的刚度和保证接头处板面平整，如图2-2所示。

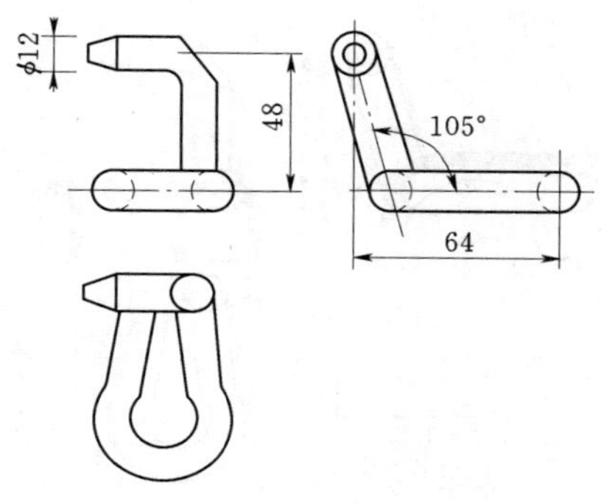

图 2-1　U 形卡示意图

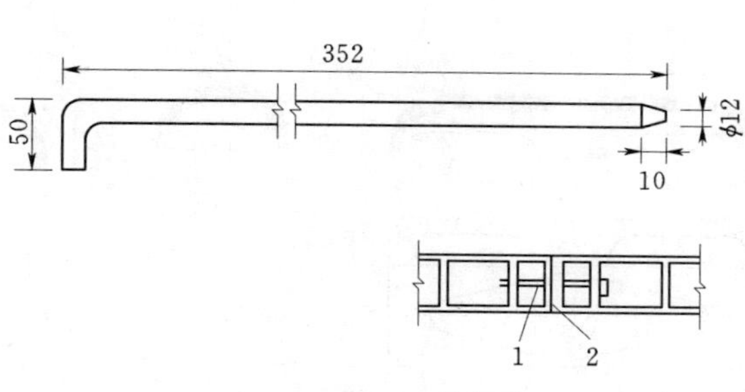

图 2-2　L 形插销示意图

1—L 形插销；2—模板端部

三、钩头螺栓

钩头螺栓用于钢模板与内外钢楞的连接固定。安装间距一般不大于 600mm，长度应与采用的钢楞尺寸相适应，如图 2-3 所示。

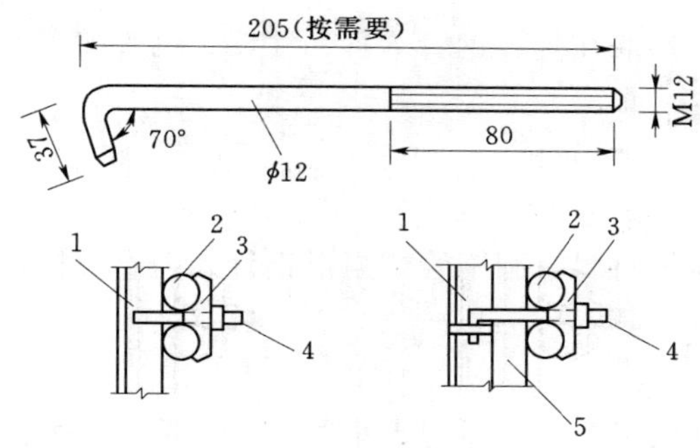

图 2-3　钩头螺栓示意图

1—L 形插销；2—模板端部；3—“3”字形扣件；4—钩头螺栓；5—直楞

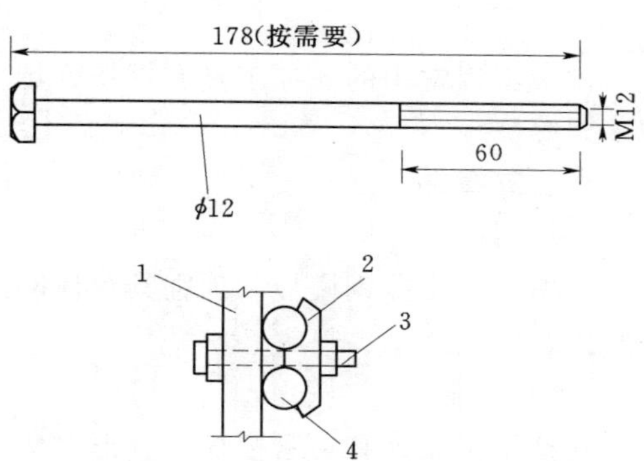

图 2-4　紧固螺栓示意图

1—直楞；2—“3”字形扣件；3—紧固螺栓；4—横楞

四、紧固螺栓

紧固螺栓用于紧固内外钢楞，长度应与采用的钢楞尺寸相适应，如图 2-4 所示。

五、对拉螺栓

对拉螺栓用于连接墙壁两侧模板，对拉装置的种类和规格尺寸，可按设计要求和供应条件选用。螺栓粗细应保证安全承受混凝土的侧压力，如图 2-5 所示。

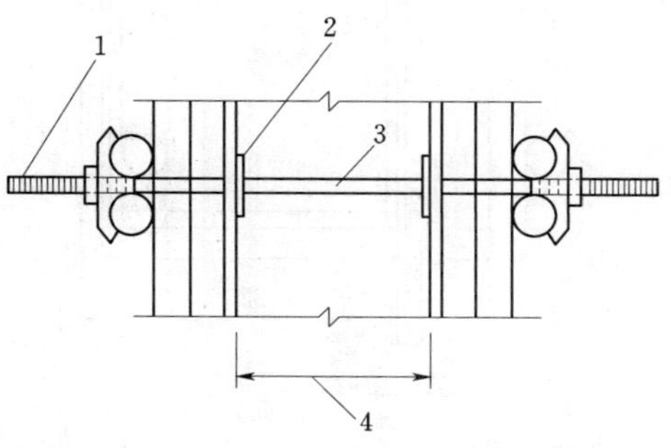

图 2-5　对拉螺栓示意图

1—直楞；2—“3”字形扣件；3—φ12 螺栓；4—混凝土墙壁厚

六、扣件

扣件用于钢楞与钢模板或钢楞之间的扣紧。扣件分大小两种，与钢楞配套使用，按照钢楞的不同形状，可采用蝶形扣件和“3”字形扣件。扣件的刚度与配套螺栓的强度相适应。如图 2-6 所示。

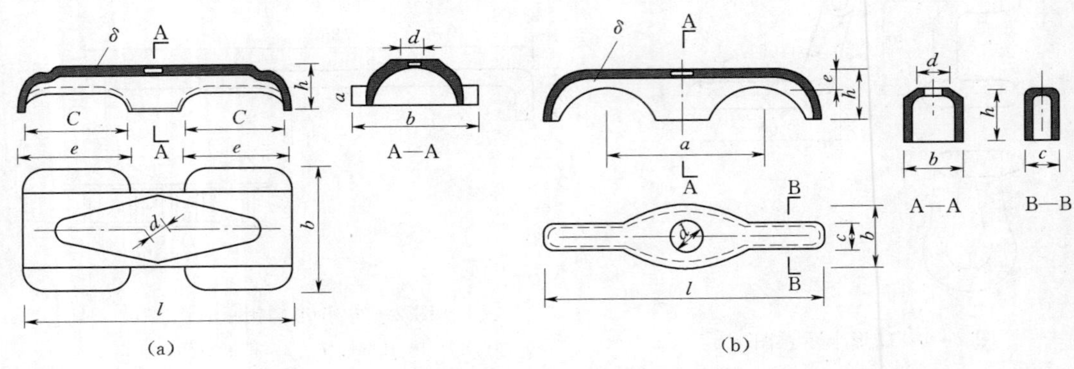

图 2-6 扣件示意图

(a) 蝶形扣件；(b)"3"字形扣件

第四节 模板的支撑工具

模板工程常用的支撑工具有钢楞、钢桁架、钢筋托具、钢管卡具、柱箍、钢管架以及脚手架等。

一、支撑件

(一) 钢楞

钢楞用于支撑钢模板和加强其整体刚度。钢楞材料有圆钢管、矩形钢管和内卷边槽钢等形式。

(二) 柱箍

柱箍用于支撑和夹紧模板，其形式应根据柱模尺寸、侧压力大小等因素来选择。如图 2-7 所示。

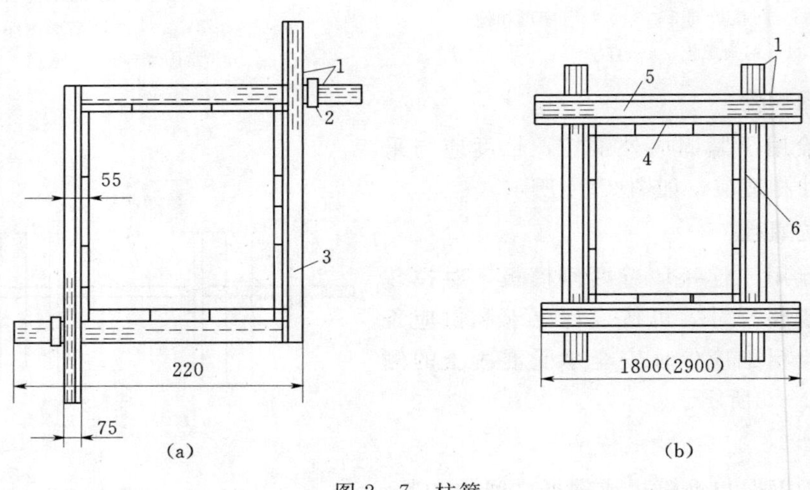

图 2-7 柱箍

(a) 角钢型；(b) 型钢型

1—插销；2—限位器；3—夹板；4—模板；5—型钢 A；6—型钢 B

（三）钢支柱

钢支柱用于承受水平模板传递的竖向模板，支柱有单管支柱、四管支柱等多种形式。如图 2-8 所示。

（四）梁卡具

梁卡具用于将梁钢管加紧固定。梁卡具一般由两侧的三角架和底座组成。制作材料一般采用角钢、钢管、槽钢、扁钢等。如图 2-9～图 2-11 所示。

（五）桁架

桁架分为平面可调和曲面可变桁架，平面可调桁架用于支撑楼边、梁等平面构件的模板，曲面可变桁架折成曲面构件的模板，如圆形基础、竖井、明渠、大坝、桥墩、挡土墙等。如图 2-12 和图 2-13 所示。

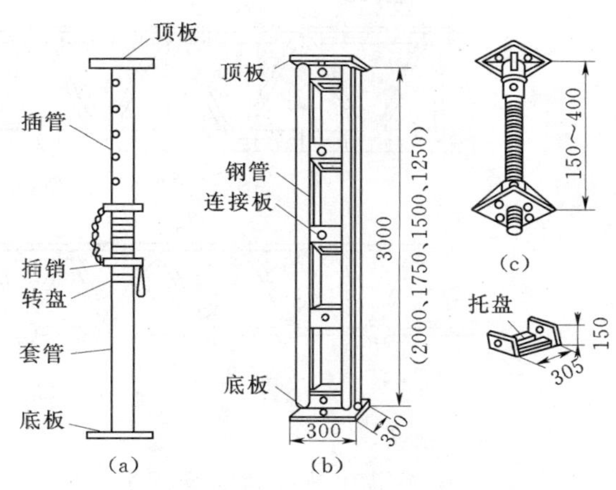

图 2-8　钢支柱

(a) 单管支柱；(b) 四管支柱；(c) 螺栓千斤顶

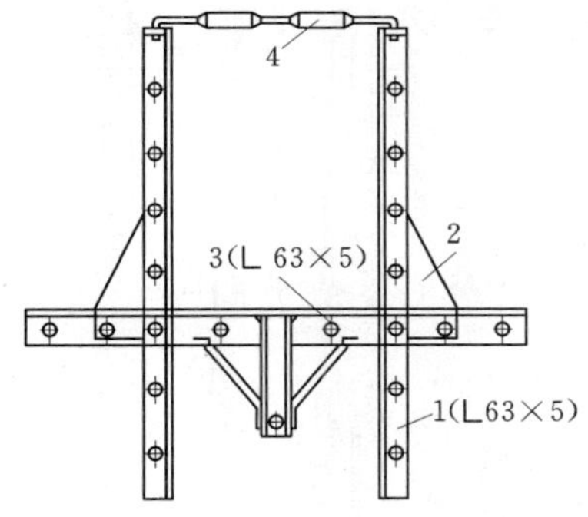

图 2-9　角钢型梁卡具

1—立柱；2—三角板；3—底座；4—调节螺栓

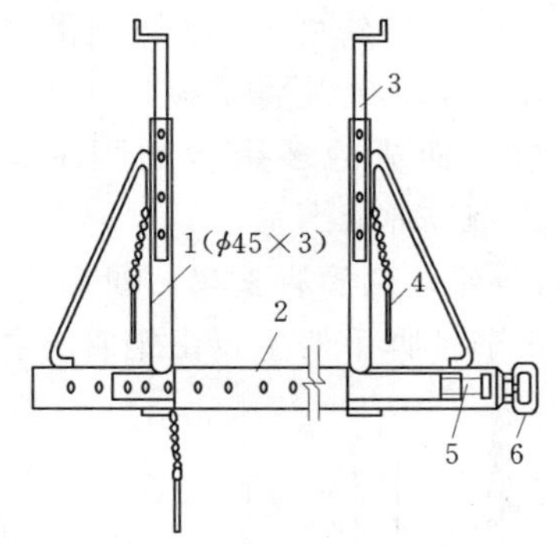

图 2-10　钢管型梁卡具

1—三角架；2—底座；3—调节杆；4—插销；5—调节螺栓；6—钢筋环

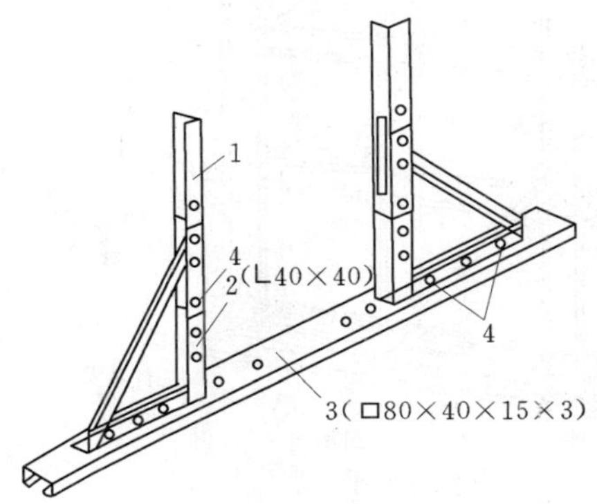

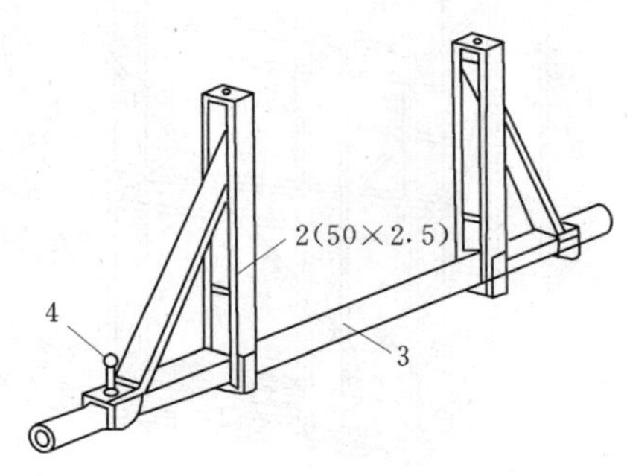

图 2-11　组合梁卡具

1—调节杆；2—三角架；3—底座；4—螺栓

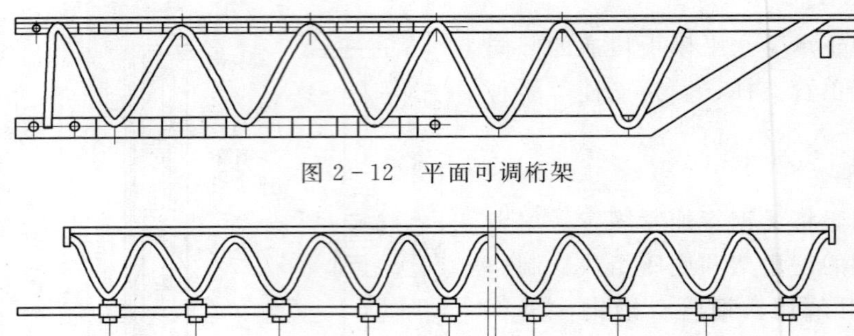

图 2-12 平面可调桁架

图 2-13 曲面可变桁架

（六）早拆柱头

早拆柱头用于梁和模板的支撑柱头，以及模板早拆。如图 2-14 所示。

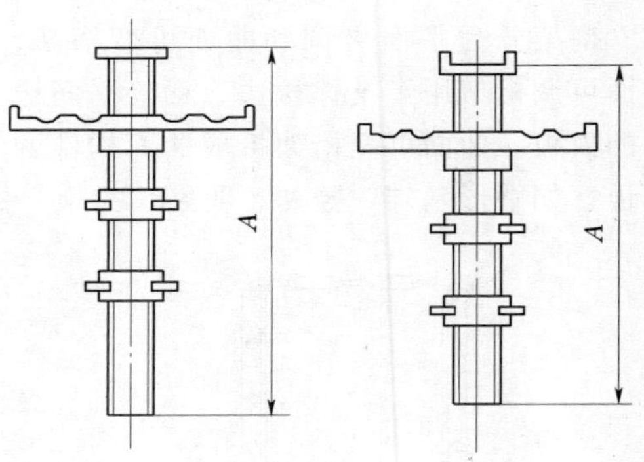

图 2-14 早拆柱头

二、扣件式钢管脚手架

扣件式钢管脚手架，是以标准的钢管做杆件（立杆、横杆与斜杆），以特制的扣件做连接件，组成骨架，铺放脚手板，并用支撑与防护构配件搭设而成的多用途的脚手架支撑体系。如图 2-15 所示。

（一）扣件式钢管脚手架的组成

扣件式钢管脚手架主要由钢管、扣件、脚

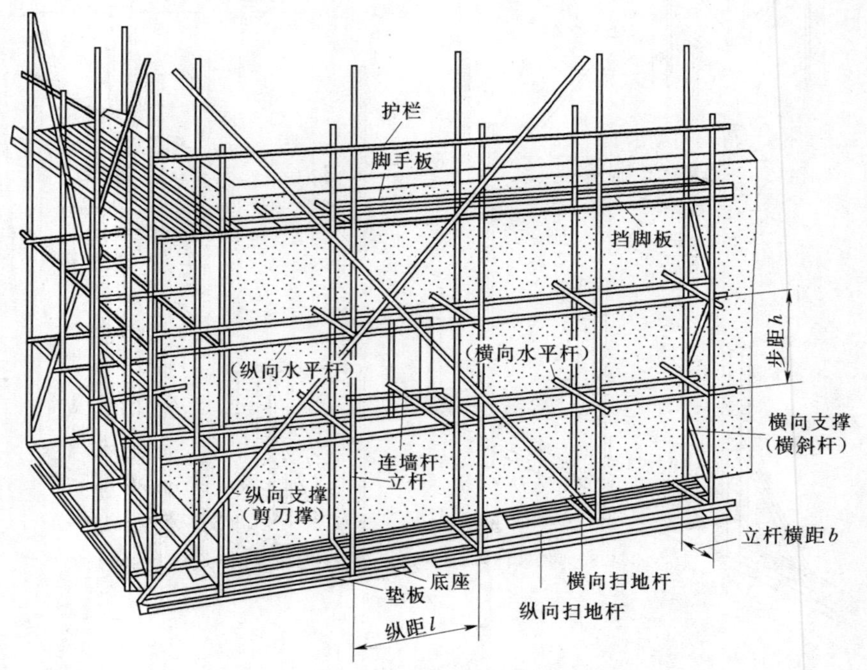

图 2-15 扣件式钢管脚手架组成示意图

手板三部分组成。

1. 钢管

钢管一般采用外径 48mm、壁厚 3.5mm 的 Q235 焊接钢管，也可采用同样规格的无缝钢管或外径 50～51mm、壁厚 3～4mm 的焊接钢管。一个工地不宜采用两种型号规格的钢管，以提高其周转效率。

用于立杆、大横杆和斜杆的钢管长度，一般为 4～6m（每根以不超过 250N 为宜）；小横杆的斜钢管长度一般为 1.9～2.3m。

2. 扣件

常用的扣件有以下三种：

（1）直角扣件（十字扣）。用于两根垂直交叉钢管的连接，如图 2－16（a）所示。

（2）旋转扣件（回转扣）。用于两根任意角度相交钢管的连接，如图 2－16（b）所示。

（3）对接扣件（一字扣）。供对接钢管用，如图 2－16（c）所示。

扣件的质量应符合 GB 15831—2006《钢管脚手架扣件》的要求。使用的扣件要有出厂合格证。有脆裂、变形、滑扣的扣件禁止使用。扣件表面应进行防锈处理。扣件活动部位应能灵活转动。当扣件夹紧钢管时，开口处的最小距离应小于 5mm。

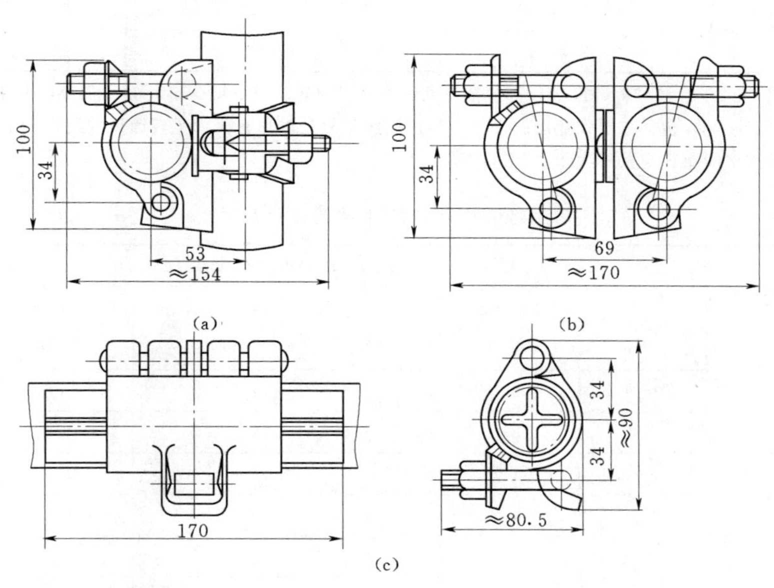

图 2－16　扣件
（a）直角扣件；（b）旋转扣件；（c）对接扣件

3. 脚手板

脚手板一般用厚 2mm 的钢板压制而成，其表面均匀分布防滑纹，板长 2～4m，宽 250mm。

如用木脚手板，一般长为 3～6m，宽不小于 150mm，厚不小于 50mm，其材质应符合 GB 50206—2002《木结构工程施工质量验收规范》中有关二等材的规定。

（二）构造及搭设要求

用扣件式钢管搭设的脚手架，要承受施工过程中的各种垂直和水平荷载。因此，脚手架必须有足够的承载能力、刚度和稳定性。在施工过程中，在各种荷载作用下不发生失稳倒塌以及超过容许要求的变形、倾斜、摇晃或扭曲现象，确保安全施工。其构造及搭设要求如下。

1. 常用脚手架设计尺寸

在基本风压不大于 0.35kPa 的地区，对于仅有栏杆和挡脚板的敞开式脚手架，当每个连墙点覆盖的面积不大于 30m^2，构造符合 GB 50214—2001《建筑施工扣件式钢管脚手架安全技术规范》规定时，验算脚手架立杆的稳定性，可不考虑风荷载作用。

常用敞开式单、双排脚手架结构的设计尺寸，采用表 2-1 和表 2-2 所列尺寸。

表 2-1　　常用敞开式单排脚手架的设计尺寸　　单位：m

连墙件设置	立杆横距 L_b	步距 h	下列荷载时的立杆纵距 L_a		脚手架允许搭设高度 H
			2+2×0.35kN/m^2	3+2×0.35kN/m^2	
二步三跨 三步三跨	1.20	1.20～1.35	2.0	1.8	24
		1.880	2.0	1.8	24
	1.40	1.20～1.35	1.8	1.5	24
		1.80	1.8	1.5	24

注　1. 表中所示 2+2+4×0.35（kN/m^2），包括下列荷载：2+4×0.35（kN/m^2）是 2 层装修作业层施工荷载。4×0.35（kN/m^2）包括 2 层作业层脚手板，另两层脚手板是根据有关脚手板铺设的规定确定。

2. 作业层横向水间距，应按不大于 $L_a/2$ 设置。

表 2-2　　常用敞开式双排脚手架的设计尺寸　　单位：m

连墙件设置	立杆横距 L_b	步距 h	下列荷载时的立杆纵距 L_a				脚手架允许搭设高度 H
			2+4×0.35 kN/m^2	2+2+4×0.35 kN/m^2	3+4×0.35 kN/m^2	3+2+4×0.35 kN/m^2	
二步三跨	1.05	1.20～1.35	2.0	1.8	1.5	1.5	50
		1.80	2.0	1.8	1.5	1.5	50
	1.30	1.20～1.35	1.8	1.5	1.5	1.5	50
		1.80	1.8	1.5	1.5	1.2	50
	1.55	1.20～1.35	1.8	1.5	1.5	1.5	50
		1.80	1.8	1.5	1.5	1.2	37
三步三跨	1.05	1.20～1.35	2.0	1.8	1.5	1.5	50
		1.80	2.0	1.5	1.5	1.5	34
	1.30	1.20～1.35	1.8	1.5	1.5	1.5	50
		1.80	1.8	1.5	1.5	1.2	30

注　1. 表中所示 2+2+4×0.35（kN/m^2），包括下列荷载：2+4×0.35（kN/m^2）是 2 层装修作业层施工荷载。4×0.35（kN/m^2）包括 2 层作业层脚手板，另两层脚手板是根据有关脚手板铺设的规定确定。

2. 作业层横向水间距，应按不大于 $L_a/2$ 设置。

2．纵向水平杆构造要求

（1）对接扣件布置。

1）纵向水平杆的对接扣件应交错布置。

2）两根相邻纵向水平杆的接头不宜设置在同步或同跨内。

3）不同步或不同跨 2 个相邻接头在水平方向错开的距离不应小于 500 mm。

4）各接头中心至最近主节点的距离 a 不宜大于纵距 L_a 的 1/3，如图 2－17 所示。

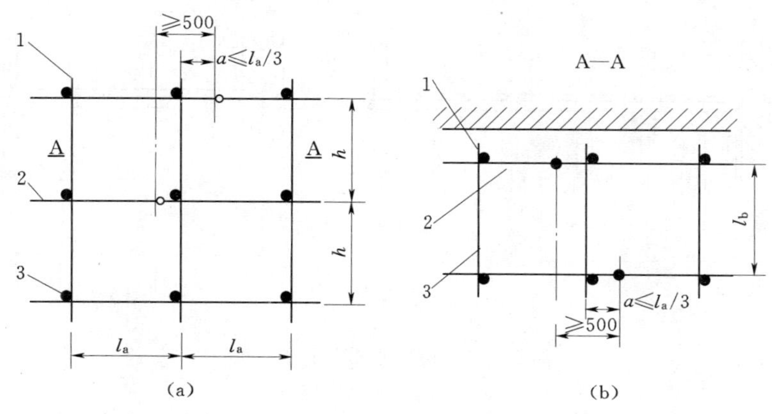

图 2－17 纵向水平杆对接接头布置

（a）接头不在同步内（立面）；（b）接头不在同跨内（平面）

1—立杆；2—纵向水平杆；3—横向水平杆

（2）搭接长度。搭接长度不应小于 1m，应等间距设置 3 个旋转扣件进行固定，端部扣件盖板边缘至搭接纵向水平杆杆端的距离不应小于 100 mm。

（3）纵向水平杆固定。

1）当使用冲压钢脚手板、木脚手板、竹串片脚手板时，纵向水平杆应作为横向水平杆的支座，用直角扣件固定在立杆。

2）当使用竹笆脚手板时，纵向水平杆应采用直角扣件固定在横向水平杆，并应等间距设置，间距不应大于 400 mm。如图 2－18 所示。

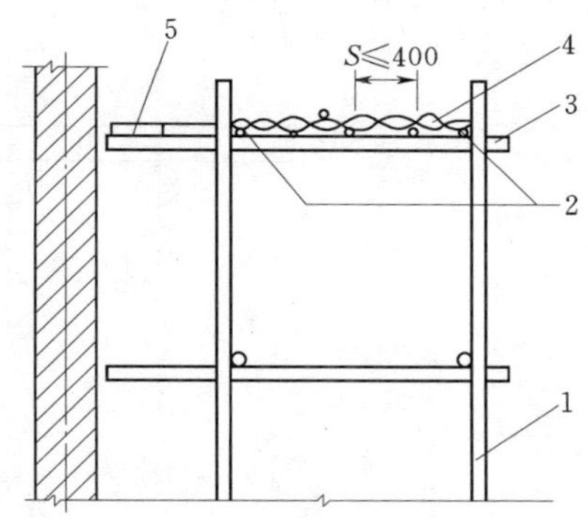

图 2－18 铺竹笆脚手板纵向水平杆构造

1—立杆；2—纵向水平杆；3—横向水平杆；4—竹笆脚手架；5—其他脚手板

3．横向水平杆构造要求

（1）主节点。主节点处必须设置 1 根横向水平杆，用直角扣件扣接且严禁拆除。主节点处 2 个直角扣件的中心距不应大于 150mm。在双排脚手架中，靠墙一端的外伸长度 a 不应大于 $0.4L_0$，且不应大于 500mm。

（2）非主节点。作业层上非主节点处的横向水平杆，宜根据支承脚手板的需要等间距设置，最大间距不应大于纵距的 1/2。

（3）横向水平杆固定。

1）当使用冲压钢脚手板、木脚手板、竹串片脚手板时，双排脚手架的横向水平杆两端均应采用直角扣件固定在纵向水平杆上；单排脚手架的横向水平杆的一端，应用直角扣件固定在纵向水平杆上，另一端应插入墙内，插入长度不应小于180mm。

2）使用竹笆脚手板时，双排脚手架的横向水平杆两端，应用直角扣件固定在立杆上；单排脚手架的横向水平杆的一端，应用直角扣件固定在立杆上，另一端应插入墙内，插入长度不应小于180mm。如图2-19所示。

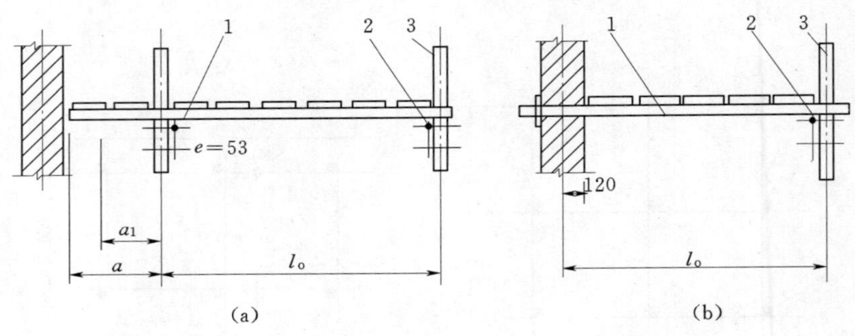

图2-19 横向水平杆计算跨度

1—横向水平杆；2—纵向水平杆；3—立杆

4. 脚手板设置构造要求

（1）作业层脚手板应铺满、铺稳，离开墙面120～150mm。

（2）冲压钢脚手板、木脚手板、竹串片脚手板等，应设置在3根横向水平杆上。当脚手板长度小于2m时，可采用2根横向水平杆支撑，但要将脚手板两端与水平支撑可靠固定，严防倾翻。此3种脚手板的铺设可采用对接平铺，也可采用搭接铺设。脚手板对接平铺时，接头处必须设2根横向水平杆，脚手板外伸长应取130～150mm，两块脚手板外伸长度和不应大于300mm，如图2-20（a）所示；脚手板搭接铺设时，接头必须支在横向水平杆上，搭接长度应不小于200mm，其伸出横向水平杆的长度不应小于100mm，如图2-20（b）所示。

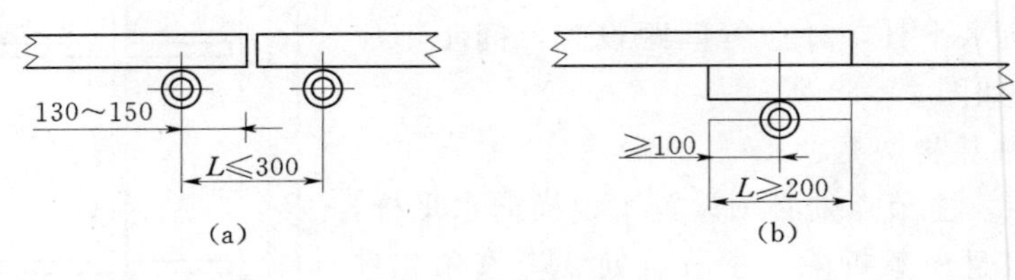

图2-20 脚手板对接、搭接构造

（a）脚手板对接；（b）脚手板搭接

（3）竹笆脚手板应按其主竹筋垂直于纵向水平杆方向铺设，且采用对接平铺，4个角应用直径为1.2mm的镀锌钢丝固定在纵向水平杆上。

（4）作业层端部脚手板探头长度应取150mm，其板长两端均应与支承杆可靠地固定。

5. 立杆构造要求

（1）每根立杆底部应设置底座或垫板。

（2）脚手架必须设置纵、横向扫地杆。纵向扫地杆应采用直角扣件固定在距底座上皮不大于200mm处的立杆上。横向扫地杆也应采用直角扣件固定在紧靠纵向扫地杆下方的立杆上。当立杆基础不在同一高度上时，必须将高处的纵向扫地杆向低处延长两跨与立杆固定，高低差不应大于1m。靠边坡上方的立杆轴线到边坡的距离不应小于500mm，如图2-20所示。

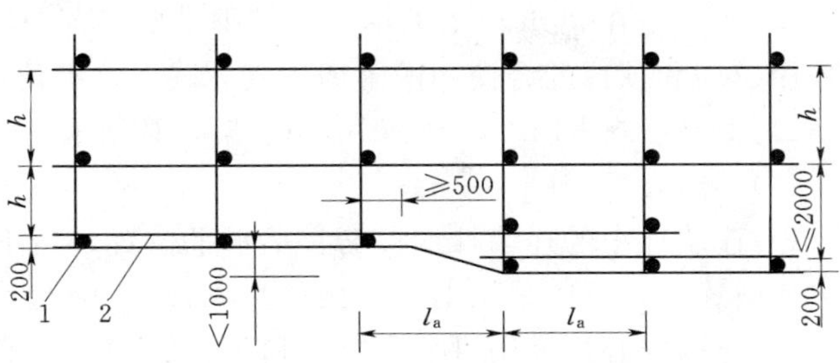

图2-21　纵、横向扫地杆构造

1—横向扫地杆；2—纵向扫地杆

（3）脚手架底层步距不应大于2m，如图2-21所示。

（4）立杆必须用连墙件与建筑物可靠连接。连墙件布置间距符合连墙件中的规定。

（5）立杆接头除顶层顶步可采用搭接外，其余各层各步接头必须采用对接扣件连接。对接、搭接应符合下列规定：

1）立杆上的对接扣件应交错布置，2根相邻立杆的接头不应设置在同步内，同步内隔1根立杆的2个相隔接头在高度方向错开的距离不宜小于500mm，各接头中心至主节点的距离不宜大于步距的1/3。

2）搭接长度不应小于1m，应采用不少于2个旋转扣件固定，端部扣件盖板的边缘至杆端距离不应小于100mm。

（6）立杆顶端宜高出女儿墙上皮1m，高出檐口上皮1.5m。

（7）双管立杆中副立杆的高度不应低于3步，钢管长度不应小于6m。

6. 连墙件构造要求

（1）数量设置。连墙件数量的设置除应满足GB 50214—2001《建筑施工扣件式钢管脚手架安全技术规范》的规定外，还要符合表2-3的规定。

表2-3　　连墙件布置最大间距

脚手架高度（m）		竖向间距 h（m）	水平间距 L_a（m）	每根连墙件覆盖面积（m^2）
双排	≤50	$3h$	$3L_a$	≤40
	>50	$2h$	$3L_a$	≤27
单排	≤24	$3h$	$3L_a$	≤40

（2）布置。

1）宜靠近主节点设置，偏离主节点的距离不应大于300mm。

2）应从底层第一步纵向水平杆处开始设置，当该处设置有困难时，应采用其他可靠措施固定。

3）宜优先采用菱形布置，也可采用方形、矩形布置。

4）一字形、开口形脚手架的两端必须设置连墙件，连墙件的垂直间距不应大于建筑物的层高，并不应大于4m。

（3）连接。

1）对高度在 24m 以下的单、双排脚手架，宜采用刚性连墙件与建筑物可靠连接，也可采用拉筋和顶撑配合使用的附墙连接方式。严禁使用仅有拉筋的柔性连墙件。

2）对高度在 24m 以上的双排脚手架，必须采用刚性连墙件与建筑物可靠连接。

（4）结构。

1）连墙件中的连墙杆或拉筋宜呈水平位置，当不能水平设置时，与脚手架连接的一端应下斜连接，不应采用上斜连接。

2）连墙件必须采用可承受拉力和压力的构造。采用拉筋必须配用顶撑，顶撑应可靠地顶在混凝土圈梁、柱等结构部位。拉筋应采用 2 根以上直径 4mm 的钢丝拧成一股，使用时不应少于 2 股，也可采用直径不小于 6mm 的钢筋。

（5）抛撑搭设。当脚手架下部暂不能设连墙件时可搭设抛撑。抛撑应采用通长杆件与脚手架可靠连接，与地面的倾角应在 45°～60°之间；连接点中心至主节点的距离不应大于 300mm。抛撑应在连墙件搭设后方可拆除。

（6）风涡流作用。架高超过 40m 且有风涡流作用时，应采取抗上升翻流作用的连墙措施。

7. 门洞构造要求

（1）结构形式。单、双排脚手架门洞宜采用上升斜杆、平行弦杆桁架结构形式，如图 2-22 所示。斜杆与地面的倾角 α 应在 45°～60°之间。门洞桁架的形式宜按下列要求确定：

1）当步距 h 小于纵距 L_a 时，应采用 A 型。

2）当步距 h 大于纵距 L_a 时，应采用 B 型，并应符合下列规定：①h=1.8m 时，纵距不应大于 1.5m；②h=2.0m 时，纵距不应大于 1.2m。

（2）桁架的构造。单、双排脚手架门洞桁架的构造应符合下列规定：

1）单排脚手架门洞处，应在平面桁架（图 2-22 中 ABCD）的每一节间设置 1 根斜腹杆；双排脚手架门洞处的空间桁架，作下弦平面外，应在其余 5 个平面内的图示节间设置 1 根斜腹杆。如图 2-22 中 1—1、2—2、3—3 剖面所示。

2）斜腹杆宜采用旋转扣件固定在与之相交的横向水平杆的伸出端上，旋转扣件中心线至主节点的距离不宜大于 150mm。当斜腹杆在 1 跨内跨越 2 个步距时，宜在相交的纵向水平杆处，增设 1 根横向水平杆，将斜腹杆固定在其伸出端上。

3）斜腹杆宜采用通长杆件，当必须接长使用时，宜采用对接扣件连接，也可采用搭接，搭接构造要符合上述立杆中第（5）项的规定。

（3）立杆。

1）单排脚手架过窗洞时应增设立杆或增设 1 根纵向水平杆，如图 2-23 所示。

2）门洞桁架下的两侧立杆应为双管立杆，副立杆高度应高于门洞口 1～2 步。

3）门洞桁架中伸出上下弦杆的杆件端头，均应增设一个防滑扣件，如图 2-22 所示，该扣件宜紧靠主节点处。

8. 剪刀撑与横向斜撑构造要求

双排脚手架应设剪刀撑与横向斜撑，单排脚手架应设剪刀撑。

（1）剪刀撑设置。

1）每道剪刀撑跨越立杆的根数宜按表 2-4 的规定确定。每道剪刀撑宽度不应小于 4 跨，

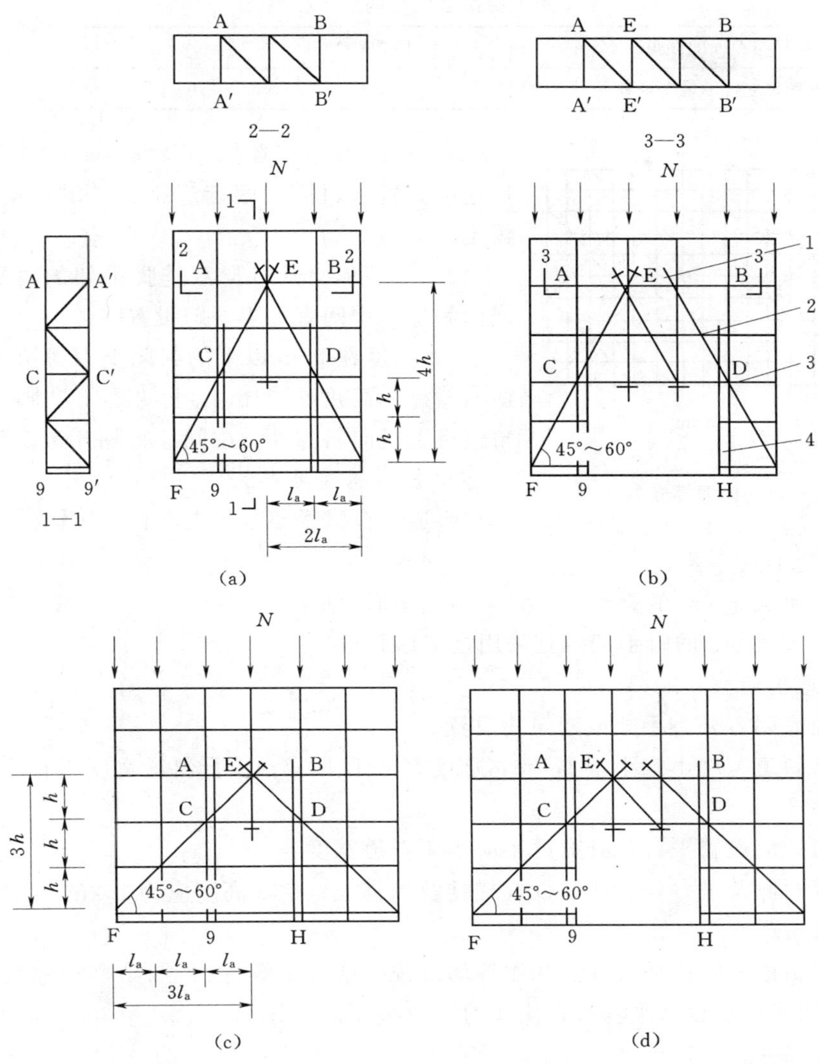

图 2-22　门洞处上升斜杆、平行弦杆桁架

(a) 挑空 1 根立杆（A 型）；(b) 挑空 2 根立杆（A 型）；(c) 挑空 1 根立杆（B 型）；(d) 挑空 2 根立杆（B 型）
1—防滑扣件；2—增设的横向水平杆；3—副立杆；4—主立杆

且不应小于 6m，斜杆与地面的倾角宜在 45°～60°之间。

2）高度在 24m 以上的单、双排脚手架，均须在外侧立面的两端各设置一道剪刀撑，并应由底至顶连续设置；中间各道剪刀撑之间的净距不应大于 15m。如图 2-24 所示。

（2）横向斜撑设置。

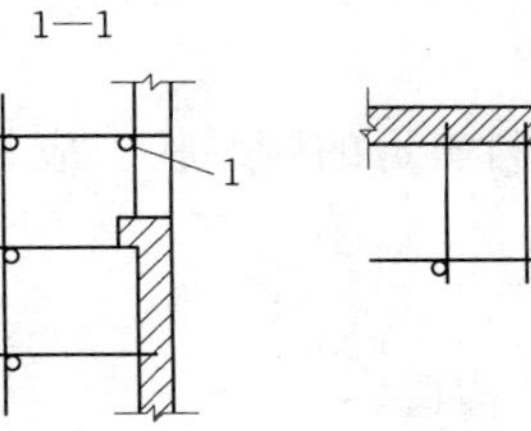

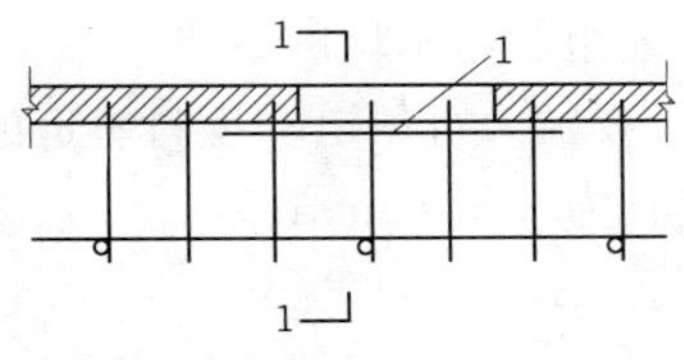

图 2-23　单排脚手架过窗洞构造

1—增设的纵向水平杆

表 2-4 剪刀撑跨越立杆的最多根数

剪刀撑斜杆与地面的倾角 α（°）	45	50	60
剪刀撑跨越立杆的最多根数 n	7	6	5

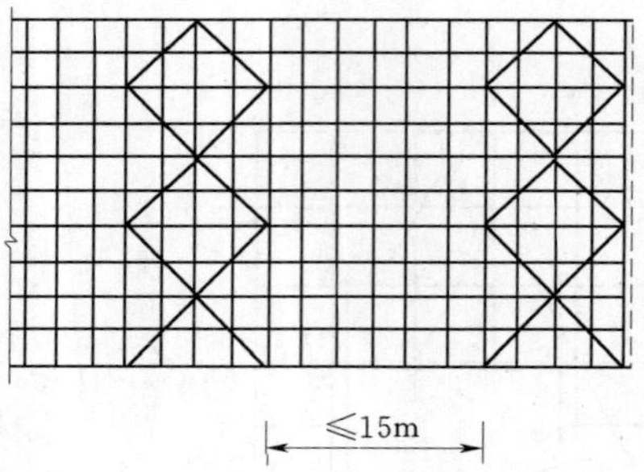

图 2-24 剪刀撑布置

1）横向斜撑应在同一节间，由底至顶层呈之字形连续布置，斜撑的固定应符合门洞中第（2）项的规定。

2）一字形、开口形双排脚手架的两端均须设置横向斜撑，中间宜每隔 6 跨设置一道。

3）高度在 24m 以下的封闭型双排脚手架可不设横向斜撑，高度在 24m 以上的封闭型脚手架，除拐角应设置横向斜撑外，中间应每隔 6 跨设置一道。

9. 斜道构造要求

斜道是在脚手架上行人和材料运输的斜向通道。

（1）斜道形式。

1）高度不大于 6m 的脚手架，宜采用一字形斜道。

2）高度大于 6m 的脚手架，宜采用之字形斜道。

（2）斜道构造。

1）斜道宜附着外脚手架或建筑物设置。

2）运料斜道宽度不宜小于 1.5m，坡度宜采用 1∶6；人行斜道宽度不宜小于 1m，坡度宜采用 1∶3。

3）拐弯处应设置平台，其宽度不应小于斜道宽度。

4）斜道两侧及平台外围均应设置栏杆及挡脚板。栏杆高度应为 1.2m，挡脚板高度不应小于 180mm。

5）运料斜道两侧、平台外围和端部均应按连墙件中第（1）～第（2）项的规定设置连墙件；每两步应加设水平斜杆；应按剪刀撑与横向斜撑第（2）、第（3）项的规定设置剪刀撑和横向斜撑。

（3）斜道脚手板构造。

1）脚手板横铺时，应在横向水平杆下增设纵向支托杆，纵向支托杆间距不应大于 500mm。

2）脚手板顺铺时，接头宜采用搭接；下面的板头应压住上面的板头，板头的凸棱处宜采用三角木填顺。

3）人行斜道和运料斜道的脚手板上应每隔 250～300mm 设置 1 根防滑木条，木条厚度宜为 20～30mm。

10. 模板支架

（1）模板支架立杆构造。

1）模板支架立杆的构造应符合立杆中第（1）～第（3）和第（5）项的规定。

2）支架立杆应竖直设置，2m 高度的垂直允许偏差为 15mm。

3）设在支架立杆根部的可调底座，当其伸出长度超过 300mm 时，应采取可靠措施固定。

4）当梁模板支架立杆采用单根立杆时，立杆应设在梁模板中心线处，其偏心距应大于 25mm。

（2）满堂模板支架的支撑。

1）满堂模板支架四边与中间每隔 4 排支架立杆应设置一道纵向剪刀撑，由底顶连续设置。

2）高于 4m 的模板支架，其两端与中间每隔 4 排立杆从顶层开始向下每隔 2 步设置一道水平剪刀撑。

3）剪刀撑的构造应符合剪刀撑与横向斜撑中第（2）项的规定。

（三）扣件式钢管脚手架施工要点

1. 施工准备

（1）按 JGJ 130—2001《建筑施工扣件式钢管脚手架安全技术规范》的规定施工组织设计要求，对钢管、扣件、脚手板等进行检查验收，不合格产品不得用。

（2）经检验合格的构配件应按品种、规格分类，堆放整齐、平稳，堆放场地不得有水。

（3）应清除搭设场地杂物，平整搭设场地，并使排水畅通。

（4）当脚手架基础下有设备基础、管沟时，在脚手架使用过程中不应开挖，否则须采取加固措施。

2. 地基与基础

（1）脚手架地基与基础的施工，必须根据脚手架搭设高度、搭设场地土质情况，按照 GB 50202—2002《建筑地基基础工程施工质量验收规范》的有关规定进行。

（2）脚手架底座底面标高宜高于自然地坪 50mm。

（3）脚手架基础经验收合格后，应按施工组织设计的要求放线定位。

3. 搭设

（1）脚手架必须配合施工进度搭设，一次搭设高度不应超过相邻连墙件以上两步。

（2）每搭完一步脚手架后，应校正步距、纵距、横距及立杆的垂直度。

（3）底座、垫板均应准确地放在定位线上；垫板宜采用长度不少于 2 跨、厚度不小于 50mm 的木垫板，也可采用槽钢。

（4）立杆搭设应符合下列规定：

1）严禁将外径 48mm 与 51mm 的钢管混合使用。

2）相邻立杆的对拉扣件不得在同一高度内，错开距离应符合立杆构造规定。

3）开始搭设立杆时，应每隔 6 跨设置 1 根抛撑，直至连墙件安装稳定后，方可根据情况拆除。

4）当搭至有连墙件的构造点时，在搭设完该处的立杆、纵向水平杆、横向水平杆后，应立即设置连墙件。

5）顶层立杆搭接长度与立杆顶端伸出建筑物的高度要符合立杆构造的相关规定。

（5）纵向水平杆搭设应符合下列规定：

1）纵向水平杆的搭设应符合构造规定要求。

2）在封闭型脚手架的同一步中，纵向水平杆应四周交圈，用直角扣件与内外角部位立杆固定。

（6）横向水平杆搭设应符合下列规定：

1）搭设横向水平杆要符合构造规定要求。

2）双排脚手架横向水平杆的靠墙一端至墙装饰面的距离不宜大于100mm。

3）单排脚手架的横向水平杆不应设置在下列部位：①设计上不允许留脚手眼的部位；②过梁上与过梁两端成60°的三角形范围内及过梁净跨度1/2的高度范围内；③宽度小于1m的窗间墙；④梁或梁垫下及其两侧各500mm的范围内；⑤砖砌体的门窗洞口两侧200mm和转角处450mm的范围内，其他砌体的门窗洞口两侧300mm和转角处600mm的范围内；⑥独立或附墙砖柱。

（7）纵向、横向扫地杆搭设应符合构造规定。

（8）连墙件、剪刀撑、横向斜撑等的搭设应符合下列规定：

1）连墙件搭设应符合构造规定。当脚手架施工操作层高出连墙件二步时，应采取临时稳定措施，直到上一层连墙件搭设完后方可根据情况拆除。

2）剪刀撑、横向斜撑搭设应符合构造规定，并应随立杆、纵向和横向水平等同步搭设，各底层斜杆下端均须支承在垫块或垫板上。

（9）门洞搭设要符合构造规定。

（10）扣件安装应符合下列规定：

1）扣件规格必须与钢管外径（ϕ45mm或ϕ51mm）相同。

2）螺栓拧紧力矩不应小于40N·m，且不应大于65N·m。

3）在主节点处固定横向水平杆、纵向水平杆、剪刀撑、横向斜撑等用的直角扣件、旋转扣件的中心点的相互距离不应大于150mm。

4）对拉扣件开口应朝上或朝内。

5）各杆件端头伸出扣件盖板边缘的长度不应小于100mm。

（11）作业层、斜道的栏杆和挡脚板的搭设图2-25应符合下列规定：

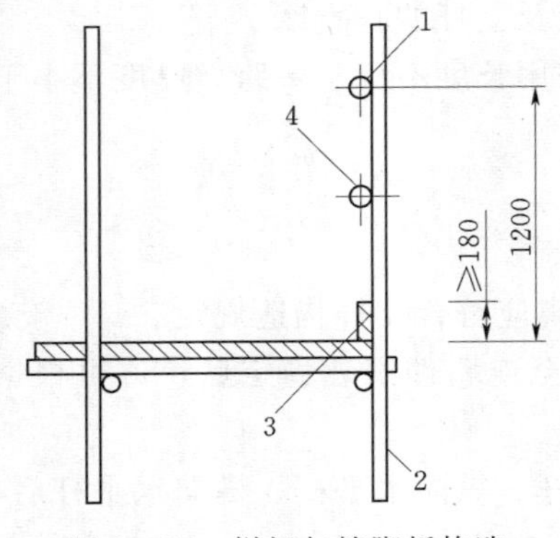

图2-25 栏杆与挡脚板构造

1—上栏杆；2—外立杆；3—挡脚板；4—中栏杆

1）栏杆和挡脚板均应搭设在外立杆的内侧。

2）上栏杆上皮位置高度应为1.2m。

3）挡脚板高度不应小于180mm。

4）中栏杆应居中设置。

（12）脚手板的铺设应符合下列规定：

1）脚手板应铺满、铺稳，离开墙面120～150mm。

2）采用对接或搭接时均应符合构造规定；脚手板探头应用直径3.2mm的镀锌钢丝固定在支承杆件上。

3）在拐角、斜道平台口处的脚手板，应与横向水平杆可靠连接，防止滑动。

4）自顶层作业层的脚手板往下计，宜每隔12m满铺一层脚手板。

（13）模板支架搭设要符合构造规定外，还要符合 GB 50204—2002《混凝土结构工程施工质量验收规范》的有关规定。

（四）拆除脚手架

1. 准备工作

（1）应全面检查脚手架的扣件连接、连墙件、支撑体系等是否符合构造要求。

（2）应根据检查结构补充完善施工组织设计中的拆除顺序和措施，经主管部门批准后方可实施。

（3）应由单位工程负责人进行拆除安全技术交底。

（4）应清除脚手架上杂物及地面障碍物。

2. 拆除作业

（1）拆除作业必须由上而下逐层进行，严禁上下同时作业。

（2）连墙件必须随脚手架逐层拆除，严禁先将连墙件整层或数层拆除后再拆脚手架；分段拆除高差不应大于 2 步，如高差大于 2 步，应增设连墙件加固。

（3）当脚手架拆至下部最后一根长立杆的高度（约 6.5m）时，应先在适当位置搭设临时抛撑加固后，再拆除连墙件。

（4）当脚手架采取分段、分立面拆除时，对不拆除的脚手架两端，要按构造规定设置连墙件和横向斜撑加固。

3. 卸料

（1）各构配件严禁抛掷至地面。

（2）运至地面的构配件应及时检查、整修与保养，并按品种、规格随时码堆存放。

4. 防止人和物从高处坠落的措施

除了在作业面正确铺设脚手板和安装防护栏杆和挡脚板外，还要在脚手架外侧挂设立网。对高层建筑、高耸构筑物、悬挑结构和临街房屋最好采用全封闭的立网。

（五）扣件式钢管脚手架的安全防护措施

（1）防止人和物的安全防护措施可采用竹篾、席子、篷布，还可采用小眼安全网。防止人员从脚手架上闪出和坠落。立网亦可以半封闭设置，即仅在作业层设置，但立网的上边高度距作业面应有 1.2m。

（2）防止高处坠落下来的物件砸伤人员。避免高处坠落物品砸伤地面活动人群的主要措施是设置安全的人行通道或运输通道。通道的顶盖应满铺脚手板或其他能可靠承接落物的板篷材料，篷顶临街的一侧尚应设高于篷顶不小于 0.8m 的挡墙，以免落物又反弹到街上。

（3）确保高处坠落的人、物能够安全软着陆。脚手架不能采用全封闭立网时，还有可能出现人员从高处闪出和坠落的情况，应该设置能用于承接坠落人和物的安全平网，使高处坠落人员能安全软着陆。对高层房屋，为了确保安全则应设置多道防线，安全平网有下列三种：

1）首层网。在离地面 3～5m 处设立的第一道安全网。当施工高度在 6 层以下或总高不超过 18m 时，平网伸出作业层外边缘的宽度为 3～5m；大于 18m 时，伸出宽度大于 5m。

2）随层网。当作业层在首层网以上超过3m时，随作业层设置的安全网。

3）层间网。施工作业已离地面较高时，尚需每隔3～4层楼设置一道层间网，网的外挑宽度为2.5～3m。

首层网如图2-26所示。对于层间网则应在墙（柱）上预留孔洞（或钢筋环），以便支撑斜杆。

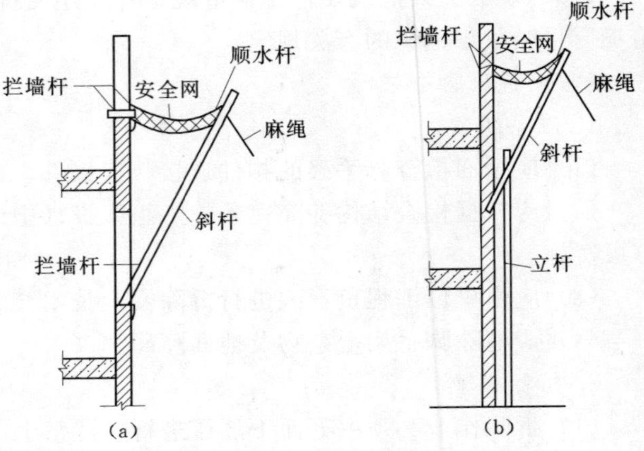

图2-26 安全网支撑

（a）墙面有窗口的安全网支搭；（b）墙面无窗口的安全网支搭

三、承插式脚手架

承插式脚手架主要形式有碗扣式脚手架（图2-27）、楔紧式脚手架（图2-28）、插卡式脚手架（图2-29）、套装扣件式脚手架（图2-30）、卡板式脚手架（图2-31）等。其中应用最多的是碗扣式脚手架。

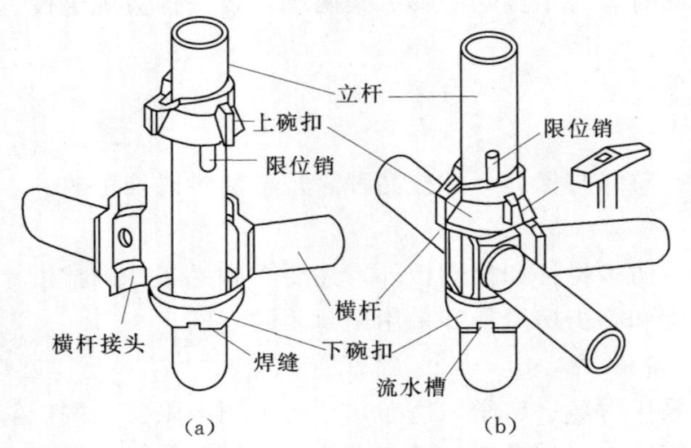

图2-27 碗扣式脚手架WDJ接头

（a）连接前；（b）连接后

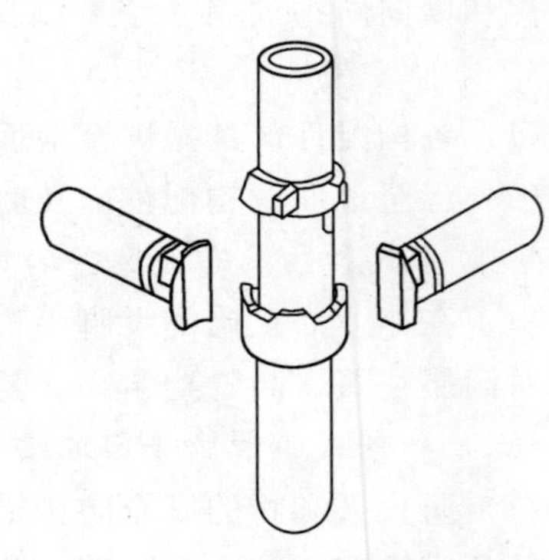

图2-28 楔紧式脚手架接头

四、碗扣式脚手架

（一）构造

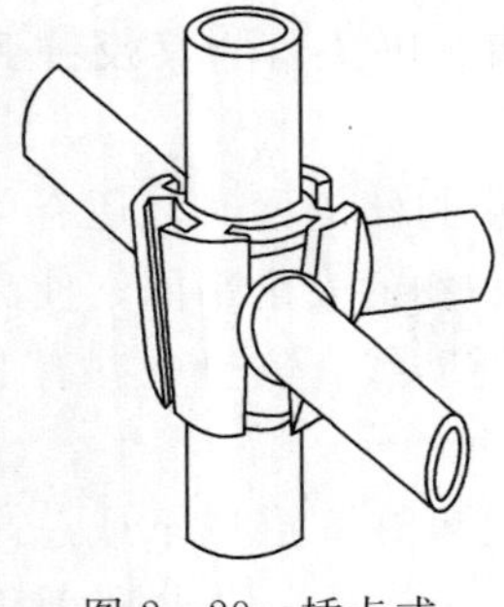

图2-29 插卡式脚手架接头

碗扣式脚手架是承插式单管脚手架的一种形式，其构造与扣件式钢管脚手架基本相同，主要由立杆、横杆、斜杆、可调底座等组成，只是立杆与横杆、斜杆之间的连接不是采用扣件，而是在立杆上焊上插座，横杆和斜杆上焊上插头，利用插头插入插座，拼成多种尺寸的脚手架。

这种脚手架的核心部件是碗扣接头，由上下碗扣、横杆接头和上碗扣的限位销等组成。它具有结构简单、杆件全部轴向连接、力学性能好、接头构造合理、工作安全可靠、拆装方便、操

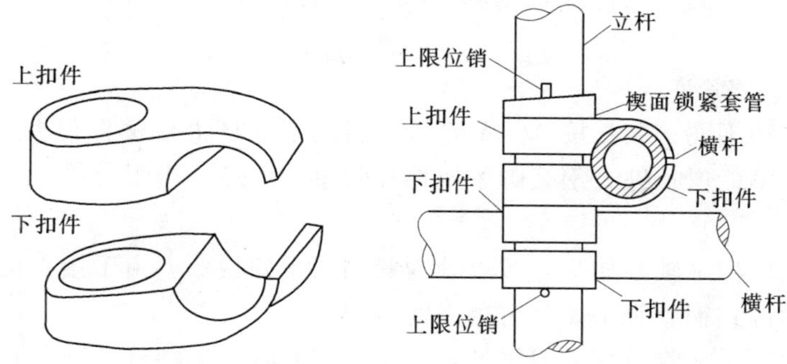

图 2-30 套装扣件式脚手架接头

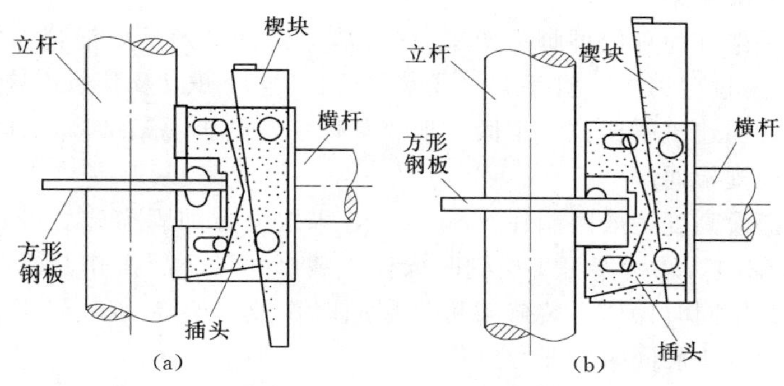

图 2-31 卡板式脚手架接头

(a) 松开楔板；(b) 打入楔板

作容易、构件自重轻、作业强度低、零部件少、损耗率低、多种功能等优点。

由于碗扣式脚手架的承载能力和整体稳定性均优于扣件式脚手架，故其允许搭设高度比扣件式脚手架高，见表 2-5。

表 2-5　　扣件式脚手架和碗扣式脚手架允许搭设高度　　单位：m

脚手架种类	单排脚手架	双排脚手架
扣件式脚手架	25	50
碗扣式脚手架	30	60

（二）碗扣式脚手架与扣件式脚手架的对比

1. 相同点

（1）均采用 ϕ48mm×3.5mm 的钢管为基本杆。

（2）在构架形式上相似，均是采用立杆、横向水平杆、纵向水平杆组成一个空间结构来承受垂直荷载。

（3）均是采用连墙件作为防止倾覆、避免失稳、传递水平荷载的手段，并且连墙件的布置原则、构造做法也是相同的。

（4）施工操作时，两种脚手架的搭设顺序和拆除顺序相同。

（5）使用范围相同，扣件式钢管脚手架的构架原理基本上对碗扣式钢管脚手架都能适用。

2. 不同点

（1）杆件定型不同。碗扣按 0.6m 的间距固定于立杆上，横杆仅有几种固定的规格。故在构架尺寸上不能像扣件式钢管脚手架那样随意。但经适当组合仍有足够的灵活性，可满足施工的需要。

（2）碗扣式杆件是轴心相交，节点处为紧固式承插接头。由于接头构造合理，结构受力性能好，比扣件式钢管脚手架具有更强的承载能力。

（3）碗扣式脚手架除设置剪刀撑外，还按一定要求设置斜杆。这些斜杆与基本构架的连接十分牢固，因而使其整体稳定性比扣件式脚手架有明显的改善和提高。

五、门式钢管脚手架

门式钢管脚手架（简称门型脚手架），它的基本受力单元是由钢管焊接而成的门型钢架（简称门架），通过剪刀撑、脚手架（或水平梁）、连墙杆以及其他连接杆、配件组装的逐层叠起脚手架，与建筑结构拉结牢固，形成整体稳定的脚手架结构，其特点是可减少连接件，并可与模板支架通用。

这种脚手架搭设高度一般限制在 35m 以内，采取一定加固措施后可达 60m 左右。架高在 40～60m 范围内，结构架可 1 层同时操作，装修架可 2 层操作；架高在 19～38m 范围内，结构架可 2 层同时操作，装修架可 3 层同时作业；架高 17m 以下，结构架可 3 层同时作业，装修架可 4 层同时作业。

施工荷载限定为：均布荷载结构架 3.0kN/m^2，装修架 2.0kN/m^2，架上不允许走手推车。

（一）组成

门式钢管脚手架主要由横向承力结构、纵向支撑体系、附加紧固件、连墙杆、底座等组成，如图 2－32 所示。

1. 横向承力结构

（1）门式脚手架的横向承力结构是由门架逐层叠加组成的主要构件，如图 2－33 所示。

（2）为适应各种功能要求，除了上述的主门架外，还有调节门架、扶梯门架和连接门架，如图 2－34 所示。

2. 纵向支撑体系

门式脚手架的横向刚度较大，为了防止纵向失稳，主要采用纵向支撑体系将相邻横向承力结构连接成整体。纵向支撑体系由交叉支撑和水平撑件组成，如图 2－35 所示。

3. 其他

还有附加紧固件、连墙杆、底座等。

（二）搭设工艺

1. 地基要求

脚手架的基础应根据土质及搭设高度按表 2－6 的要求处理，若土质与表中不符时，应按 GB 50007—2002《建筑地基基础设计规范》的有关规定经计算确定。

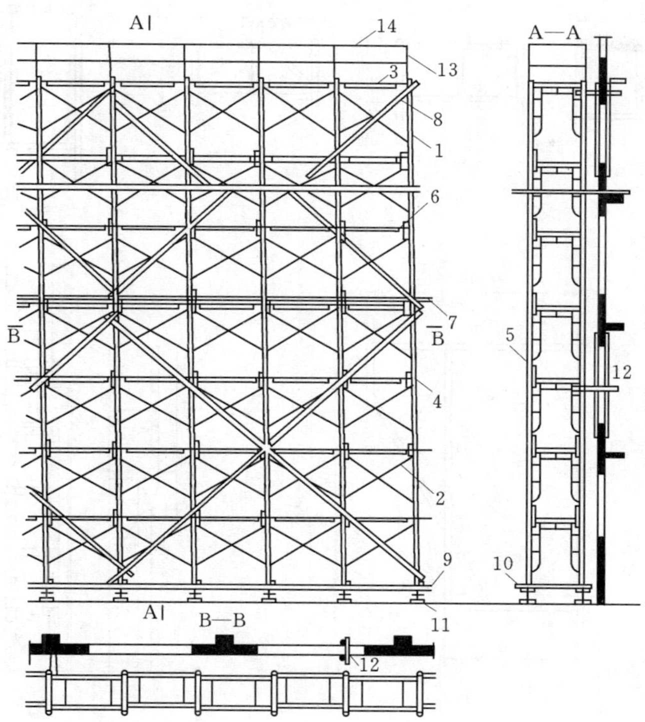

图 2-32　门式钢管脚手架的组成

1—门架；2—交叉支撑；3—扣件式脚手板；4—连接棒；5—锁臂；6—水平架；7—水平加固杆；8—剪刀撑；9—扫地杆；10—封口杆；11—可调底座；12—连墙杆；13—栏杆柱；14—栏杆扶手

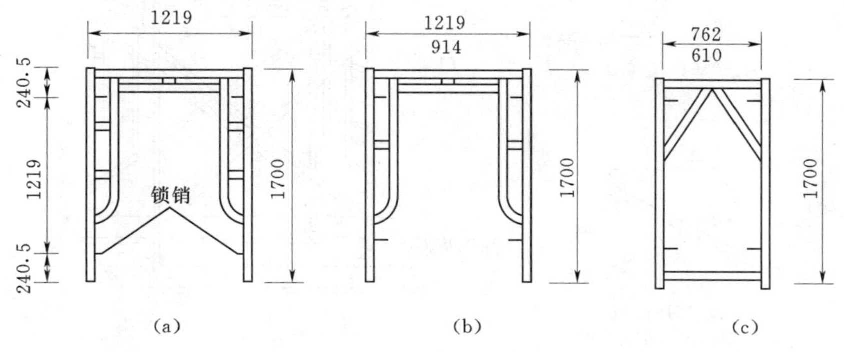

图 2-33　门架

(a) 标准门架；(b)、(c) 简易门架

若脚手架搭设在结构的楼面、挑台上时，立杆底座下应铺设垫板或垫块，同时应对楼面或挑台等结构进行强度验算。

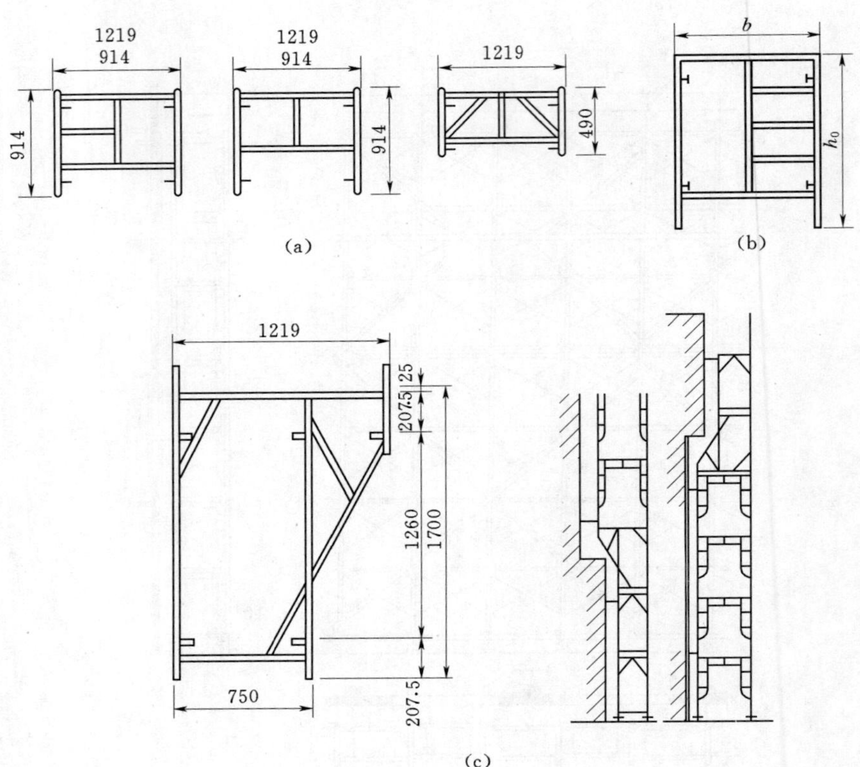

图 2-34 调节、扶梯和连接门架

(a) 调节支架；(b) 扶梯门架；(c) 连接门架

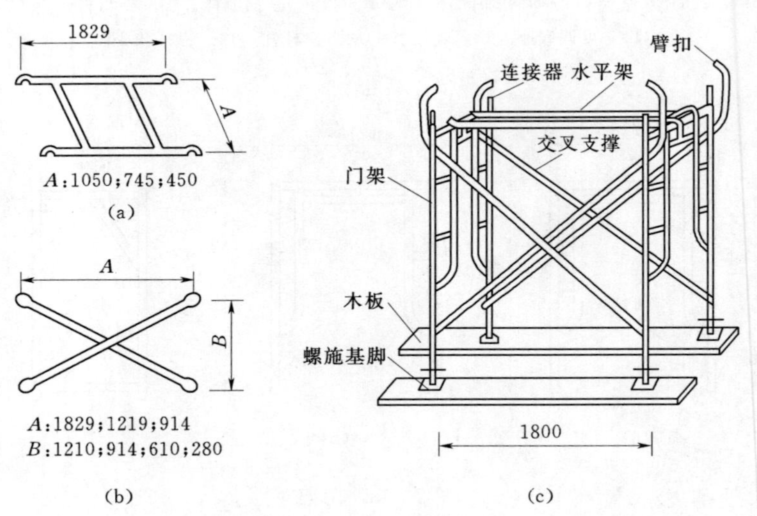

图 2-35 纵向支撑体系

(a) 水平架；(b) 交叉支撑；(c) 门式架组成

表 2-6 **地基基础要求**

搭设高度 H (m)	地基土质		
	中低压缩性且压缩性均匀	回填土	高压缩性或压缩性不均匀
≤25	夯实原土，干密度要求 1.55t/m^3，立杆底座置于面积不小于 0.075m^2 的垫块、垫木上	土夹石或灰土回填夯实，立杆底座置于面积不小于 0.10m^2 的混凝土垫块或垫木上	夯实原土，铺设宽度不小于 200mm 的通长槽钢或垫木
>25，≤35	夯实原土，干密度要求 1.55t/m^3，立杆底座置于面积不小于 0.10m^2 的垫块、垫木上	砂夹石回填夯实，立杆底座置于面积不小于 0.10m^2 的混凝土垫块或垫木上	夯实原土，铺厚不小于 200mm 砂垫层
>35，≤60	夯实原土，干密度要求 1.55t/m^3，立杆底座置于面积不小于 0.15m^2 的垫块、垫木上，或铺通长槽钢或竖木	砂夹石回填夯实，垫块或垫木面积不小于 0.15m^2，或铺通长槽钢或木板	夯实原土，铺 150mm 厚道渣夯实，再铺通长槽钢或垫木

注 混凝土 C15 垫块，厚度不小于 200mm；垫木厚度不小于 50mm，宽度不小于 200mm。

2. 搭设顺序

铺放垫木→拉线放底座→自一端开始立门架，并随即装交叉支撑→装水平架（或脚手架）→装梯子→装通长的水平加固杆（一般用 ϕ48mm 钢管）→装设连墙杆→插上连接棒→安装上一步门架→装上锁臂→照上述步骤逐层向上安装→装加强整体刚度的长剪刀撑→装设顶部栏杆。门式脚手架连接构造如图 2-36 所示。

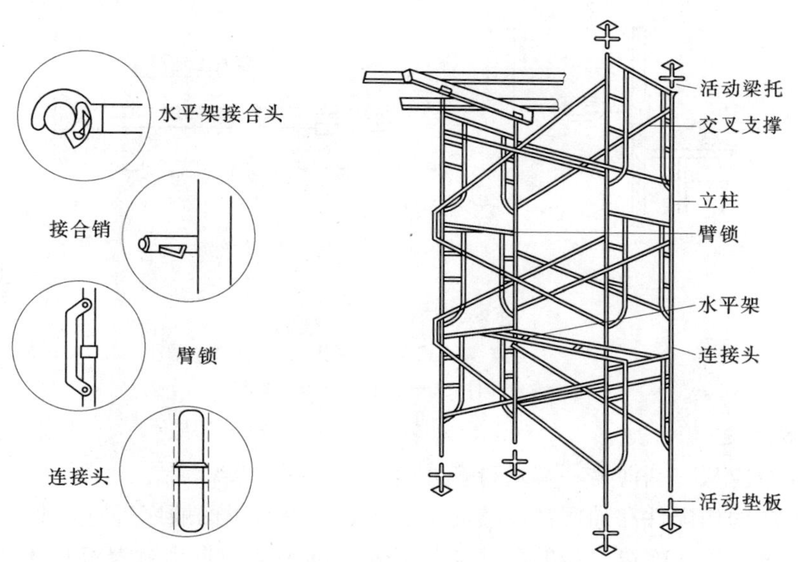

图 2-36 门式脚手架连接构造示意图

3. 搭设要求

(1) 不同规格的门架由于尺寸、高度不同，不得混用。

(2) 搭设时要严格控制首层门架的垂直度，一定要使门架竖杆在两个方向的垂直偏差均在 2mm 以内，顶部水平偏差控制在 5mm 以内。

(3) 连墙拉接杆件的连墙点最大间距，应符合表 2-7 的要求。

表 2-7　　连墙件间距

<table>
<tr><th>脚手架搭设高度
(m)</th><th>基本风压
(kN/m²)</th><th colspan="2">连墙件的间距
(m)</th></tr>
<tr><td rowspan="2">≤45</td><td>≤0.35</td><td>≤6.0</td><td>≤8.0</td></tr>
<tr><td>>0.35</td><td rowspan="2">≤4.0</td><td rowspan="2">≤6.0</td></tr>
<tr><td>>45</td><td></td></tr>
</table>

注　1. 在脚手架的转角处、独立脚手架的两端，其竖向间距不应大于 4.0m。

2. 在脚手架外侧因设置防护棚或安全网而承受偏心荷的部位，其水平间距不应大于 4.0m。

3. 连墙件应能同时承受拉力与压力，其承载力标准值应不小于 10kN；连墙件与门架和建筑物的连接也应具有相应的连接强度。

连墙件一般做法如图 2-37 所示。在脚手架转角处，应适当增加连墙点的密度。

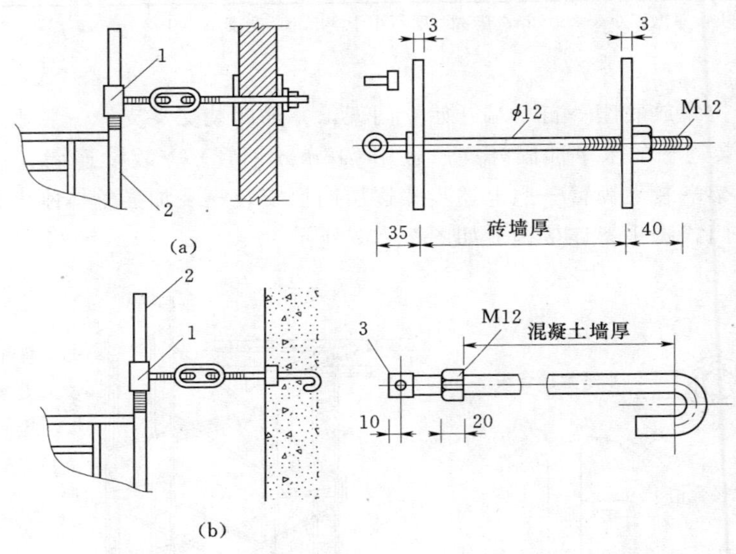

图 2-37　连墙件构造

(a) 夹固式；(b) 锚固式

1—专业扣件；2—立杆；3—接头螺钉

(三) 拆除工艺

(1) 拆除时应从一端向另一端进行，并自上而下逐层进行。

(2) 同一层的构配件和加固件应按先上后下、先外后里的顺序进行，最后拆除连件。

(3) 拆除过程中，除第二步的配件与门架外，脚手架的自由悬臂高度不得超过 2 步，否则应加设临时拉结。

(4) 应连续同步往下拆卸。对于连墙件、通长水平加固杆和剪刀撑等，必须待脚手架拆卸到相关的门架时，方可拆除。

(5) 拆除时，严禁使用锤子等硬物击打、撬托，拆下的连接件应放入袋内或及时传递至地面入库堆存。

（6）拆卸连接部件时，不得进行硬拉或敲击；拆除的门架、钢管与配件应成捆吊运至地面，严禁抛掷。

第五节　模板的运输与存放

一、模板的运输

（1）不同规格的模板不得混装混运。运输时，必须采取有效措施，防止模板滑动、倾倒。长途运输时，应采用简易集装箱，支承件应捆扎牢固，连接件应分类装箱。

（2）预组装模板运输时，应分隔垫实，支捆牢固，防止松动变形。

（3）装卸模板和配件应轻装轻卸，严禁抛掷，并应防止碰撞损坏。严禁用钢模板作其他非模板用途。

二、模板的堆放

（1）所有模板和支撑系统应按不同材质、品种、规格、型号、大小、形状分类堆放，应注意在堆放中留出空地或交通道路，以便取用。在多层和高层施工中还应考虑模板和支撑的竖向转运顺序合理化。

（2）木质材料可按品种和规格堆放，钢质模板应按规格堆放，钢管应按不同长度堆放整齐。小型零配件应装袋或集中装箱转运。

（3）模板的堆放一般以平卧为主，对桁架或大模板等部件，可采用立放形式，但必须采取抗倾覆措施，每堆材料不宜过多，以免影响部件本身的质量和转运方便。

（4）堆放场地要求整平垫高，应注意通风排水，保持干燥；室内堆放应注意取用方便、堆放安全；露天堆放应加遮盖；钢质材料应防水防锈，木质材料应防腐、防火、防雨、防暴晒。

三、模板的维修和保管

（1）钢模板和配件拆除后，应及时清除黏结的灰浆，对变形和损坏的模板和配件，宜采用机械整形和清理。钢模板及配件修复后的质量标准见表 2-8。

表 2-8　钢模板及配件修复后的质量标准

类　　别	项　　目	允许偏差（mm）
钢模板	板面平整度	≤2.0
	凸棱直线度	≤1.0
	边肋不直度	不得超高凸棱高度
配件	U形卡卡口残余变形	≤1.2
	钢楞和支柱不直度	≤L/100

注　L 为钢楞和支柱的长度。

（2）维修质量不合格的模板及配件，不得使用。

（3）对暂不使用的钢模板，板面应涂刷脱模剂或防锈油。背面油漆脱落处，应补刷防锈漆，焊缝开裂时应补焊，并按规格分类堆放。

（4）钢模板宜存放在室内或棚内，板底支垫离地面 100mm 以上。露天堆放，地面应平整坚实，有排水措施模板底支垫离地面200mm以上，两点距模板两端长度不大于模板长度的1/6。

(5) 入库的配件，小件要装箱入袋，大件要按规格分类整数成垛堆放。

第六节 模板脱模剂

无论是新配制的模板，还是已用并清除了污、锈待用的模板，在使用前必须涂刷脱模剂。因此，脱模剂是混凝土模板不可缺少的辅助材料。

一、脱模剂的种类和配制

混凝土模板所用脱模剂大致可分为油类、水类和树脂类三种。

(一) 油类脱模剂

1. 机柴油

用机油和柴油按3：7（体积比）配制而成。

2. 乳化机油

先将乳化机油加热至50～60℃，将磷质酸压碎倒入已加热的乳化机油中搅拌使其溶解，再将60～80℃的水倒入，继续搅拌至乳白色为止，然后加入磷酸和苛性钾溶液，继续搅拌均匀。

3. 妥尔油

用妥尔油：煤油：锭子油＝1：7.5：1.5配制（体积比）。

4. 机油皂化油

用机油：皂化油：水＝1：1：6（体积比）混合，用蒸汽拌成乳化剂

(二) 水类脱模剂

主要是海藻酸钠。其配制方法是：海藻酸钠：滑石粉：洗衣粉：水＝1：13.3：1：53.3（重量比）配合而成。先将海藻酸钠浸泡2～3d，再加滑石粉、洗衣粉和水搅拌均匀即可使用，刷涂、喷涂均可。

(三) 树脂类脱模剂

为长效脱模剂，刷一次可用6次，如成膜好可用到10次。

甲基硅树脂用乙醇胺作固化剂，重量配合比为1000：3～1000：5。气温低或涂刷速度快时，可以多掺一些乙醇胺；反之，要少掺。

二、常用脱模剂参数

常用脱模剂参数见表2-9。

三、使用注意事项

(1) 油类脱模剂虽涂刷方便，脱模效果也好，但对结构构件表面有一定污染；影响装饰装修，因此应慎用。其中乳化机油使用时按乳化机油：水＝1：5调配（体积比），搅拌均匀后涂刷效果较好。

(2) 油类脱模剂可以在低温和负温时使用。

(3) 甲基硅树脂成膜固化后，透明、坚硬、耐磨、耐热和耐水性能都很好。涂在钢模面上不仅起隔离作用，也能起防锈、保护作用。该材料无毒，喷、刷均可。

表 2-9 常用模板脱模剂

名称	组成材料	配合比	每 500m² 模板用料（蝇）	制作方法	备注
海藻酸钠	海藻酸钠	1	L5	先用少量水将海藻酸钠浸泡2～3d，再用滑石粉、洗衣粉及水拌和至能够使用喷浆机喷涂为度，喷后0.5d左右即干	碱性较大，操作人员须戴手套和防护用品
	石粉	13.3	20		
	洗衣粉	1	1.5		
	水	53.3	80		
乳化机油	乳化机油	50～55	4.5	先将乳化机油加热至50～60℃，将硬脂酸略微压碎倒入已加热的乳化机油中，搅拌使其溶解。再将60～80℃热水倒入继续搅拌至呈乳白色为止，最后加磷酸和苛性钠溶液继续搅拌均匀	使用时要用水冲淡。用于钢模板时乳化液加五份水，拌匀后喷涂
	硬脂酸	1.5～2.5	0.23		
	磷酸 85%	0.01	0.001		
	苛性钠	0.02	0.002		
	煤油	2.5	0.45		
	水	40～45	4.05		
妥尔油	妥尔油	1	1.43	先将煤油和碇子油混合搅匀，再用妥尔油搅匀，涂刷一昼夜干燥	妥尔油含脂肪酸≥25%松香酸≤55%甾醇沥青≤12%水≤0.5%
	煤油	7.5	10		
	碇子油	1.5	2.15		
石蜡乳剂	石蜡	3		低温溶解石蜡，稍冷后掺入汽油搅匀	温度低时乳液易凝，涂刷后容易脱模，热天使用效果较好
	汽油	7			
机油皂化油	机油	1		三种原料混合，由蒸汽拌制成乳化剂	适用于低温，气温低时有冷凝现象，遇热溶化，仍起隔离作用
	皂化油	1			
	水	6			
甲基硅树脂	甲基硅树脂	1		先将需要量的固化剂三乙醇胺倒在容器里，并加入少量酒精稀释，在搅拌下注入定量的甲基硅树脂中继续搅拌	三乙醇胺冬天可增至0.3%～0.5%，夏天可减少至0.1%～0.2%，加入固化剂后数小时内固化，要注意配量适当。刷一次可重复使用4～6次
	三乙醇胺	0.003～0.005			
	酒精	适量			

配制时容器工具要干净，无锈蚀，不得混入杂质。工具用毕后应用酒精洗刷干净晾干。由于加入了乙醇胺易固化，不宜多配，故应根据用量配制，用多少配多少。当出现变稠或结胶现象时，应停止使用。甲基硅树脂与光、热、空气等物质接触都会加速聚合，应储存在避光、阴凉的地方，每次用过后，必须将盖子盖严，防止潮气进入，储存期不宜超过3个月。

在首次涂刷甲基硅树脂脱模剂前，应将板面彻底擦洗干净，打磨出金属光泽，擦去浮锈，然后用棉纱沾酒精擦洗。板面处理越干净，则成模越牢固，周转使用次数越多。采用甲基硅树脂脱模剂，模板表面不准刷防锈漆。当钢模重刷脱模剂时，要趁拆模后板面潮湿，用扁铲、棕刷、棉丝将浮渣清理干净，否则，干固后清理就比较困难。

（4）涂刷脱模剂可以采用喷涂或刷涂，操作要迅速。结膜后，不要回刷，以免起胶。涂层要薄而均匀，太厚反而容易剥落。

第三章　胶合板模板及木模板

第一节　胶 合 板 模 板

胶合板模板的发展较为迅速，以施工便捷、拼装方便、拆后浇筑面光滑、透气性好而得到广泛的应用，尤其是近些年发展了框木（竹）胶合板模板，以热轧异型钢为钢框架，以覆面胶合板作板面，并加焊若干钢肋承托面板的组合式模板。我国于1981年首次采用胶合板模板，目前，胶合板模板已有相当的使用量。

一、胶合板模板的特点

胶合板模板用作混凝土模板具有以下特点：

（1）模板板幅大、自重轻、板面平整。既可减少安装工作量，节省现场人工费用，又可减少混凝土外露表面的装饰及磨去接缝的费用。

（2）承载能力大，特别是模板表面经处理后耐磨性更好，能多次重复使用。

（3）材质轻，厚18mm的木胶合板，单位面积重量为50kg，模板的运输、堆放、使用和管理等都较为方便。

（4）保温性能好，能有效防止温度变化过快，冬期施工时有助于混凝土的保温。

（5）锯截方便，易加工成各种形状的模板。

（6）便于按工程的需要弯曲成型，制作成曲面模板。

（7）用于清水混凝土模板，最为理想。

二、胶合板模板的分类

混凝土结构所使用的胶合板模板有木胶合板和竹胶合板两类。

（一）木胶合板模板

混凝土模板用的木胶合板属具有高耐气候、耐水性的Ⅰ类胶合板，胶粘剂为酚醛树脂胶，主要用阿必东、柳安、桦木、马尾松、云南松、落叶松等树种加工。

1. 构造和规格

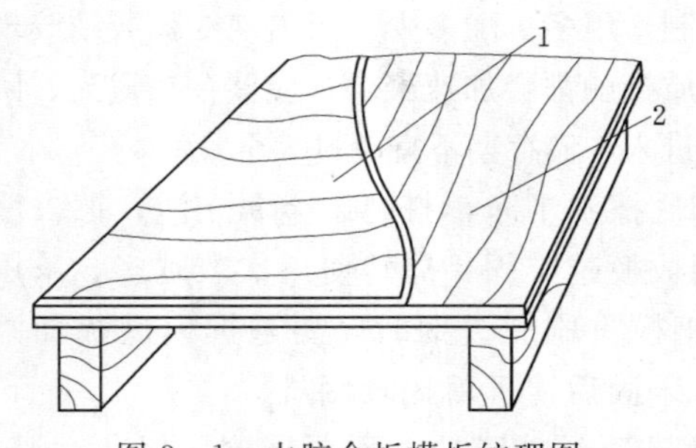

图3-1　木胶合板模板纹理图
1—表板；2—芯板

（1）构造。模板用的木胶合板通常由5、7、9、11层等奇数层单板经热压固化而胶合成型。相邻层的纹理方向相互垂直，通常最外层表板的纹理方向和胶合板板面的长向平行，因此，整张胶合板的长向为强方向，短向为弱方向，使用时必须加以注意。木胶合板模板纹理图如图3-1所示。

（2）规格。模板用木胶合板模板的幅面尺寸，一般宽度为1200mm左右，长度为2400mm左右，厚度为12～18mm。常用规格见表3-1。

表 3-1　　**木胶合板模板规格**　　单位：mm

模数制		非模数制		厚度	层数
宽度	长度	宽度	长度		
600	1800	915	1830	12.0	至少 5 层
900	1800	1220	1830	15.0	至少 7 层
1000	2000	915	2135	18.0	
1200	2400	1220	2440	21.0	

注　引自 GB/T 17656—1999《混凝土模板用胶合板》。

2. 物理力学性能

(1) 胶合性能检验。模板用木胶合板的胶粘剂主要是酚醛树脂。此类胶粘剂胶合强度高，耐水、耐热、耐腐蚀等性能良好，其突出的是耐沸水性能及耐久性优异。

评定胶合性能的指标主要有两项：

1) 胶合强度。为初期胶合性能，指的是单板经胶合后完全粘牢，有足够的强度。

2) 胶合耐久性。为长期胶合性能，指的是经过一定时期后，仍保持胶合良好。

上述两项指标可通过胶合强度试验、沸水浸渍试验来判定。

施工单位在购买混凝土模板用胶合板时，首先要判别是否属于Ⅰ类胶合板，即判别该批胶合板是否采用了酚醛树脂胶或其他性能相当的胶粘剂。如果受试验条件限制，不能做胶合强度试验时，可以用沸水煮小块试件快速简单判别。方法是从胶合板上锯截下 20mm 见方的小块，放在沸水中煮 0.5～1h。用酚醛树脂作为胶粘剂的试件煮后不会脱胶，而用脲醛树脂作为胶粘剂的试块煮后会脱胶。

(2) 物理力学性能。木胶合板的物理力学性能见表 3-2。

表 3-2　　**木胶合板的物理力学性能**

树种			柳安、拟赤杨、马尾松、云南松、落叶松、辐射松、奥堪美				阿必东、荷木、枫香				桦木			
板厚（mm）			12	15	18	21	12	15	18	21	12	15	18	21
物理力学性能	含水率（%）		6～14											
	胶合强度（MPa）≥		0.70				0.80				1.0			
	静曲强度(MPa) ≥	顺纹	26	24	24	26	26	24	24	26	26	24	24	26
		横纹	20	20	20	18	20	20	20	18	20	20	20	18
	弹性模量(MPa) ≥	顺纹	5500	5000	5000	5500	5500	5000	5000	5500	5500	5000	5000	5500
		横纹	3500	4000	4000	3500	3500	4000	4000	3500	3500	4000	4000	3500

注　引自 GB/T 17656—1999《混凝土模板用胶合板》。

3. 使用时注意事项

(1) 必须选用板面经过处理的胶合板模板。未经板面处理的胶合板用作模板时，因混凝土硬化过程中，胶合板与混凝土界面上存在水泥和木材之间的结合力，使板面与混凝土粘结较牢，脱模时易将板面木纤维撕破，影响混凝土表面质量。这种现象随胶合板使用次数的增加而逐渐加重。

经覆膜罩面处理后的胶合板，增加了板面耐久性，脱模性能良好，外观平整光滑，最适用于有特殊要求的、混凝土外表面不加修饰处理的清水混凝土工程，如混凝土桥墩、混凝土大坝坝体、筒仓、烟囱以及塔等。

经过浸渍膜纸贴面处理的胶合板，其物理力学性能见表 3-3。

表 3-3　浸渍膜纸贴面胶合板物理力学性能

物理力学性能		单 位	指 标 要 求
含水率		%	6～14
胶合强度		MPa	≥0.7
表面胶合强度		MPa	≥1.0
浸渍剥离性能		—	试件贴面胶层与胶合板表层上的每一边累计剥离长度不超 25mm
静曲强度	顺纹	MPa	≥57
	横纹		50
弹性模量	顺纹	MPa	≥6000
	横纹		≥5000

注　引自 LY/T 1600—2002《混凝土模板用浸渍胶膜纸贴面胶合板》。

（2）未经板面处理的胶合板（亦称白坯板或素板），在使用前应对板面进行处理。处理的方法为冷涂刷涂料，把常温下固化的涂料胶涂刷在胶合板表面，构成保护膜。

（3）经表面处理的胶合板，施工现场使用中，一般应注意以下几个问题：

1）脱模后立即清洗板面浮浆，堆放整齐。

2）模板拆除时，严禁抛扔，以免损伤板面处理层。

3）胶合板边角应涂有封边胶，故应及时清除水泥浆。为了保护模板边角的封边胶，最好支模时在模板拼缝处粘贴防水胶带或水泥纸袋，加以保护，防止漏浆。

4）胶合板板面尽量不钻孔洞。遇有预留孔洞，可用普通木板拼补。

5）现场应备有修补材料，以便对损伤的面板及时进行修补。

6）使用前必须涂刷脱模剂。

（二）竹胶合板模板

我国竹材资源丰富，且竹材具有生长快、生产周期短（一般 2～3 年成材）的特点。另外，一般竹材顺纹抗拉强度为 18MPa，为杉木的 2.5 倍，红松的 1.5 倍；横纹抗压强度为 6～8MPa，是杉木的 1.5 倍，红松的 2.5 倍；静弯曲强度为 15～16MPa。因此，在我国木材资源短缺的情况下，以竹材为原料，制作混凝土模板用竹胶合板，其具有收缩率小、膨胀率和吸水率低、承载能力大的特点，是一种具有发展前途的新型建筑模板。

1. 组成和构造

混凝土模板用竹胶合板，其面板与芯板所用材料既有不同之处，又有相同之处。不同的材料是芯板将竹子劈成竹条（称竹帘单板），宽 14～17mm，厚 3～5mm，在软化池中进行高温软化处理后，采用烤青、烤黄、去竹衣及干燥等作进一步处理。竹帘的编织可用人工或编织机。面板通常为编席单板，做法是竹子劈成篾片，由编工编成。表面板采用薄木胶合板。这样既可利用竹材资源，又可兼有木胶合板的表面平整度。

另外，也有采用竹编席作面板的，这种板材表面平整度较差，且胶粘剂用量较多。竹胶合板断面构造如图 3-2 所示。

为了提高竹胶合板的耐水性、耐磨性和耐碱性，经试验证明，竹胶合板表面进行环氧树脂涂面的耐碱性较好，进行瓷釉涂料涂面的综合效果最佳。

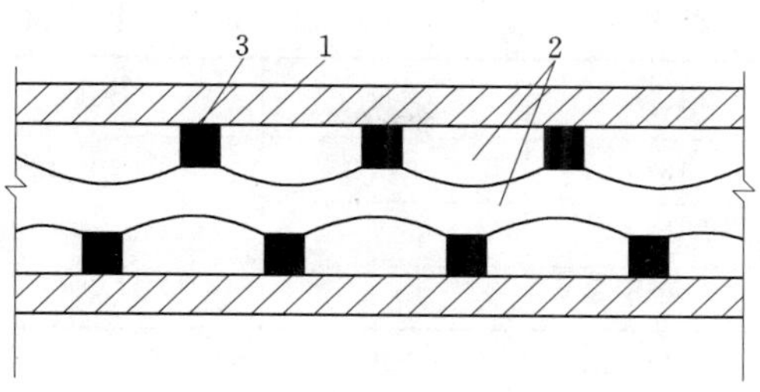

图 3-2　竹胶合板断面示意图

1—竹席或薄木片表板；2—竹帘芯板；3—胶粘剂

2. 规格和性能

（1）规格。根据 GB/T 13123—2003《竹编胶合板》的规定，竹胶合板的规格见表 3-4 和表 3-5。

表 3-4　竹胶合板长、宽规格　单位：mm

长　度	宽　度	长　度	宽　度
1830	915	2440	1220
2000	1000	3000	1500
2135	915		

注　引自 JG/T 156—2004《竹胶合板模板》。

表 3-5　竹胶合板厚度与层数对应关系参考表

层　数	厚度（mm）	层　数	厚度（mm）
2	1.4～2.5	14	11.0～11.8
3	2.4～3.5	15	11.8～12.5
4	3.4～4.5	16	12.5～13.0
5	4.5～5.0	17	13.0～14.0
6	5.0～5.5	18	14.0～14.5
7	5.5～6.0	19	14.5～15.5
8	6.0～6.5	20	15.5～16.2
9	6.5～7.5	21	16.5～17.2
10	7.5～8.2	22	17.5～18.0
11	8.2～9.0	23	18.0～19.5
12	9.0～9.8	24	19.5～20.0
13	9.0～10.8		

我国建筑行业标准对竹胶合板模板的规格尺寸规定见表 3-6。

（2）性能。根据我国建筑行业标准，竹胶合板模板性能见表 3-7。

三、胶合板模板的配置及要求

（一）胶合板模板的配制方法

1. 按设计图纸尺寸直接配制模板

形体简单的结构构件，可根据结构施工图纸直接按尺寸列出模板规格和数量进行配制。

表 3－6　　竹胶合板模板规格尺寸　　单位：mm

长度	宽度	厚度	长度	宽度	厚度
1830	915	9，12，15，18	2135	915	9，12，15，18
1830	1220		2440	1220	
2000	1000		3000	1500	

注　引自 JG/T 3026—1995《竹胶合板模板》。

表 3－7　　竹胶合板模板性能

性能		单位	优等品	一等品	合格品	备注
密度		g/cm³	≥0.85	≥0.85	≥0.85	
含水率		%	≤12	≤14	≤15	*
吸水率		%	≤12	≤14	≤17	
静曲弹性模量	∥	MPa	≥7×10³	≥6.5×10³	≥6×10³	*
	⊥	MPa	≥5×10³	≥4.5×10³	≥4×10³	*
静曲强度	∥	MPa	≥90	≥80	≥70	
	⊥	MPa	≥60	≥55	≥50	
冲击强度		kJ/m²	≥60	≥50	≥40	
胶合强度		MPa	≥0.80	≥0.70	≥0.60	
水煮、冰冻、干燥的保有强度	∥	MPa	≥60	≥50	≥40	
	⊥	MPa	≥40	≥35	≥30	

注　1. 引自 JG/T 156—2004《竹胶合板模板》。
2. 带 * 者要求出厂必须检验。

2. 采用放大样方法配制模板

形体复杂的结构构件，如楼梯、圆形水池等，可在平整的地坪上，按结构图的尺寸画出结构构件的实样，量出各部分模板的准确尺寸或套制样板，同时确定模板及其安装的节点构造，进行模板的制作。

3. 用计算方法配制模板

形体复杂不易采用放大样方法，但有一定几何形体规律的构件，可用计算方法结合放大样的方法，进行模板的配制。

4. 采用结构表面展开法配制

采用结构表面展开法配制模板、横档及楞木的断面和间距，以及支撑系统的配置，都可按支承要求通过计算选用。

一些形体复杂且又由各种不同形体组成的复杂体型结构构件，如设备基础，其模板的配制，可采用先画出模板平面图和展开图，再进行配模设计和模板制作。

（二）胶合板模板的配制要求

（1）应整张直接使用，尽量减少随意锯截，造成胶合板浪费。

（2）木胶合板常用厚度一般为 12mm 或 18mm，竹胶合板常用厚度一般为 12mm，内、外楞的间距，可随胶合板的厚度，通过设计计算进行调整。

(3) 支撑系统可以选用钢管脚手架，也可采用木支撑。采用木支撑时，不得选用脆性、严重扭曲和受潮容易变形的木材。

(4) 钉子长度应为胶合板厚度的1.5～2.5倍，每块胶合板与木楞相叠处至少钉2个钉子。第二块板的钉子要转向第一块模板方向斜钉，使拼缝严密。

(5) 配制好的模板应在反面编号并写明规格，分类堆放保管，以免错用。

四、胶合板模板的施工

采用胶合板作现浇混凝土墙体和楼板的模板，是目前常用的一种模板技术，它比采用组合式模板可以减少混凝土外露表面的接缝，满足清水混凝土的要求。

(一) 墙体模板

常规的支模方法是：胶合板面板外侧的立档用50mm×100mm方木，横档（又称牵杠）可用ϕ48mm×3.5mm脚手钢管或方木（一般为100方木），两侧胶合板模板用穿墙螺栓拉结，如图3-3所示。

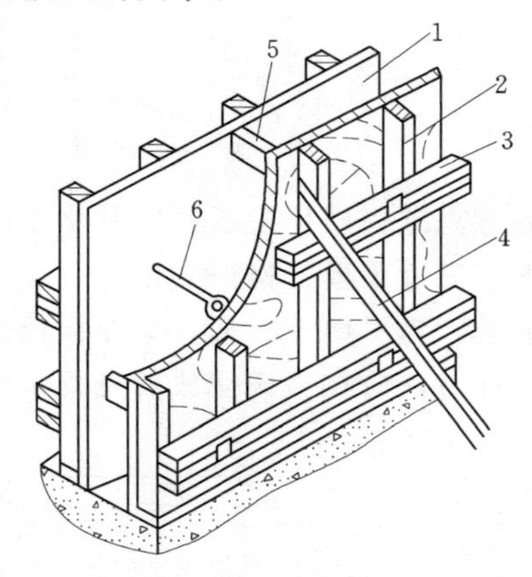

图3-3　采用胶合板面板的墙体模板
1—胶合板；2—主档；3—横档；4—斜撑；5—撑头；6—穿墙螺栓

(1) 墙体模板安装时，根据边线先立一侧模板，临时用支撑撑住，用线锤校正使模板垂直，然后固定牵杠，再用斜撑固定。大块侧模组拼时，上下竖向拼缝要互相错开，先立两端，后立中间部分。待钢筋绑扎后，按同样方法安装另一侧模板及斜撑等。

(2) 为了保证墙体的厚度准确，在两侧模板之间可用小方木撑头（小方木长度等于墙厚），防水混凝土墙的撑头要加有止水板。小方木要随着混凝土的浇筑逐个取出。为了防止浇筑混凝土的墙身鼓胀，可用8～10号钢丝或直径12～16mm螺栓拉结两侧模板，间距不大于1m。螺栓要纵横排列，并在混凝土凝结前经常转动，以便在凝结后取出，如墙体不高、厚度不大，亦可在两侧模板上口钉上搭头木即可。

(二) 楼板模板

楼板模板的支设方法有以下几种。

1. 采用脚手钢管搭设排架

铺设楼板模板常采用的支模方法：用ϕ48mm×3.5mm脚手钢管搭设排架，在排架上铺设50mm×100mm方木，间距为400mm左右，作为面板的格栅（楞木），在其上铺设胶合板面板。如图3-4所示。

2. 采用木顶撑支设楼板模板

(1) 楼板模板铺设在格栅上。格栅两头搁置在托木上，格栅一般用断面面积为50mm×100mm的方木，间距为400～500mm。当格栅跨度较大时，应在格栅下面再铺设通长的牵杠，以减小格栅的跨度。牵杠撑的断面要求与顶撑立柱一样，下面须垫木楔及垫板，一般用(50～75)mm×150mm的方木。楼板模板应垂直于格栅方向铺钉，如图3-5所示。

(2) 楼板模板安装时，要先在次梁模板的两侧板外侧弹水平线，水平线的标高应为楼

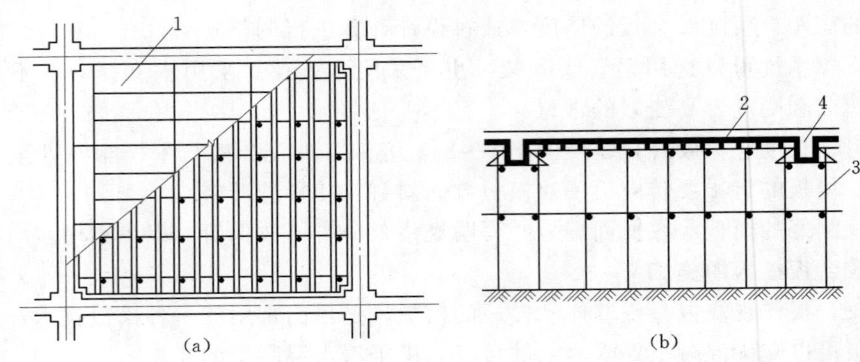

图 3-4 楼板模板采用钢管脚手排架支撑

(a) 平面图；(b) 立面图

1—胶合板；2—木楞；3—钢管脚手架支撑；4—现浇混凝土梁

板标高减去楼板模板厚度及格栅高度，然后按水平线钉上托木，托木上口与水平线相齐。再把靠近梁模的格栅先摆上，等分格栅间距，摆中间部分的格栅。最后在格栅上铺钉楼板模板，为了便于拆模，只在模板端部或接头处钉牢，中间尽量少钉。如中间设有牵杠撑及牵杠时，应在格栅摆放前先将牵杠撑立起，将牵杠铺平。木顶撑构造如图 3-6 所示。

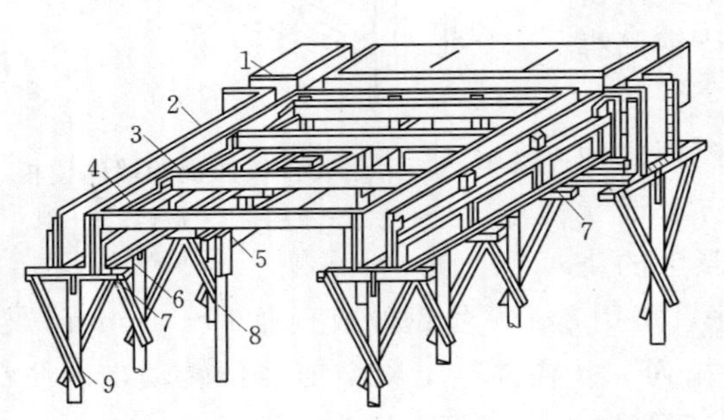

图 3-5 肋形楼盖木模板楼板

1—模板；2—梁侧模板；3—格栅；4—横档（托木）；5—牵杠；6—夹木；7—短撑木；8—牵杠撑；9—支柱（琵琶撑）

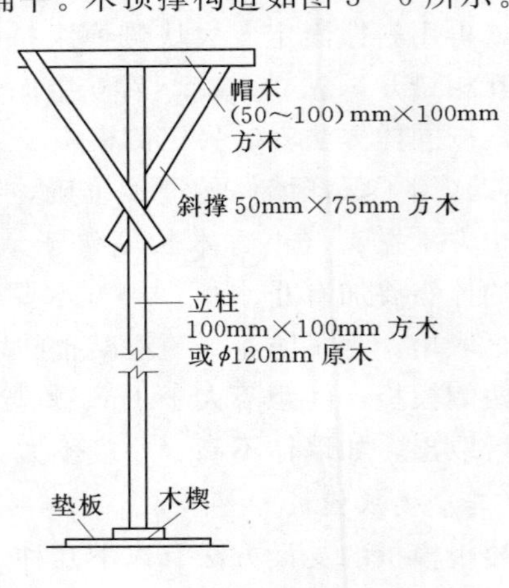

图 3-6 木顶撑

五、工具式可调曲线墙体胶合板模板

（一）构造及作用

1. 构造

可调曲线模板主要由面板、背楞、紧伸器、边肋板等四部分组成。标准板块的尺寸为 4880mm×3660mm，混凝土侧压力按 60kN/m² 设计，面板采用 15mm 厚酚醛覆膜木质胶合板，竖肋采用［10 槽钢，翼缘卡采用 3mm 厚钢板轧制而成，横肋双槽钢和翼缘卡通过有效的结构组合，使之成为一个整体，增强了刚度。

2. 作用

(1) 可以提高双槽钢横肋的刚度和整体性。

（2）通过翼缘卡将竖肋与横肋固定，使翼缘卡与横肋成为一体，提高横肋与竖肋的整体性。

（3）通过双槽钢横肋将穿墙拉杆固定，使木竖肋与面板紧贴，完全发挥整个背楞的作用。

（4）用曲率调节器将所有同一水平的双槽钢横肋连接，使独立的横肋变为整体，同时可以调节出任意半径的弧线模板。如图 3-7 和图 3-8 所示。

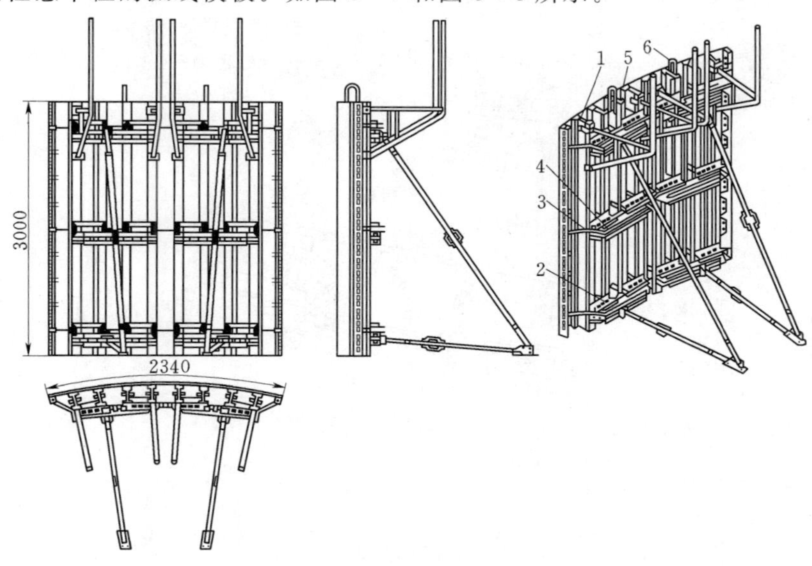

图 3-7　可调曲线墙体内模板

1—木工字梁；2—调节支座；3—调节螺栓；4—短槽钢背楞；5—胶合板面板；6—吊钩

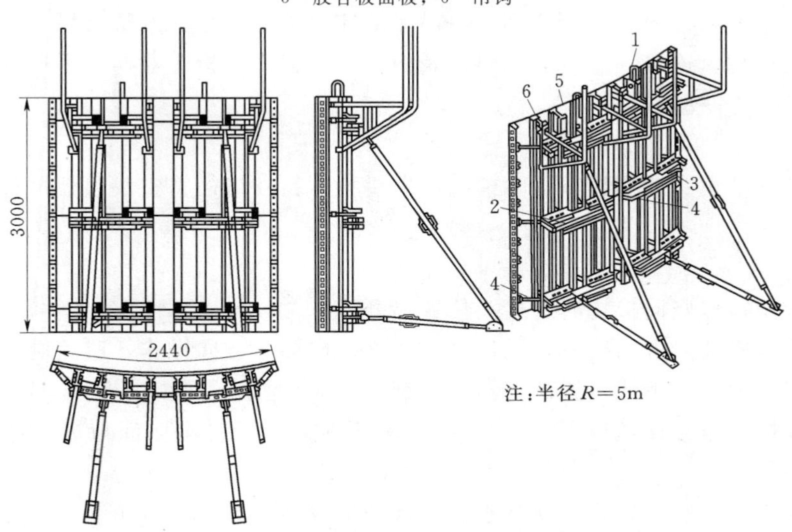

图 3-8　可调曲线墙体外模板

1—吊钩；2—调节支座；3—短槽钢背楞；4—调节螺栓；5—胶合板面板；6—木工字梁

（二）工艺流程

1. 组拼

搭设组拼操作架→铺放主背楞钢件→主背楞长向拼接→相邻主背楞间连接调节器→铺放面层木胶合板→将木胶合板与主背楞用螺丝固定→安装边肋带孔角钢→主背楞与边肋角钢间连接调节器→钻穿墙螺栓孔→通过背部调节器调节模板弧度→用专用量具检测模板弧度→安装吊钩→模板编号→合格后吊至存放架内存放。如图 3-9 所示。

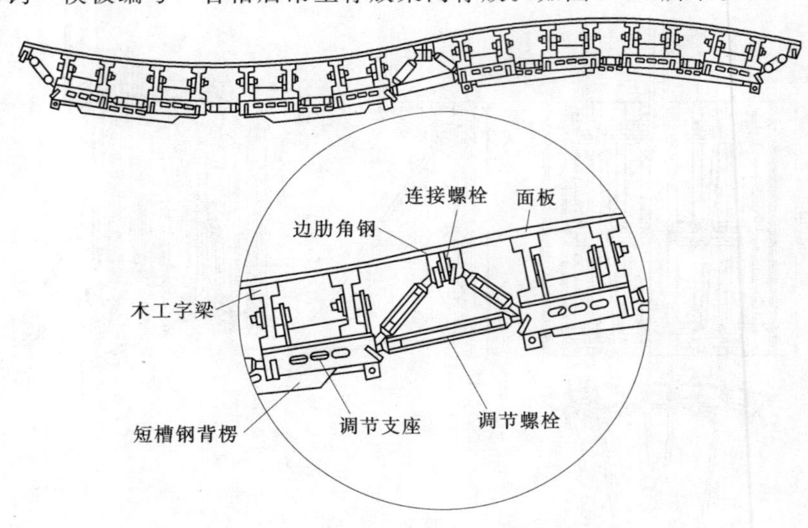

图 3-9 弧形模板组装示意图

2. 安装

测量放线→用塔吊吊运对应编号模板至墙体→侧设计位置→插放穿墙螺栓及塑料套管→根据墙体控制线将模板下口调整到位→吊运墙体另一侧模板→调整模板位置→穿墙螺栓初步拧紧→螺栓拧紧连接→加设墙体斜撑及斜拉钢丝绳→模板主背楞水平拼缝处加强处理→调整模板垂直度→验收。

3. 拆卸

松开支撑→抽出穿墙螺栓→拆除模板横向拼接螺钉→塔吊将整块模板吊离→模板面清理并整平。

（三）施工要点

（1）主背楞钢件竖向接拼时，接头位置错开。

（2）调节器安装时方向统一，以便调节弧度时向同一方向操作，避免混淆。

（3）调节弧度时，不同位置调节器每次旋 2～3 个丝扣，同步进行。

（4）模板横向拼接螺丝按不大于 300mm 间距布置，同时应保证与边肋连接的调节器处于拧紧状态。

（5）因模板只有竖向背楞，在其水平拼接处加设横向方木，再用钢管和穿墙螺栓将方木与模板主背楞背紧。

（6）墙体高度较大时，墙体的四道斜撑则不可能全部支在楼板上，要利用墙体两边的操作架进行顶撑，但要保证操作架与楼板用斜撑顶紧。

第二节 木 模 板

木模板是使混凝土按几何尺寸成型的模型板，俗称壳子板，木模板及其支撑系统所用的木材宜用Ⅲ级材。与混凝土表面接触的模板，为了保证混凝土表面的光洁，宜采用红松、白松、杉木，因为它们重量轻，不易变形，可以增加模板的使用次数。如混凝土表面不暴露在明处或需抹灰时，则可采用其他树种的木材做模板，但要选择满足木模板配制要求的木材。

一、木模板的配制及要求

（一）木模板的配制方法

参见胶合板模板的配制相关内容。

（二）木模板的配制要求

（1）木模板及支撑系统所用的木材，不得有脆性、严重扭曲和受潮后容易变形的木材。

（2）木模厚度。侧模一般可采取 20～30mm，底模一般可采取 40～50mm。

（3）拼制模板的木板条不宜宽于下值：

1）工具式模板的木板为 150mm。

2）直接与混凝土接触的木板为 200mm。

3）梁和拱的底板，如采用整块木板，其宽度不加限制。

（4）木板条应将拼缝处刨平刨直，模板的木档也要刨直。

（5）钉子长度应为木板厚度的 1.5～2 倍，每块木板与木档相叠处至少钉 2 只钉子。

（6）混水模板正面高低差不得超过 3mm；清水模板安装前应将模板正面刨平。

（7）配制好的模板应在背面标明编号及规格，分别堆放保管，以免错用。

（三）木模板的安装要求

对模板及支撑系统的基本要求如下：

（1）保证结构构件各部分的形状、尺寸和相互间位置的正确性。

（2）具有足够的强度、刚度和稳定性。能承受本身自重及钢筋、浇捣混凝土的重量和侧压力，以及在施工中产生的其他荷载。

（3）装拆方便，能多次周转使用。

（4）模板拼缝严密，不漏浆。

（5）所用木料受潮后不易变形。

（6）支撑必须安装在坚实的地基上，并有足够的支撑面积，以保证所浇筑的结构不致发生下沉。

二、平面模板

（一）模板尺寸

平面模板可采用宽度不大于 150mm 的木板，当混凝土构件的宽度大于 150mm 时，则用若干块木板拼制，其背面加木档，木档断面尺寸及其间距按模板受力情况而定。用于侧模时，木板厚度为 20～30mm；用于底模时，木板厚度为 40～50mm。模板尺寸按混凝

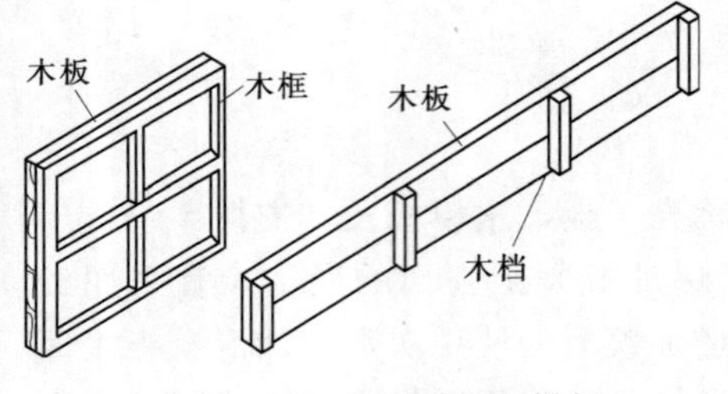

图 3-10 定型模板和拼板模板示意图

土构件支模面积而定。

用于楼板的底模，则做成定型模板，即将木板（或防水胶合板）拼钉于木框上，木板厚度不小于20mm，胶合板至少为五层夹板。定型模板的尺寸一般采用 400mm×800mm、500mm×1000mm 等，也有做成方形的。

图 3-10 为定型模板和拼板模板示意图。

（二）配件

配件包括顶撑、柱箍、格栅、托木、夹木、斜撑、横担、牵杠、拉杆、搭头木、垫板、木楔、木桩等。

顶撑用于支撑梁模。顶撑由帽木、立柱、斜撑等组成，帽木用（50～100）mm×100mm 方木，立柱用 100mm×100mm 方木或直径 100mm 的原木，斜撑用 50mm×75mm 的方木。顶撑也可用钢制，立柱由内外套管组成，内管用 ϕ50mm 钢管；外管用 ϕ63mm 钢管，内外管上都有销孔，两者销孔对准，插入销子，可调整立柱高度；斜撑用 ϕ12mm 圆钢，立柱顶应装帽木托座，帽木置于托座中，用钉子转圈钉牢。为了调整梁模的标高，在顶撑立柱底下应加设木楔，沿顶撑底的地面上应铺垫板，垫板厚度应不小于 40mm，宽度不小于 200mm，长度不小于 600mm。图 3-11 为钢顶撑的立面图。木顶撑如图 3-6 所示。

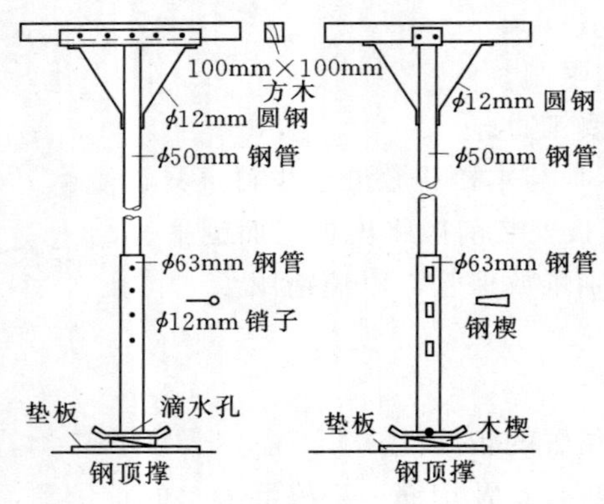

图 3-11 钢顶撑

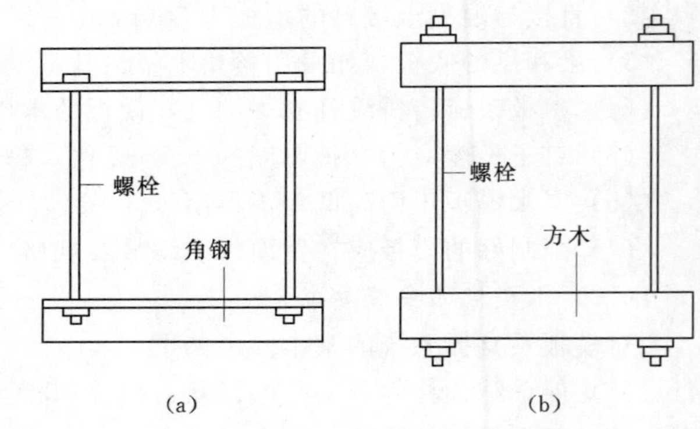

图 3-12 钢柱箍和钢木柱箍平面图

（a）钢柱箍；（b）钢木柱箍

柱箍用于箍紧桩模，以防止混凝土浇筑时柱模发生鼓胀变形。柱箍有钢柱箍和钢木柱箍。钢柱箍两边为角钢，另两边为螺栓，角钢边长不小于 50mm，螺栓直径不小于 12mm。钢木柱箍两边为方木，另两边为螺栓，方木应用硬木，断面不小于 50mm×50mm，螺栓直径不小于 12mm。

钢柱箍和钢木柱箍平面图如图 3-12 所示。

格栅用于支撑楼板底模。格栅应用方木制作，其断面面积不小于 50mm×100mm。格栅的头搁置于梁模外侧的托木上。格栅间距不超过 500mm。

托木用于支撑格栅，钉于梁模侧板外侧。托木应用方木制作，其断面面积不小于 50mm×75mm。托木如不需要支撑格栅，则作为斜撑上端支承点。

夹木用于梁模、墙模侧板下端外侧，以防止侧板下端移位。夹木应用方木制作，其断面面积不小于 50mm×75mm。

斜撑用于稳固梁模、墙模、基础模等的侧板。斜撑应用方木制作，其断面面积不小于 50mm×50mm。斜撑一般按 45°～60°方向布置，其上端支承在托木上，其下端支承在顶撑的帽木或木桩上。

横担用于支承预制混凝土构件模板或悬挂基础地梁模板。横担应用方木制作，其断面面积不小于 50mm×100mm。

牵杠用于墙模侧板外侧或格栅底下。牵杠应用方木制作，其断面面积不小于 50mm ×75mm。

拉杆设置于顶撑间，以稳固顶撑。拉杆应用方木制作，其断面面积不小于 50mm ×50mm。

搭头木用于卡住梁模、墙模的上口，以保持模板上口宽度不变。搭头木应用方木制作，其断面面积不小于 40mm×40mm。

三、常见结构木模板

（一）预制柱木模板

预制柱木模板由底板、侧板、横担、托木、夹木、木楔、垫板、搭头木等组成。

底板平铺于横担上，侧板立铺于横担上。侧板上部外侧钉托木，侧板底部外侧应设夹木，夹木钉牢于横担上。斜撑上端钉牢于托木上，斜撑下端钉牢于横担上。横担下垫以木楔及垫板。在侧板上口应钉若干搭头木。

如预制柱需叠层生产，则上层柱侧板宽度应比柱宽至少大 50mm，并将侧板的木档加长作为侧板的支脚。

预制柱木模板剖面图如图 3－13 所示。

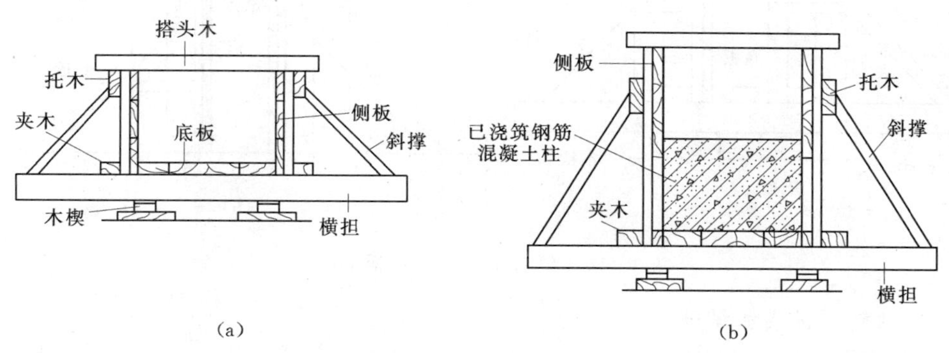

图 3－13 预制柱木模板剖面图

（二）预制Ⅰ形柱木模板

预制Ⅰ形柱木模板由底板、侧板、上芯模、下芯模、横担、托木、夹木、斜撑、搭头木、木楔、垫板等组成。

底板平铺在横担上，侧板立铺在横担上。侧板上部外侧钉托木，侧板底部外侧设夹木，夹木钉在横担上。上芯模钉在搭头木上，下芯模钉在底板上。斜撑上端钉牢于托木

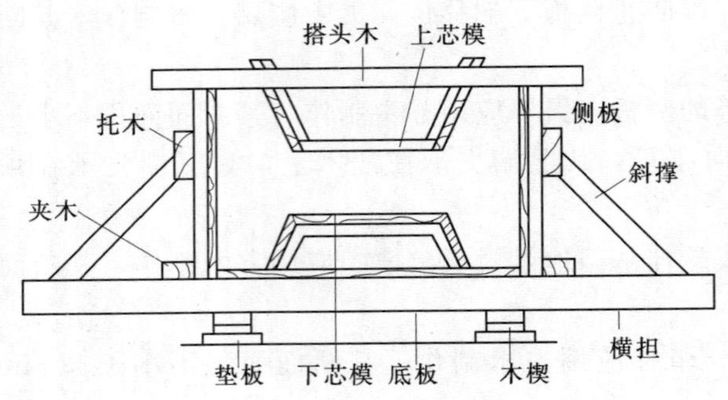

图 3-14 预制Ⅰ形柱木模板剖面图

上，斜撑下端钉牢于横担上。横担下垫以木楔及垫板。在侧板上口钉若干搭头木（连同上芯模）。

为了浇筑混凝土方便，上芯模只有两侧斜向板，没有中间的底板。

预制Ⅰ形柱木模板剖面图如图 3-14 所示。

（三）预制 T 形梁木模板

预制 T 形梁木模板由底板、侧板、立档、托木、夹木、横担、木楔、垫板、斜撑、搭头木等组成。

底板平铺于横担上，侧板立铺于横担上。侧板外侧钉托木，侧板底部外侧设夹木，夹木钉牢于横担上。斜撑上端钉牢于托木上，斜撑下端钉牢于横担上。为保持侧板形状，在侧板外侧应加钉立档，立档可用木板拼制，其间距一般不超过 1m。横担下垫以木楔及垫板。

如 T 形梁在水泥地面上预制，可省略底板、横担、木楔、垫板等。夹木及斜撑下端均钉牢于水泥地面中预埋的木砖上。预制 T 形梁木模板剖面图如图 3-15 所示。

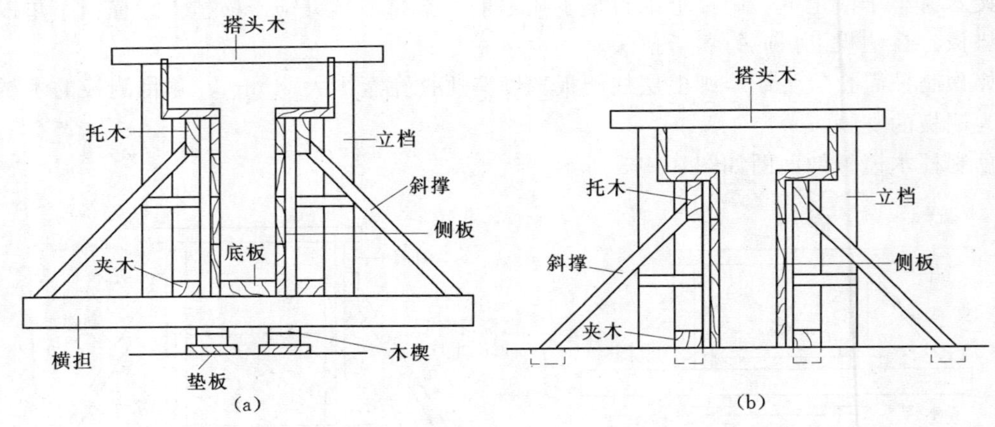

图 3-15 预制 T 形梁木模板剖面图

（四）预制薄腹梁木模板

预制薄腹梁木模板由底板、侧板、上芯模、下芯模、托木、夹木、横担、斜撑、搭头木、木楔、垫板等组成。

底板及下芯模平铺于横担上，侧立铺于横担上，侧板上部外侧钉托木，侧板底部外侧设夹木，夹木钉牢于横担上。斜撑上端钉牢于托木上，斜撑下端钉牢于横担上。上芯模钉牢于搭头木上。横担下垫以木楔及垫板，在侧板上口钉若干搭头木（连同上芯模）。

为了浇筑混凝土方便，上芯模只有两侧斜向板，没有中间的底板。

搭头木形状应符合构件形状。

预制薄腹梁木模板剖面图如图 3－16 所示。

（五）现浇基础模板

混凝土基础的形式有独立式和条形式两种。独立式基础又分阶形和杯形等。基础模板的构造随着其形式的不同而有所不同。混凝土基础形式如图 3－17 所示。

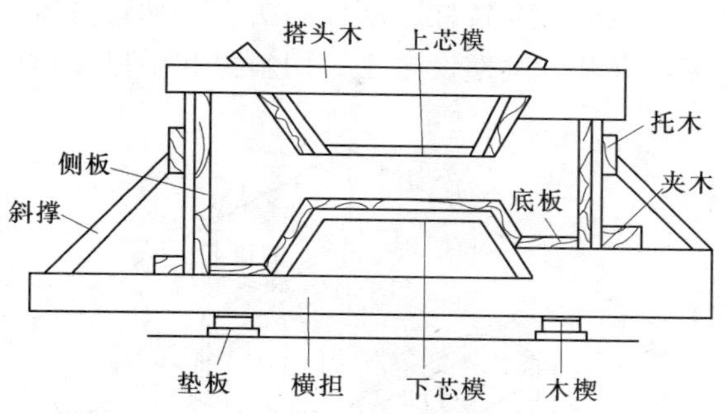

图 3－16 预制薄腹梁木模板剖面图

1. 阶形基础模板

（1）构造。阶形基础的模板，每一台阶模板由四块侧板拼钉而成，其中两块侧板的尺寸与相应的台阶侧面尺寸相等；另两块侧板长度应比相应的台阶侧面长度长 150～200mm，高度与其相等。四块侧板用木档拼成方框。上台阶模板的其中两块侧板的最下一块拼板要加长，以便搁置在下层台阶模板上，下层台阶模板的四周要设斜撑及平撑支撑住。斜撑和平撑一端钉在侧板的木档（排骨档）上；另一端顶紧在木桩上。上台阶模板的四周也要用斜撑和平撑支撑住，斜撑和平撑的一端钉在上台阶侧板的木档上，另一端可钉在下台阶侧板的木档顶上。如图 3－18 所示。

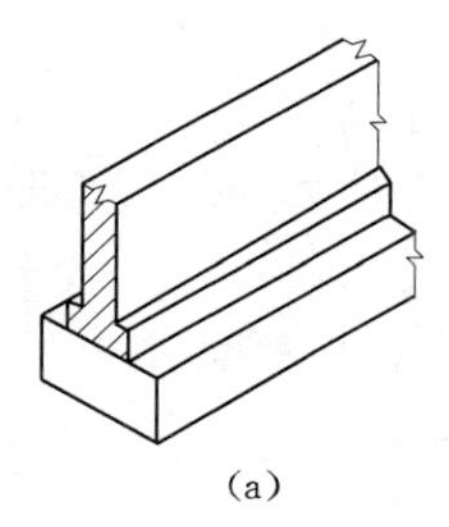
(a)

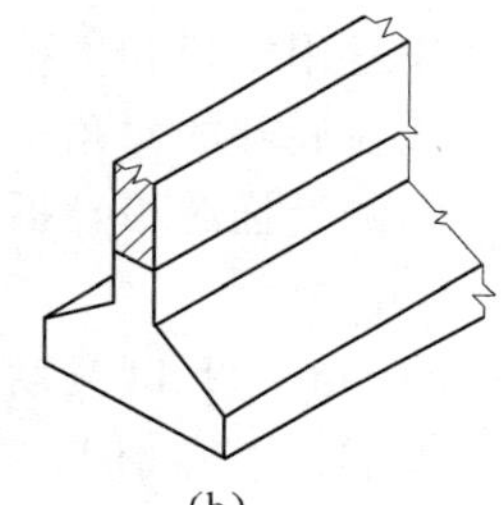
(b)

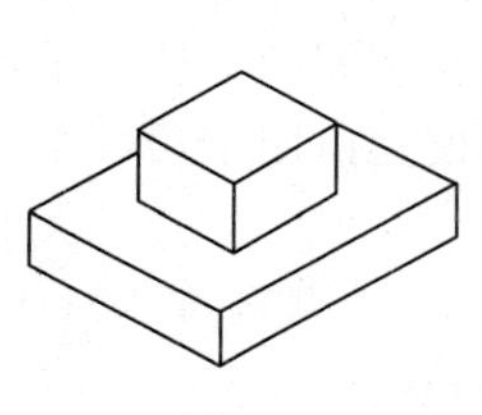
(c)

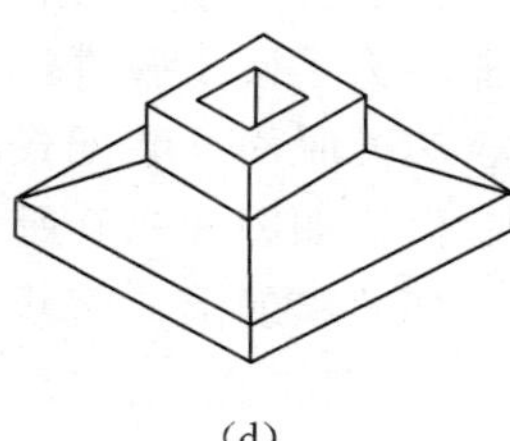
(d)

图 3－17 混凝土基础形式

（a）条形基础；（b）有地梁条形基础；（c）阶形基础；（d）杯形基础

（2）安装。模板安装前，在侧板内侧划出中线，在基坑底弹出基础中线。把各台阶侧板拼成方框。

安装时，先把下台阶模板放在基坑底，两者中线互相对准，并用水平尺校正其标高，在模板周围钉上木桩，在木桩与侧板之间，用斜撑和平撑进行支撑，然后把钢筋网放入模板内，再把上台阶模板放在下台阶模板上，两者中线互相对准，并用斜撑和平撑加以钉牢。

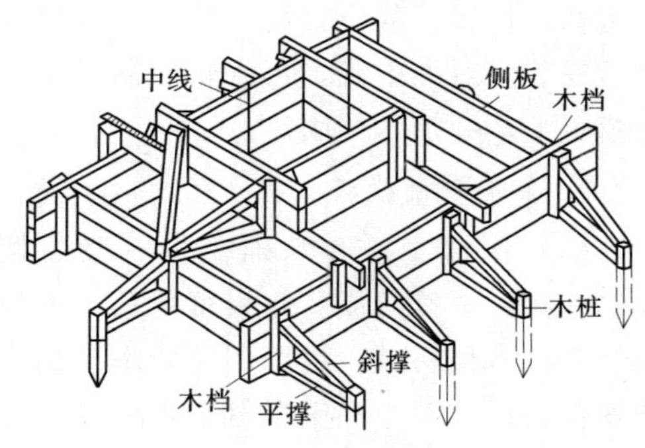

图 3－18 阶形基础模板

2. 杯形基础模板

（1）构造。杯形基础模板的构造与阶形基础模板相似，只是在杯口位置要装设杯芯模。杯芯模两侧钉上轿杠，以便于搁置在上台阶模板上。如果下台阶顶面带有坡度，应在上台阶模板的两侧钉上轿杠，轿杠端头下方加钉托木，以便于搁置在下台阶模板上。近旁有基坑壁时，可贴基坑壁设垫木，用斜撑和平撑支撑侧板木档。如图 3-19 所示。

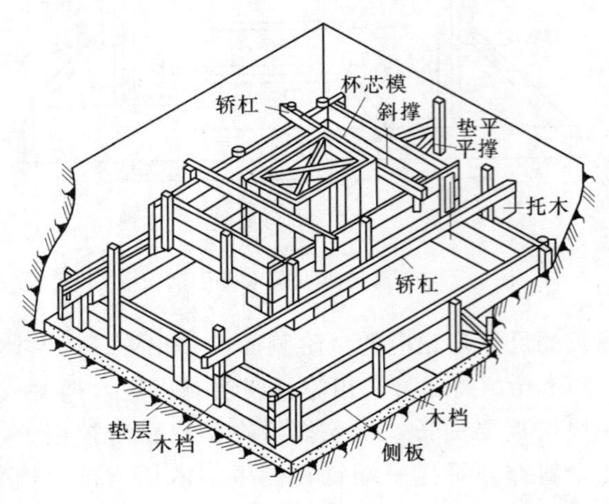

图 3-19 杯形基础模板

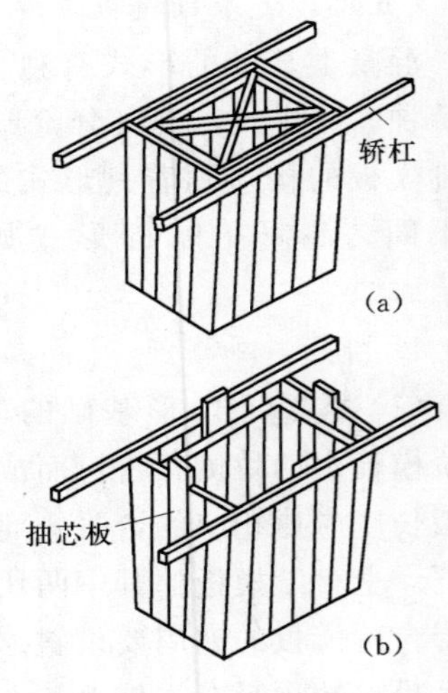

图 3-20 杯芯模

(a) 整体式；(b) 装配式

杯芯模有整体式和装配式两种。整体式杯芯模是用木板和木档根据杯口尺寸钉成一个整体，为了便于脱模，可在芯模的上口设吊环，或在底部的对角十字档穿设 8 号钢丝，以便于芯模脱模。装配式芯模是由四个角模组成，每侧设抽芯板，拆模时先抽去抽芯板，即可脱模。如图 3-20 所示。

杯芯模的上口宽度要比柱脚宽度大 100～150mm，下口宽度要比柱脚宽度大 40～60mm，杯芯模的高度（轿杠底到下口）应比柱子插入基础杯口中的深度大 20～30mm，以便安装柱子时校正柱列轴线及调整柱底标高。

杯芯模一般不装底板，这样浇筑杯口底处混凝土比较方便，也易于振捣密实。

（2）安装。安装前，先将各部分划出中线，在基础垫层上弹出基础中线。各台阶钉成方框，杯芯模钉成整体，上台阶模板及杯芯两侧钉上轿杠。

安装时，先将下台阶模板放在垫层上，两者中心对准，四周用斜撑和平撑钉牢，再把钢筋网放入模板内，然后把上台阶模板摆上，对准中线，校正标高，最后在下台阶侧板外加木档，把轿杠的位置固定住。杯芯模应最后安装，对准中线，再将轿杠搁于上台阶模板上，并加木档固定。

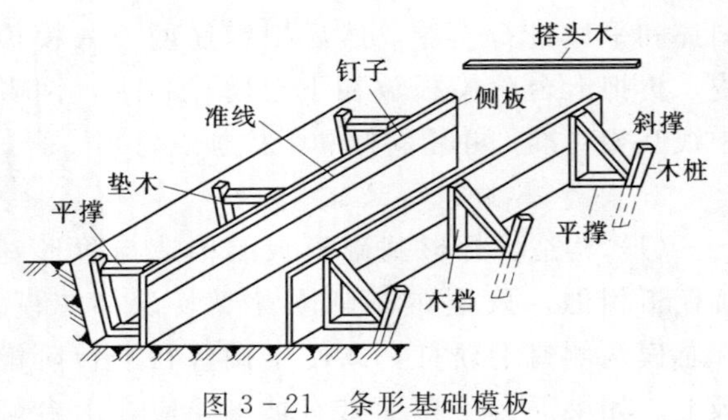

图 3-21 条形基础模板

3. 条形基础模板

（1）构造。条形基础模板一般由侧板、斜撑、平撑组成。侧板可用长条木板加钉竖向木档拼制，也可用短条木板加横向木档拼成。斜撑和平撑钉在木桩（或垫木）与木档之间。如图 3-21 所示。

（2）安装。

1）条形基础模板安装时，先在基槽底弹出基础边线，再把侧板对准边线垂直竖立，同时用水平尺校正侧板顶面水平，无误后，用斜撑和平撑钉牢。如基础较长，则先立基础两端的两块侧板校正后，再在侧板上口拉通线，依照通线再立中间的侧板。当侧板高度大于基础台阶高度时，可在侧板内侧按台阶高度弹准线，并每隔 2m 左右在准线上钉圆钉，作为浇筑混凝土的标志。为了防止浇筑时模板变形，保证基础宽度的准确，应每隔一定距离在侧板上口钉上搭头木。

2）带有地梁的条形基础，轿杠布置在侧板上口，用斜撑、吊木将侧板吊在轿杠上。在基槽两边铺设通长的垫板，将轿杠两端搁置在其上，并加垫木楔，以便调整侧板标高。如图 3－22 所示。

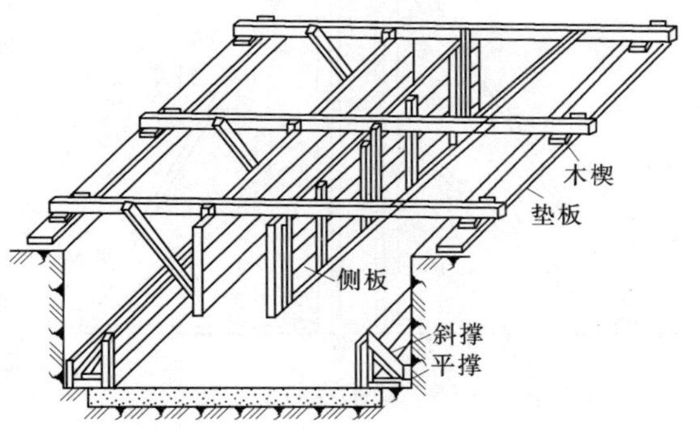

图 3－22　有地梁的条形基础模板

安装时，先按前述方法将基槽中的下部模板安装好，拼好地梁侧板，外侧钉上吊木（间距 800～1200mm），将侧板放入基槽内。在基槽两边地面上铺好垫板，把轿杠搁置于垫板上口钉上搭头木，并在两端垫土木楔。将地梁边线引到轿杠上，拉上通线，再按通线将侧板吊木逐个钉在轿杠上，用线锤校正侧板的垂直，再用斜撑固定，最后用木楔调整侧板上口标高。

基础模板用料尺寸可参考表 3－8。

表 3－8　基础模板用料尺寸　　单位：mm

基础高度	木档最大间距（侧板厚 25mm）	木档断面	木档钉法
300	500	50×50	—
400	500	50×50	—
500	500	50×75	平摆
600	400～500	50×75	子摆
700	400～500	50×75	立摆

（六）墙木模板

1．构造

墙木模板主要由侧板、立档、牵杠、斜撑、木桩等组成。

侧板可以采取用长条板模拼，预先与立档钉成大块板，板块高度一般不超过 1.2m。牵杠钉在立档外侧，从底部开始每隔 0.7～1.0m 一道。在牵杠与木桩之间支斜撑和平撑，如木桩间距大于斜撑间距时，应沿木桩设通长的落地牵杠，斜撑与平撑紧顶在落地牵杠。当坑壁较近时，可在坑壁上立垫木，在牵杠与垫木之间用平撑支撑。

2．安装

安装墙木模板时，先在基础或地面上弹出墙的中线及边线，根据边线立一侧模板，临时用支撑撑住，用线锤校正模板的垂直，然后钉牵杠，再用斜撑和平撑固定。也可不用临时支撑，将斜撑和平撑的一端先钉在牵杠上，用线锤校正侧板的垂直，即将另一端钉牢。

用大块模时，上下竖向拼缝要互相错开，先立两端，后立中间部分。

待钢筋绑扎后，按同样方法安装另一侧模板及斜撑等。

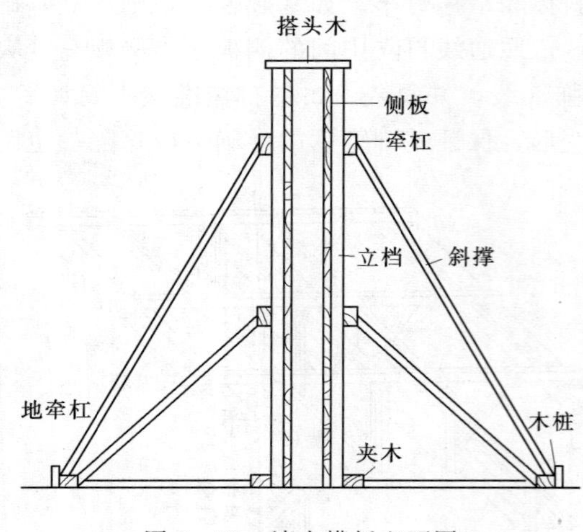

图 3-23 墙木模板立面图

为了保证墙体的厚度正确，在两侧模板之间可用小方木撑好（小方木长度等于墙厚)。方木要随着浇筑混凝土逐个取出。为了防止浇筑混凝土的墙身鼓胀，可用 8～10 号钢丝直径 12～16mm 螺栓拉结两侧模板，间距不大于 1m。螺栓要纵横排列，并在混凝土凝结时经常转动，以便在凝结后取出。如墙体不高，厚度不大，亦可在两侧模板上口钉上搭头木即可。

墙木模板安装必须与墙钢筋安装相配合。应先安装一侧模板，再安装墙钢筋，然后安装另一侧模板。

墙木模板立面图如图 3-23 所示。

（七）现浇柱木模板

矩形柱木模板由侧板、底盘、柱箍等组成。

侧板有两种做法：一种是两面用竖向拼板模板；另两面钉横向木板。纵向侧板的木板厚度为 40～50mm，横向侧板的木板厚度为 25mm，在柱模底部用方木钉成底盘，予以固定，柱模底部留清理口，沿柱模高每隔 1m 左右留浇灌口，混凝土浇入模内后予以封闭。如图 3-24 所示。

另一种是四面都用竖向拼板模板，纵向侧板的木板厚度为 40～50mm。在柱模底部用方木钉成底盘以予固定。沿柱模高度应装设柱箍，柱箍布置应上疏下密，柱箍的间距要保

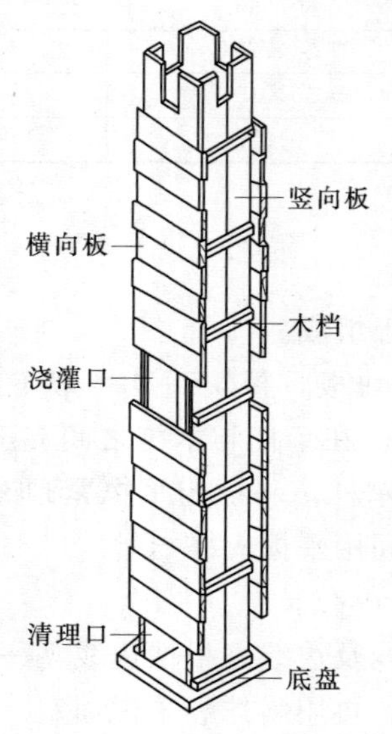

图 3-24 矩形柱木模板之一

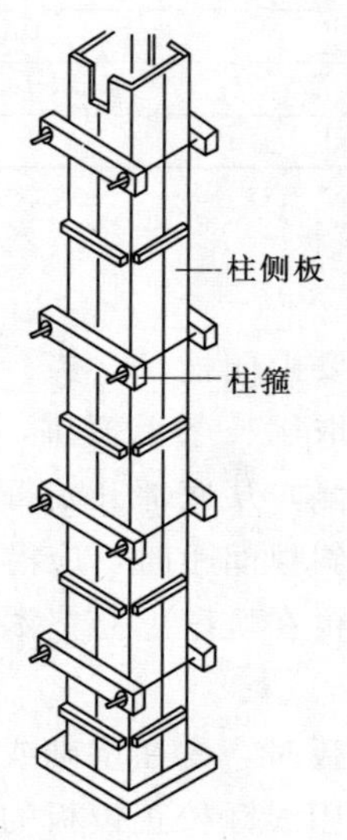

图 3-25 矩形柱木模板之二

证柱混凝土浇筑时，柱模不鼓胀、不开缝。如图 3-25 所示。

当柱与梁相交时，应在柱模上端的柱梁相交处开缺口，缺口高度等于梁高，缺口宽度等于梁宽。缺口处应加钉衬口档，衬口档的水平档上面离缺口底边距离为梁模底板的厚度；竖向档侧面离缺口侧边距离为梁模侧板的厚度。梁模底板的端头钉固于水平档上；梁模侧板的端头钉固于竖向档上。如图 3-26 所示。

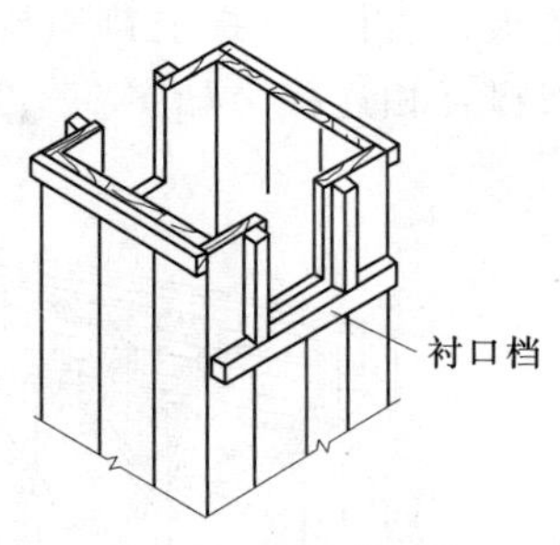

图 3-26 柱模顶部缺口衬口档

为了保证柱模稳固，柱模四周要加设斜撑。同一列柱模之间应加设拉杆、剪刀撑等。

柱模侧板的木档间距、断面尺寸及钉法可参考表 3-9。

柱模安装必须与柱钢筋安装相配合。应先安装三面侧板，再安装柱钢筋，然后安装另面侧板及柱箍等。

表 3-9 柱模侧板木档用料 单位：mm

柱断面面积	木档间距	木档断面面积	木档钉法
300×300	450	50×50	—
400×400	450	50×50	—
500×500	400	50×50	平摆
600×600	400	50×50	平摆
700×700	400	50×70	立摆
800×800	400	50×70	立摆

（八）现浇梁木模板

梁木模板有侧板、底板、托木、夹木、斜撑、顶撑、搭头木等组成。

侧板、底板均采用拼板模板，侧板的木板厚度不小于 25mm；底板的木板厚度为 40～50mm。横向侧板厚 25mm。底板支承在顶撑上，其两端头支承在柱模顶的衬口档上或边顶撑上。侧板竖立支承在顶撑上，其两端头钉牢于柱模顶的衬口档上。

侧板上部的外侧钉以托木，侧板底部外侧应钉夹木，夹木钉牢于顶撑上。

梁模的两侧应设斜撑，斜撑的上端钉牢于托木上，斜撑的下端钉牢于顶撑的帽木上。梁模的上口应加钉若干搭头木，以保持梁模宽度不变。顶撑间距一般为 800～1200mm。各顶撑间应加钉拉杆，拉杆距地面应不小于 1.8m。

当梁的跨度在 4m 或 4m 以上时，梁模的跨中要起拱，起拱高度为梁跨的 0.2%～0.3%。

梁木模板安装后，要拉中线进行检查，复核各梁模中心位置是否对正。待平板模板安装后，检查并调整标高，将木楔钉牢在垫板上。各顶撑之间要设水平撑或剪刀撑，以保持顶撑的稳固。如图 3-27 所示。

当楼板采用预制圆孔板、梁为现浇花篮梁时，应先安装梁模板，再吊装圆孔板，圆孔板的重量暂时由梁模板来承担。这样，可以加强预制板和现浇梁的连接。安装时，先按前述方法将梁底板和侧板安装好，然后在侧板的外边立支撑（在支撑底部同样要垫上木楔和垫板)，再在支撑上钉通长的格栅，格栅要与梁侧板上口靠紧，在支撑之间用水平撑和剪刀撑互相连接。如图 3-28 所示。

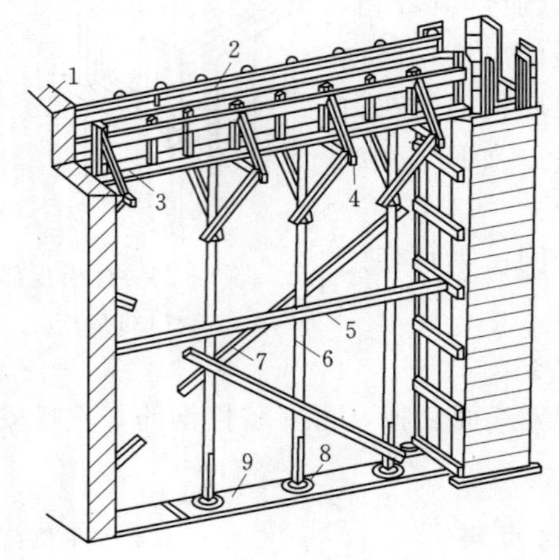

图 3-27 现浇梁模板的安装

1—砖墙；2—侧板；3—夹木；4—斜撑；5—水平撑；6—琵琶撑；7—剪刀撑；8—木楔；9—垫板

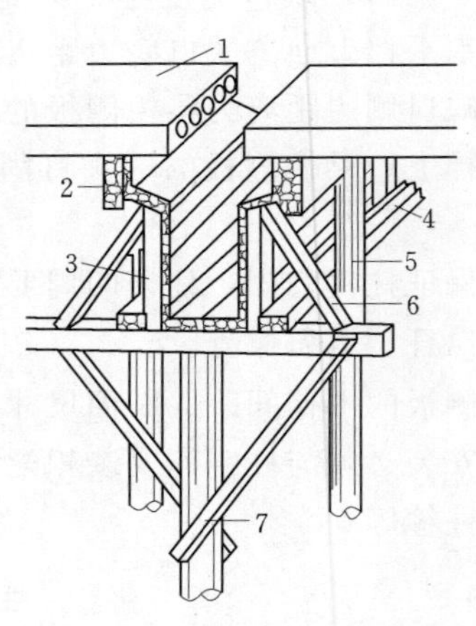

图 3-28 现浇花篮梁模板

1—圆孔板；2—格栅；3—木档；4—夹木；5—牵杠撑；6—斜撑；7—琵琶撑

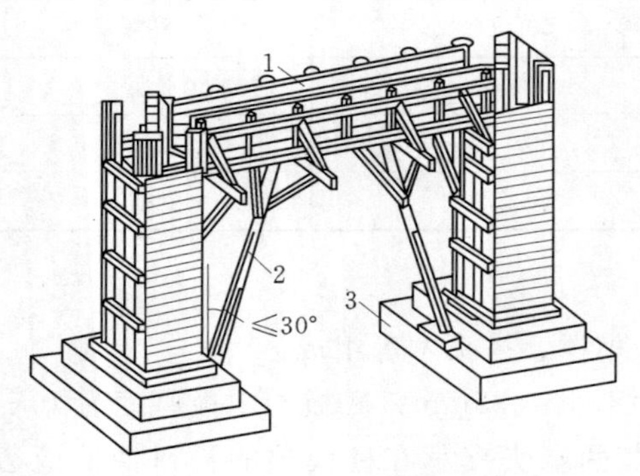

图 3-29 用支撑倾斜支模

1—侧板；2—支撑；3—柱基础

当梁木模板下面需留施工通道，或因土质不宜穿落地支撑，且梁的跨度又不大时，则可将支撑改成倾斜支设，支设在柱子的基础面上（倾角一般不宜大于 30°），在梁底板下面用一根 50mm×75mm 或 50mm×100mm 的方木，将两根倾斜的支撑撑紧，以加强梁底板刚度和支撑的稳定性。如图 3-29 所示。

现浇梁木模板的用料尺寸可参见表 3-10。

（九）现浇圈梁木模板

圈梁木模板由横担、侧板、托木、夹木、斜撑、搭头木等组成。横担穿过墙体中预留洞，两边伸出长度一致。侧板立铺于各横担上，侧板上部外侧钉托木，侧板底部外侧设夹木，夹木钉在横担，并夹紧侧板。斜撑上端钉牢于托木上，斜撑下端钉牢于横担上，沿侧板长度方向，在侧板上口钉若干搭头木，以保持圈梁宽度一致。横担断面为 70mm×100mm，间距为 1200～1500mm，横担宜置于圈梁底以下第二皮砖处。

圈梁木模板剖面及外立面如图 3-30 所示。

（十）现浇楼梯木模板

现浇混凝土楼梯分为有梁式、板式和螺旋式几种结构形式。本节仅讲述现浇双跑式板式楼梯木模板。

双跑式楼梯包括楼梯段（梯板和踏步）梯基梁、平台梁和平台板等。如图 3-31 所示。

表 3-10　**现浇梁木模板的用料尺寸**　单位：mm

梁　高	侧板木档间距	侧板木档断面	底板支承点间距
300	550	50×50	1250
400	500	50×50	1150
500	500	50×75	1050
600	450	50×75	1000
800	450	50×75	900
1000	400	50×100	800
1200	400	50×100	800

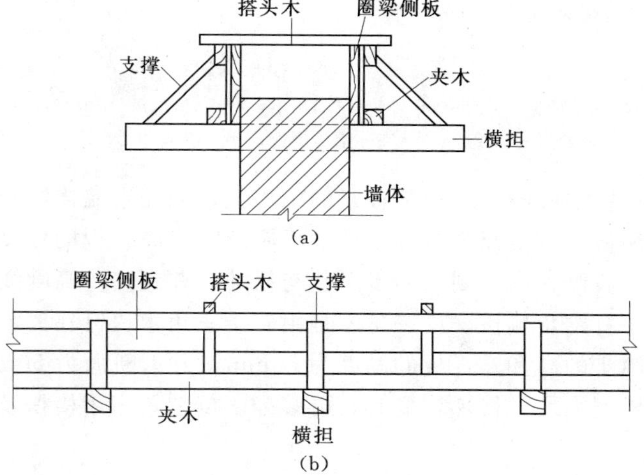

图 3-30　圈梁木模板剖面及外立面

(a) 剖面图；(b) 外立面图

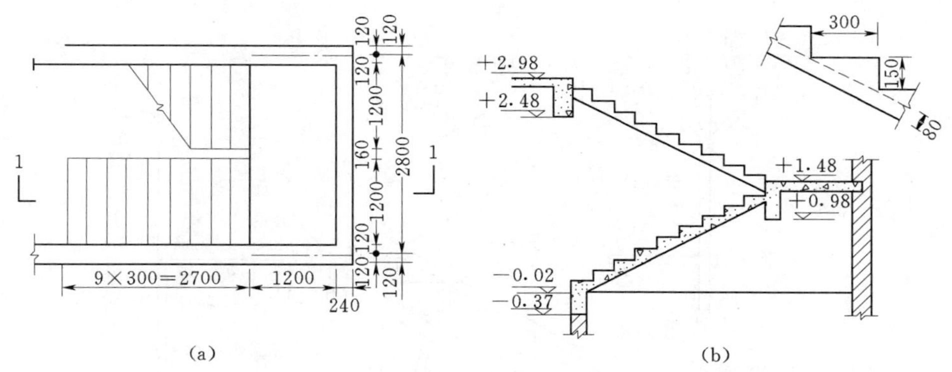

图 3-31　双跑式楼梯形式图

(a) 楼梯平面图；(b) 楼梯 1—1 剖面图

1. 构造

平台梁和平台板模板的构造与肋形楼盖模板基本相同。楼梯段模板是由底模、格栅、牵杠、牵杠撑、外帮板、踏步侧板、反三角木等组成。如图 3-32 所示。

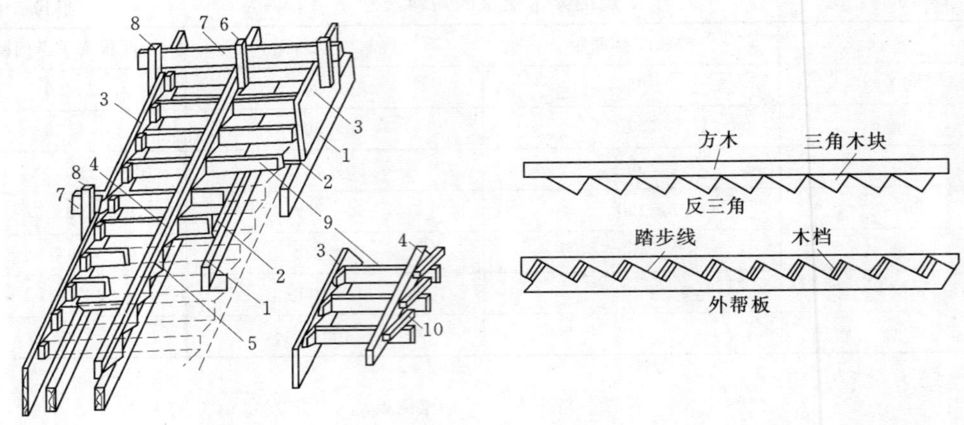

图 3-32 楼梯模板构造

1—楞木；2—底模；3—外帮板；4—反三角木；5—三角板；6—吊木；7—横楞；8—立木；9—踏步侧板；10—顶木

踏步侧板两端钉在梯段侧板（外帮板）的木档上，如先砌墙体，则靠墙的一端可钉在反三角木上。梯段侧板的宽度至少要等于梯段板厚及踏步高，板的厚度为 30mm，长度按梯段长度确定。在梯段侧板内侧划出踏步形状与尺寸，并在踏步高度线一侧留出踏步侧板厚度钉上木档，用于钉踏步侧板。反三角木是由若干三角木块钉在方木上，三角木块两直角边长分别各等于踏步的高和宽，板的厚度为 50mm，方木断面为 50mm×100mm。每一梯段反三角木至少要配一块。楼梯较宽时，可多配。反三角木用横楞及立木支吊。

2. 安装

平台梁底板平铺于顶撑上，平台梁侧板立铺于顶撑上，平台梁侧板外侧钉托木，平台梁侧板底部外侧铺夹木，夹木钉在顶撑上。梯段格栅支承在相对托木上，格栅上铺梯段底

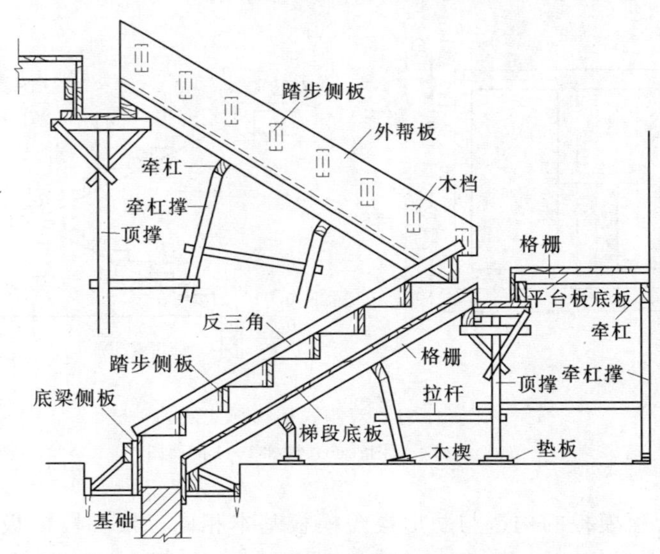

图 3-33 现浇楼梯木模板剖面图

板。平台板格栅一头搁在托木上，另一头搁在牵杠上，格栅上铺平台板底板，外帮板上钉有木档，外帮板置于梯段两侧，踏步侧板两头钉在外帮板的木档上。反三角置于踏步侧板中部，每个梯段至少一道，以防踏步侧板中部鼓出。梯段格栅底下设牵杠及牵杠撑，牵杠撑下加设木楔及垫板。牵杠撑之间应设拉杆。平台梁模板下应设顶撑，顶撑之间应设拉杆。第一段梯段起步处如有底梁，则应设底梁侧板，底梁侧板应夹住梯基础不少于60mm，底梁侧板外侧应加斜撑、木桩等予以固定。如图 3－33 所示。

第三节 专用部位木模板

一、廊道木模板

廊道顶拱一般为圆弧形，洞径较小（2～3m）时可钉制成半圆形整体顶拱模板，木带和拱形桁架杆件采用前述放大样法制作，其构造如图 3－34 所示。模板钉在拱架上。

当顶拱直径较大（3～4m）时，常将廊道顶拱模板制成拼装式，以便于运输和安装。安装时先立边墙模板，加固后再立顶拱模板。跨度较大的顶拱桁架构造如图 3－35 所示。

廊道模板的支撑形式根据廊道高度和跨度大小而定，一般可采用图 3－36 的支撑方法。

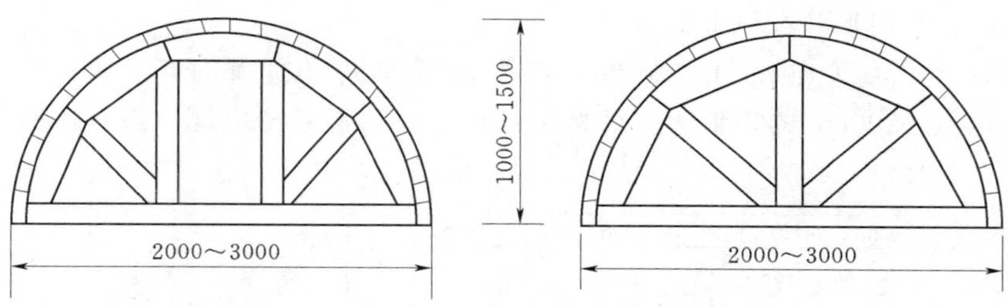

图 3－34 整体廊道顶拱模板结构（单位：mm）

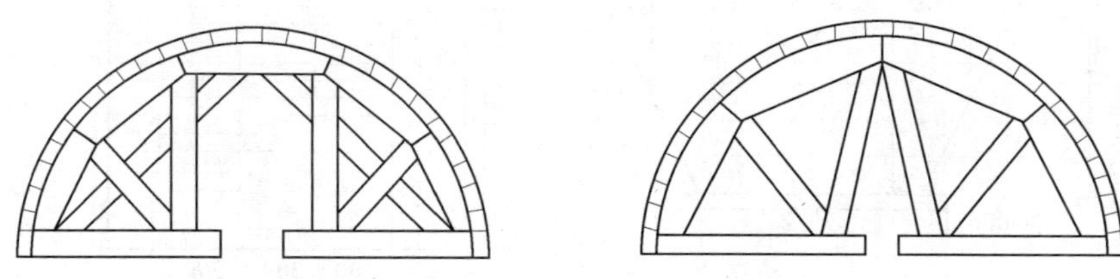

图 3－35 拼装式大跨度廊道顶拱模板结构

二、喇叭口木模板

喇叭口侧墙一般由直立平面和椭圆曲面组成，顶板通常为椭圆曲面。

喇叭口模板的结构形式有大块整体式和小块标准模板拼装式两种。当顶板、侧立面为曲面，且喇叭口尺寸较小时，可采用整体式大块曲面模板，这种模板面积大、重量重，需在木工厂放样制作，安装时要用起重设备吊装，其优点是制作尺寸精确，立模速度快、稳定性好。

当喇叭口尺寸较大时，一般尽量采用 50cm×200cm 的标准平面木模板立模，这样可以提高模板利用率，节约木材、降低成本。对不能采用标准模板的曲面及边角非规则部

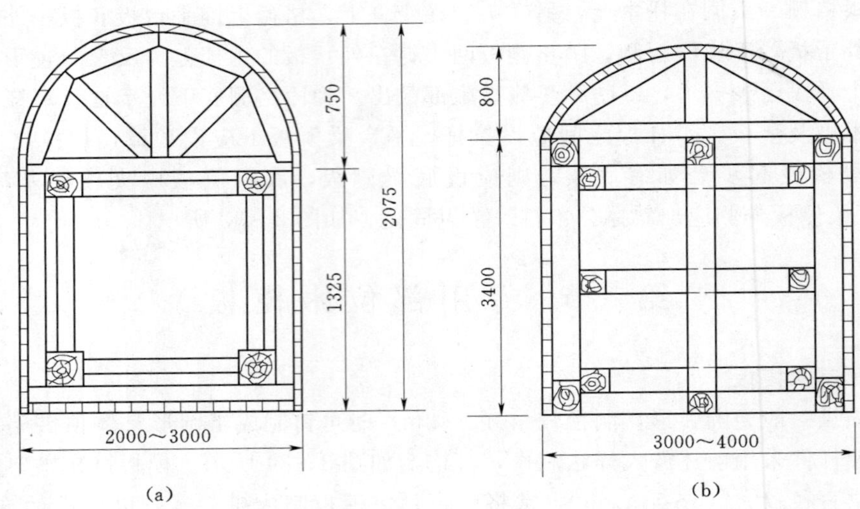

图 3-36 廊道模板支撑结构（单位：mm）

(a) 小直径廊道模板的支撑；(b) 大直径廊道模板的支撑

位，可根据该处几何形状配制非标准模板。

图 3-37 所示为某电站引水洞喇叭口段顶板和侧墙模板的布置图，图中 50cm×200cm 和 100cm×200cm 的矩形为平面标准模板，三角形或梯形部位为非标准模板。

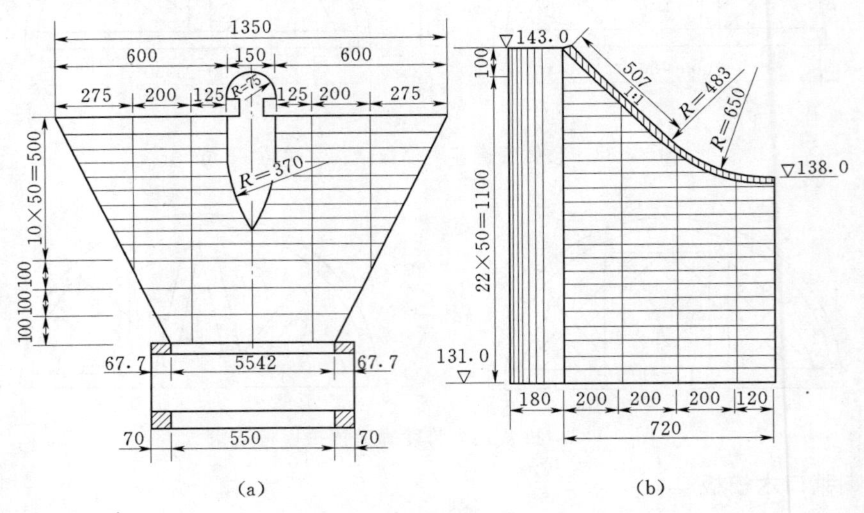

图 3-37 喇叭口模板布置图（单位：cm）

(a) 顶板分块图；(b) 侧墙分块图

进水口模板的安装一般分两步进行：首先安装闸墩和侧墙模板；待混凝土分层浇筑到达顶板高程时，再架设顶板模板。图 3-38 所示为顶板模板支撑排架结构图，因喇叭口高度大（7～12m），顶板浇筑分层厚（第一层厚 2.5m，第二层厚 2m），模板及支撑系统承受的垂直荷载很大，因此顶板模板的架立较为复杂。支撑立柱为受压杆件，由于高度大，必须考虑压杆的稳定性，为此每隔一定高度需加设水平拉杆和剪刀撑，使立柱的细长比控制在120以内。如采用圆木立柱，最大拉杆间距为30d（d为小端直径）；如采用方形立柱，最大拉杆间距为35a（a为方木边长）。立柱的截面尺寸和间距、数量由计算确定。方木立柱截面尺寸一般为12cm×12cm～20cm×20cm，每段长2～3m，接头处用双面木夹板或钢板和对穿螺栓连接固定。圆木立柱小端直径为140～200mm，在接头处将两对侧削平，使弦长不小于120mm，然后用木夹板、螺栓连接固定。

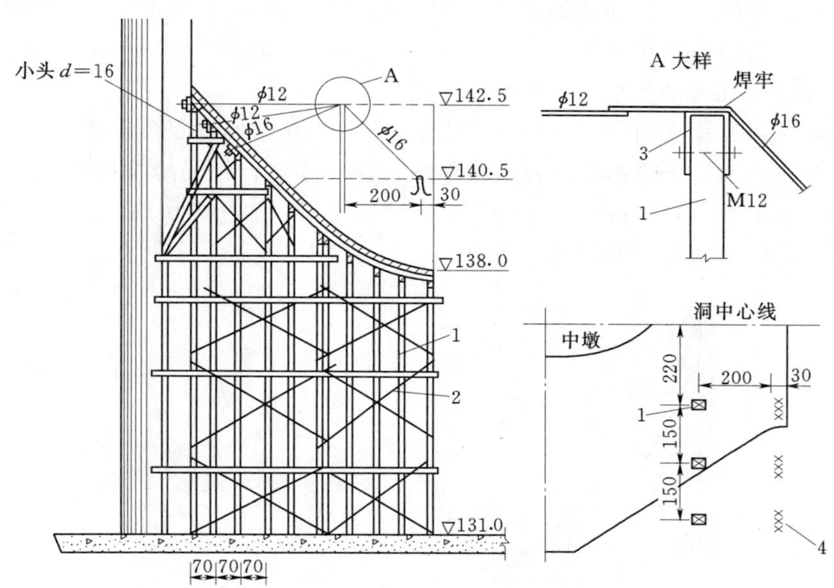

图3-38　喇叭口支撑排架示意图（单位：cm）

1—20cm×20cm混凝土支柱；2—拉杆；3—5×100U形铁；4—预埋筋

为节约木材，也可采用型钢焊接支柱或钢筋混凝土支柱。钢支柱可焊成通长的格构式，钢筋混凝土预制柱的规格为20cm×20cm×300cm，在柱子两端预留有螺栓孔，柱间接头用双面钢夹板和螺栓对接，在柱顶与模板接触处加帽木，帽木也用木夹板和螺栓与混凝土柱连接。

顶板支撑排架安装时，先根据设计图纸，在进水口底板上放出排架立柱中心线位置，依次竖立支柱，架设水平拉杆和斜撑，然后往上接长支柱至设计高程。安装时宜考虑施工方便，一般应从里往外、从下往上架设。

喇叭口顶板模板仰角较大，为防止模板在水平侧压力的作用下向外倾倒或移位，可采取下列措施：

（1）加固支撑排架：增加受力斜撑杆。

（2）加外部斜拉筋：往侧压力相反方向拉住支撑排架。拉筋一端用螺栓与排架固定，另一端焊接在洞底插筋上，插筋埋深1m左右，拉筋用ϕ16mm钢筋，仰角应小于45°。

（3）加仓内拉筋：如图3-38所示，在顶板先浇块中预埋钢筋混凝土柱和锚筋，在柱顶包裹厚5mm的U形钢板，用螺栓与混凝土柱固定。将ϕ16mm的拉筋与柱顶钢板焊牢，并且一端与仓内锚筋焊接，另一端与穿过模板的螺栓焊接。仓内预埋钢筋混凝土柱的作用，是为了减小拉筋的倾斜角度，改善拉筋的受力条件。

支撑排架安装完毕后，经检查校正并调整各柱高程合格后，即可在柱顶安装水平横格栅，在格栅上再安装纵向弧形木带，格栅与木带间的缝隙用木楔填塞。木带位置经检查调整后，即可在其上横向铺放模板，铺钉的顺序是由低往高、由中间往两边逐块拼接严缝，两块模板在木带中心线处接头。

喇叭口仰顶部位也可制作成整体木桁架，然后用 30mm 厚的木板在现场拼钉。木桁架斜边为曲杆，最小截面尺寸为 10cm×20cm，腹杆截面尺寸为 10cm×15cm，桁架结点处用木夹板或厚 10mm 的钢板与螺栓连接固定。

桁架各杆件用放样法制作。三角桁架安装间距 50cm，搁置在型钢横梁上。钢横梁两端搁置在先浇侧墙上，下垫钢板，并与预埋螺栓连接固定，钢梁跨中用焊接型钢柱支撑。三角桁架用吊车吊装，安装校正合格后，即可铺钉模板，加仓内拉筋，将桁架模板拉在仓内预埋锚筋上，防止侧移。如图 3－39 所示。

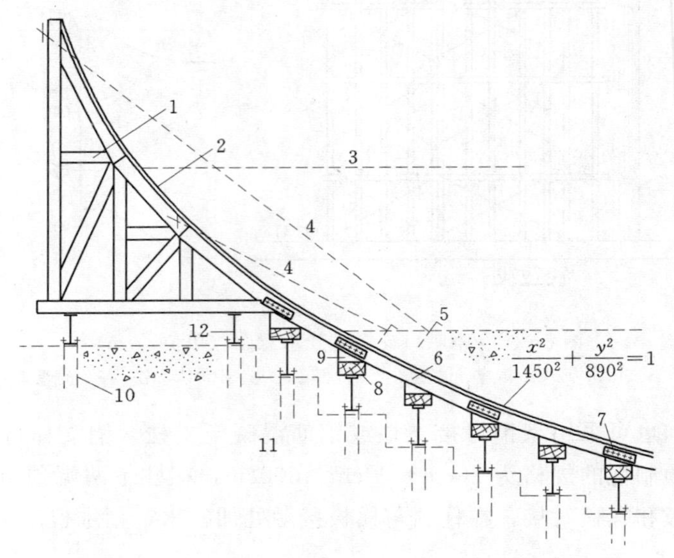

图 3－39 喇叭口顶板采用三角桁架支模示意图

1—桁架；2—木板；3—浇筑分层线；4—ϕ19mm 拉筋；5—插筋；6—曲梁；7—双面木夹板；8—垫木；9—木楔；10—ϕ22mm 锚栓；11—已浇墩墙；12—I56 工字钢

三、渐变段模板

闸门处的孔口通常是矩形断面，当其与前后洞身断面的形状尺寸不同时，应设置渐变段以保证水流平顺衔接。

最常见的是由矩形断面渐变成圆形断面的渐变段，如图 3－40 所示，是由四个斜椭圆锥面和与之相切的四个平面组成。

渐变段混凝土一般分三次浇筑，第一次浇筑底板如图 3－41 所示，样架一般用角钢制作，支点位置钻孔用螺杆固定，并利用上下螺母调整样架高程，而圆弧部分则用样板控

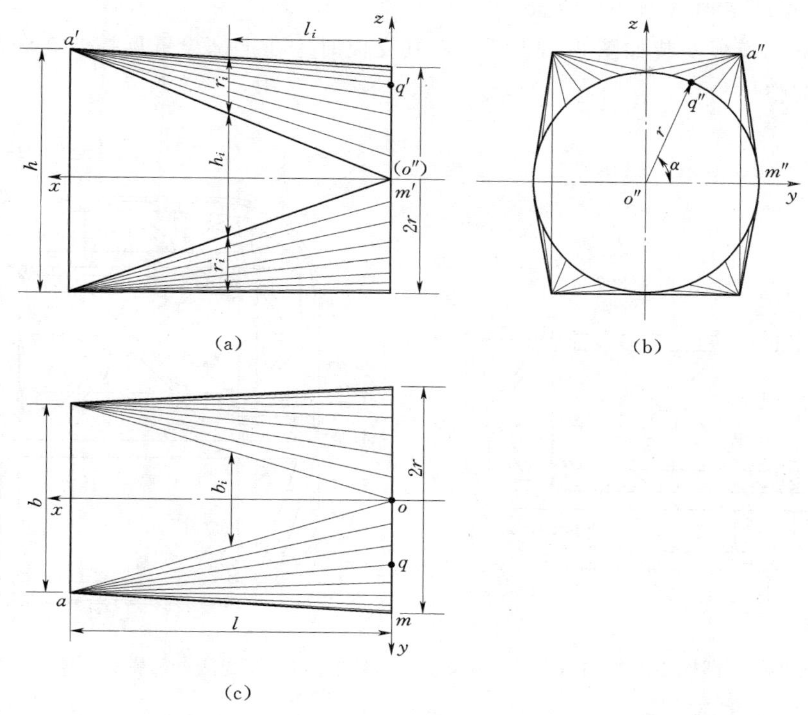

图 3-40　渐变段单线图

(a) 立面图；(b) 侧面图；(c) 平面图

制抹面的形状，渐变段第二、第三次混凝土浇筑时，则采用木拱架支撑模板。

渐变段支撑拱架的间距一般为 600～800mm，如图 3-42 所示，施工时要求左侧面及右侧面拱架下弦之间的距离相同，且顶拱的下弦呈水平，以方便于拱架支撑件的安装。当拱架尺寸变化较大时可分段调平，以减小拱架尺寸。

模板尺寸也应根据拟定的施工方案调整，搭在已浇筑混凝土面上的长度宜取 100mm，伸出未浇混凝土分缝约 200mm。

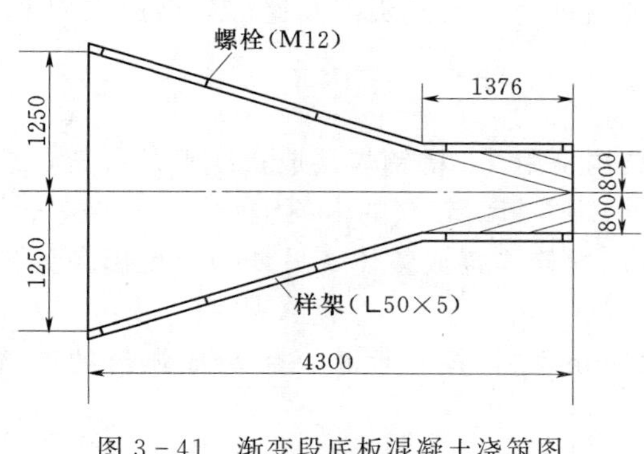

图 3-41　渐变段底板混凝土浇筑图

(单位：mm)

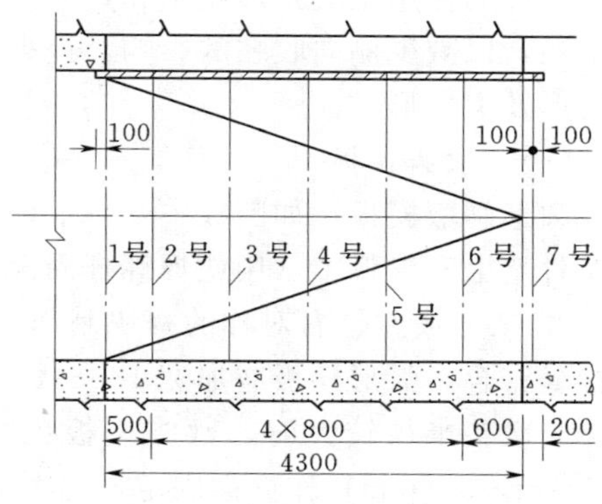

图 3-42　渐变段拱架布置图

(单位：mm)

（一）渐变段下部（侧墙）模板

渐变段下部模板安装如图 3-43 所示，其支模时应在上部设置反撑或在底部设置拉筋以确保模板的整体稳定。

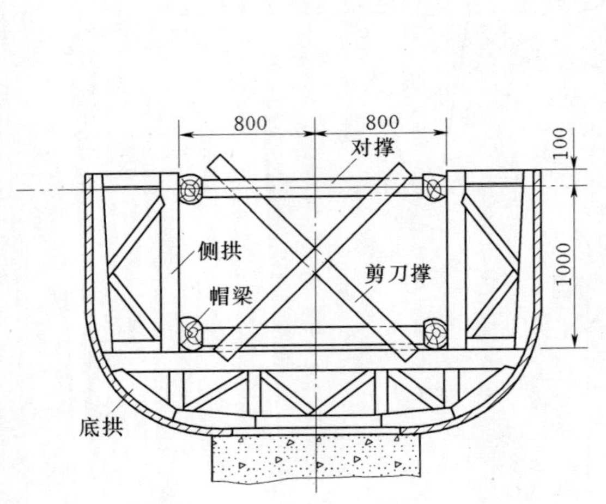

图 3-43 渐变段下部模板安装图（单位：mm）

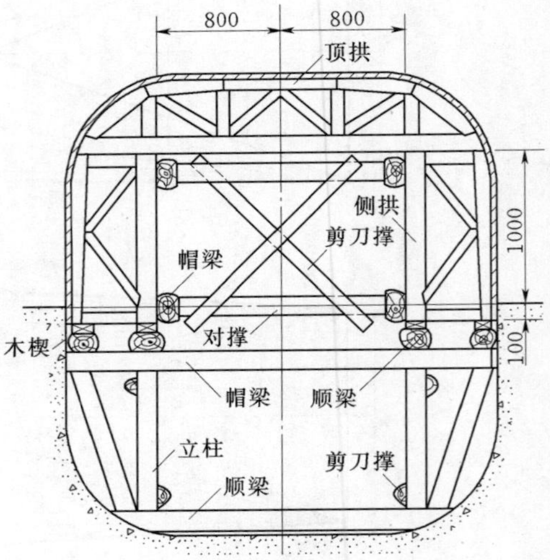

图 3-44 渐变段上部模板安装图（单位：mm）

（二）渐变段上部模板

渐变段上部侧墙和顶拱一起浇筑。

当渐变段上下对称时，一般先搭设承重排架，再重复利用“下部模板”作上部模板使用，如图 3-44 所示。

当渐变段上下不对称时，则需制作全部的拱架、模板，且上部拱架直接安装在下部拱架之上，同时为了方便拆除，可在顶拱与侧拱相连接处设置 50～80mm 的木楔。

渐变段一般使用松木拱架、杉木模板，在厂内放样加工经验收合格后运至现场安装并试拼装。

四、闸墩模板

闸墩的作用主要是形成闸孔，支承闸门并作为工作桥及交通桥的支座，其外形应使水流平顺，以减少侧向收缩的影响，提高闸孔的泄流能力，为此头部及尾部常做成半圆形、流线形及夹角形。

（一）墩头模板

圆形闸墩模板，如图 3-45 所示，其支撑结构是用［8 槽钢焊接成折线形的骨架，然后在骨架上安置弧木（用莻焊螺杆固定在槽钢上），并钉置较窄的木条作面板。

骨架分成左、右对称的两块制作，安装时用螺栓连接成整体，另外为保证阳角处模板接缝密合，弧形模板应加宽 100～150mm。

当墩头半径较大时，墩头模板也可用宽 20mm 的钢模作面板，用弯成弧形的架管（ϕ48mm×3.5mm）作支撑固定，如图 3-46 所示。

（二）闸门槽模板

闸门槽的细部结构尺寸如图 3-45（左侧）所示。

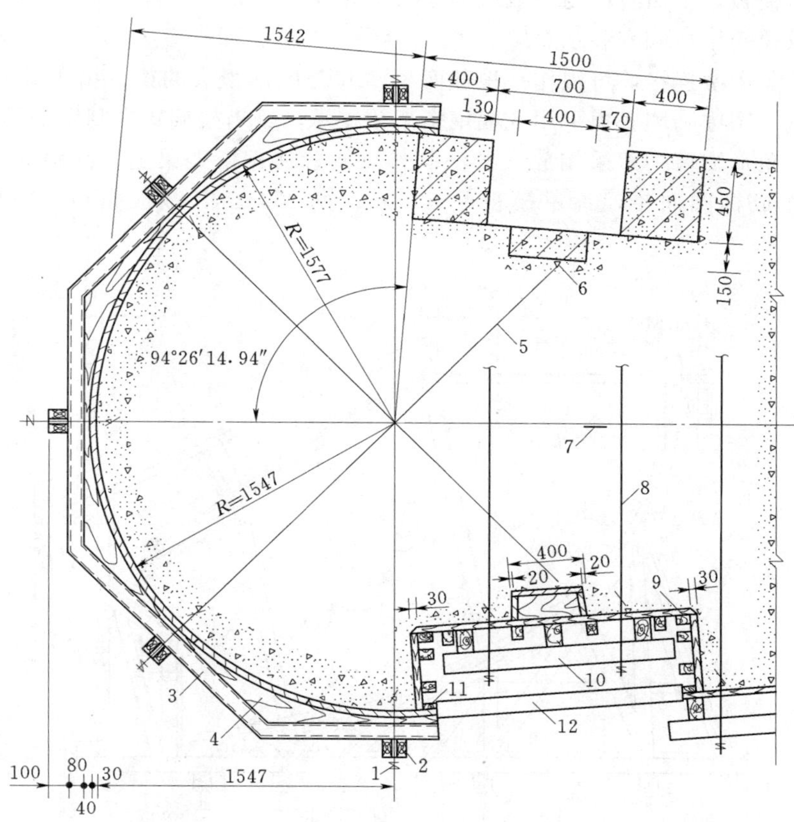

图 3-45　闸墩模板图（单位：mm）

1—圈圈螺杆；2、10—围令木；3—槽钢；4—弧木；5—拉丝；6—立筋；7—插铁；8—对拉丝；9—压枋；11—压条；12—撑子

闸门槽模板应与闸墩部分的模板较好地连接，如图 3-45（右侧）所示。为拆除方便，阴角模板可作成斜角或圆弧，二期混凝土模板则宜做成一定的斜度。

当闸门槽木板尺寸较大时，可做成定型的散件现场拼装，较小的则做成整体，同时木板串应避开二期混凝土插筋，且不影响支撑件的安装。

五、胸墙模板

胸墙是位于溢流坝顶闸门以上的挡水建筑物，其两端支承在闸墩上，底部顺水流方向呈椭圆曲面，厚度较小而高度较大，混凝土需分段浇筑。根据胸墙结构，底部第一段

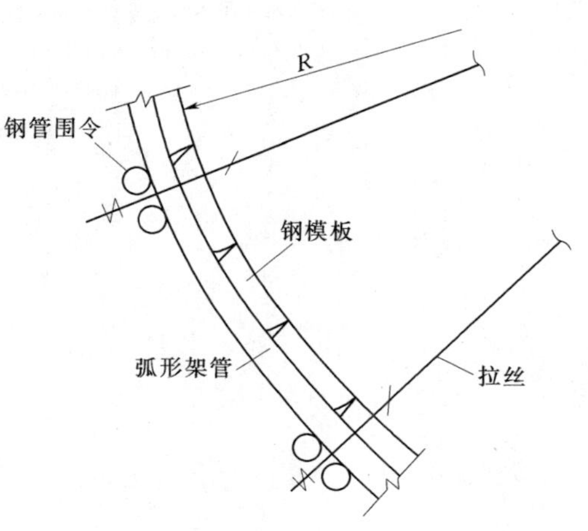

图 3-46　墩头钢模板示意图

采用曲面承重模板，上面各段与一般墩墙立模法相同。图 3-47 所示为某大坝胸墙底部椭圆曲面段承重模板结构和安装示意图。

胸墙两端与闸墩连接，可视作一根截面尺寸和跨度都很大的梁。由于其悬空高度大，支撑较为困难。图中胸墙底模下用 6 榀钢桁架梁支承，钢桁架搁置在闸墩侧面的预埋钢支座上。木制三角形支模桁架采用放大样法制作，搁置在钢桁架梁上，间距 500mm。三角桁架斜边制作成椭圆曲带，承重模板厚 50mm、宽 200mm，裁成企口，现场拼钉在桁架上。

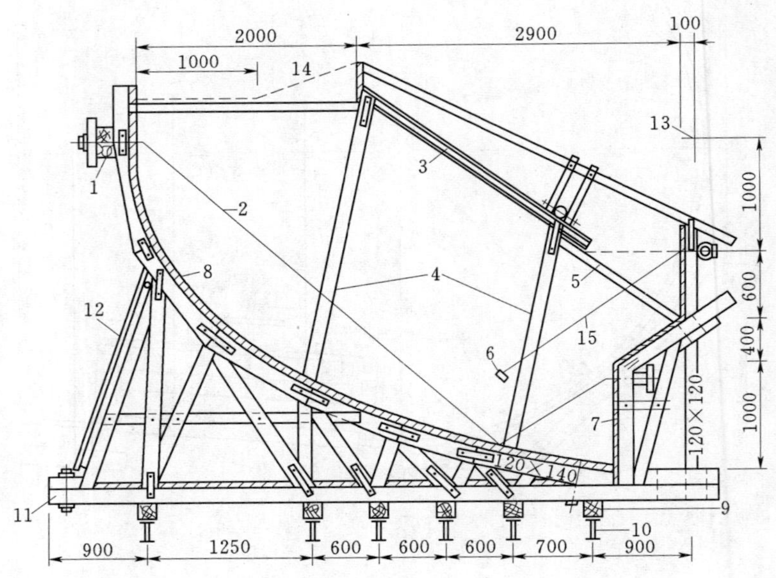

图 3-47 胸墙承重模板（单位：mm）

1—140mm×140mm 楞木；2—ϕ16mm 拉筋（固定在胸墙钢筋上）；3—工字钢；4—100mm×100mm 钢筋混凝土预制柱；5—临时木支撑；6—混凝土锚块；7—30mm 厚木板；8—50mm 厚木板；9—硬木楔；10—钢桁架上弦杆；11—140mm×140mm 方木；12—ϕ100mm 剪刀撑木杆；13—椭圆中心线；14—混凝土浇筑线；15—ϕ16mm 拉筋

第四章　钢　模　板

第一节　55 型组合钢模板部件组成

多年来的工程实践表明，组合钢模板已在各种类型的工业与民用建筑的现浇混凝土工程中得到广泛应用。在桥墩、筒仓、水坝等一般构筑物以及现场预制混凝土构件施工中，也已大量采用。定型组合钢模板具有节约木材、组装灵活、装拆方便、通用性好、周转次数多等优点，在工程中被广泛采用。

55 型组合钢模板，又称小钢模，是目前使用较广泛的一种组合式模板。

55 型组合钢模板主要由钢模板、连接件和支撑件三部分组成。

一、钢模板

钢模板采用 Q235 钢材制成，钢板厚度 2.5mm，对于不小于 400mm 宽面钢模板的钢板厚度应采用 2.75mm 或 3.0mm。钢模板包括平面模板、阴角模板、阳角模板、连接角模等通用模板和倒棱模板、梁腋模板、柔性模板、搭接模板、双曲可调模板、角可调模板及嵌补模板等专用模板。

1. 平面模板

平面模板用于基础、墙体、梁、柱和板等各种结构的平面部位。如图 4－1 所示。

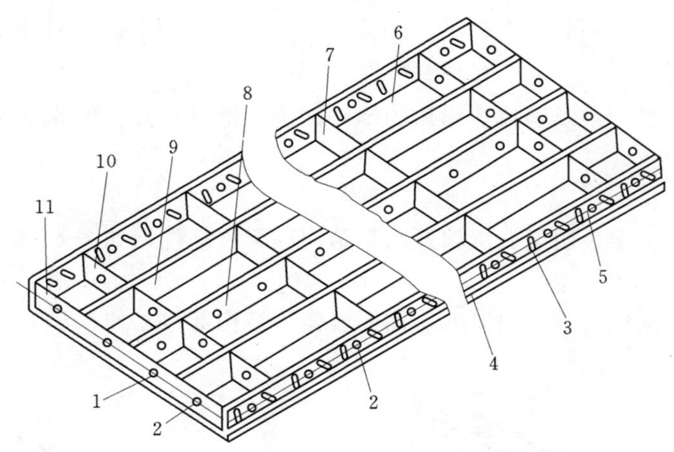

图 4－1　平面模板

1—插销孔；2—U 形卡孔；3—凸鼓；4—凸棱；5—边肋；6—主板；7—无孔横肋；8—有孔纵肋；9—无孔纵肋；10—有孔横肋；11—端肋

2. 阴角模板

阴角模板用于墙体和各种构件的内角及凹角的转角部位，如图 4－2 所示。

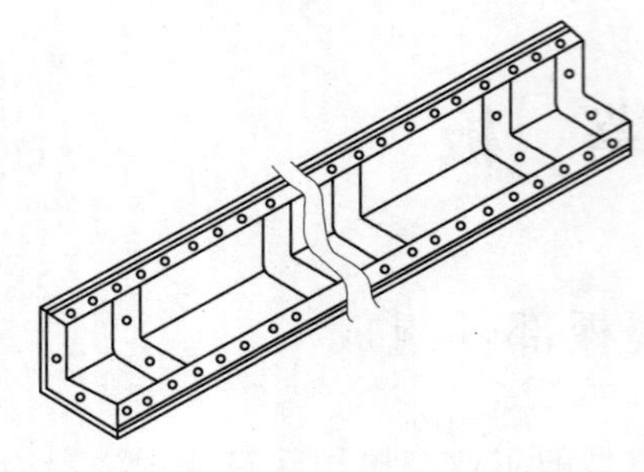

图 4-2 阴角模板

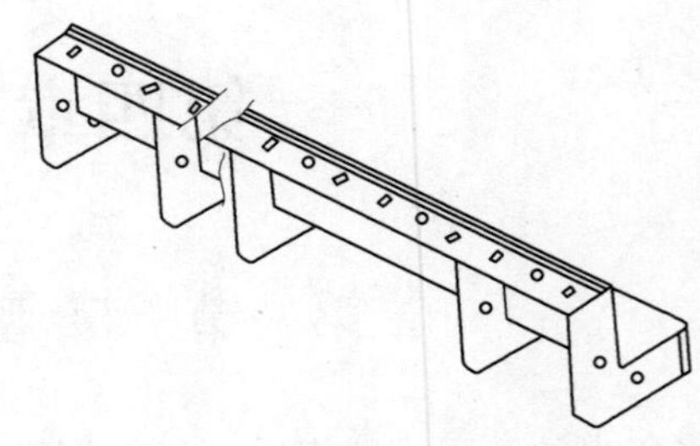

图 4-3 阳角模板

3. 阳角模板

阳角模板用于柱、梁及墙体等外角及凸角的转角部位，如图 4-3 所示。

4. 连接角模

连接角模用于柱、梁及墙体等外角及凸角的转角部位，如图 4-4 所示。

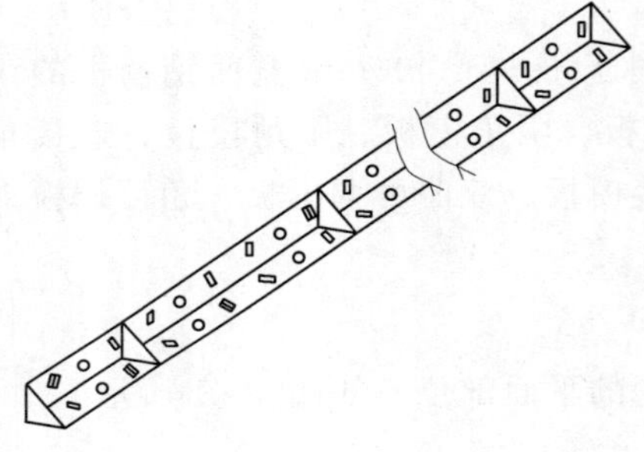

图 4-4 连接角模

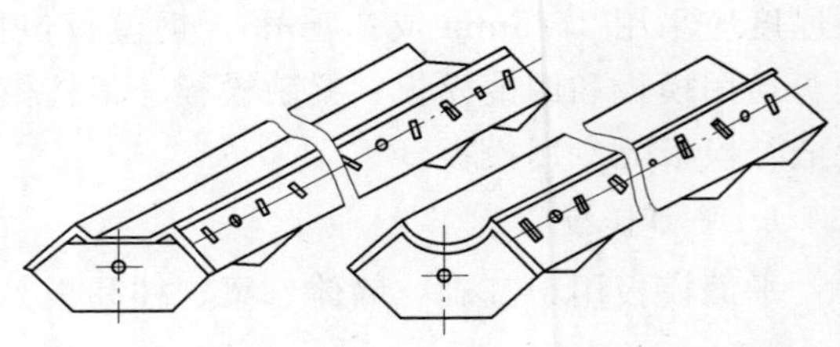

图 4-5 倒棱模板

5. 倒棱模板

倒棱模板用于柱、梁及墙体等阳角的倒棱部位。倒棱模板有角棱模板和圆棱模板，如图 4-5 所示。

6. 梁腋模板

梁腋模板用于暗渠、明渠、沉箱及高架结构等梁腋部位，如图 4-6 所示。

7. 柔性模板

柔性模板用于圆形筒壁、曲筒壁、曲面墙体等结构部位，如水利工程中的翼墙等。

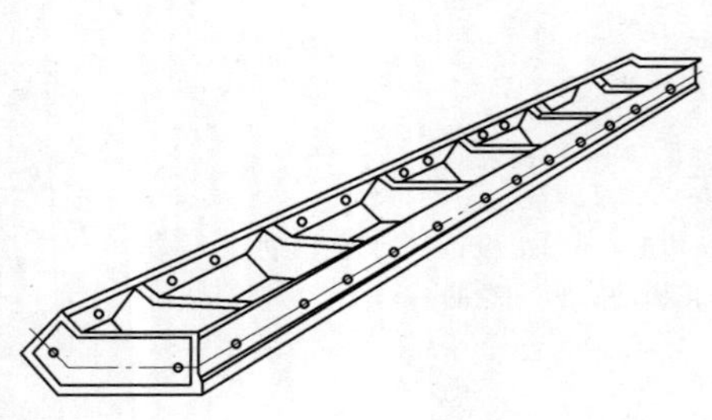

图 4-6 梁模板

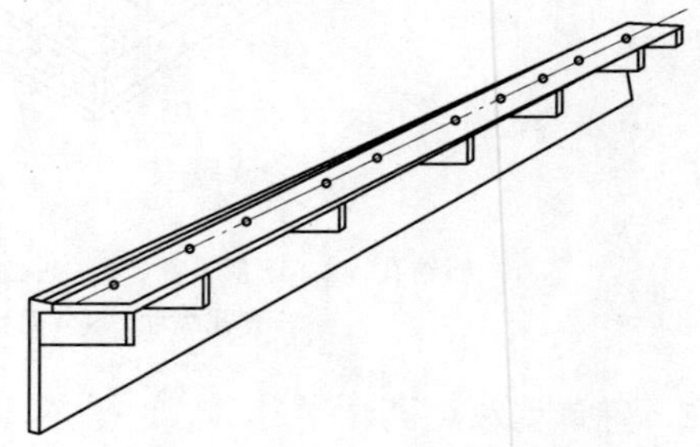

图 4-7 搭接模板

表 4-1 钢模板规格编码表 单位：mm

模板名称			模板长度													
			450		600		750		900		1200		1500		1800	
			代号	尺寸	代号	尺寸	代号	尺寸	代号	尺寸	代号	尺寸	代号	尺寸	代号	尺寸
平面模板（代号P）	宽度	600	P6004	600×450	P6006	600×600	P6007	600×750	P6009	600×900	P6012	600×1200	P6015	600×1500	P6018	600×1800
		550	P5504	550×450	P5506	550×600	P5507	550×750	P5509	550×900	P5512	550×1200	P5515	550×1500	P5518	550×1800
		500	P5004	500×450	P5006	500×600	P5007	500×750	P5009	500×900	P5012	500×1200	P5015	500×1500	P5018	500×1800
		450	P4504	450×450	P4506	450×600	P4507	450×750	P4509	450×900	P4512	450×1200	P4515	450×1500	P4518	450×1800
		400	P4004	400×450	P4006	400×600	P4007	400×750	P4009	400×900	P4012	400×1200	P4015	400×1500	P4018	400×1800
		350	P3504	350×450	P3506	350×600	P3507	350×750	P3509	350×900	P3512	350×1200	P3515	350×1500	P3518	350×1800
		300	P3004	300×450	P3006	300×600	P3007	300×750	P3009	300×900	P3012	300×1200	P3015	300×1500	P3018	300×1800
		250	P2504	250×450	P2506	250×600	P2507	250×750	P2509	250×900	P2512	250×1200	P2515	250×1500	P2518	250×1800
		200	P2004	200×450	P2006	200×600	P2007	200×750	P2009	200×900	P2012	200×1200	P2015	200×1500	P2018	200×1800
		150	P1504	150×450	P1506	150×600	P1507	150×750	P1509	150×900	P1512	150×1200	P1515	150×1500	P1518	150×1800
		100	P1004	100×450	P1006	100×600	P1007	100×750	P1009	100×900	P1012	100×1200	P1015	100×1500	P1018	100×1800
阴角模板（代号E）			E1504	150×150×450	E1506	150×150×600	E1507	150×150×750	E1509	150×150×900	E1512	150×150×1200	E1515	150×150×1500	E1518	150×150×1800
			E1004	100×150×450	E1006	100×150×600	E1007	100×150×750	E1009	100×150×900	E1012	100×150×1200	E1015	100×150×1500	E1018	100×150×1800
阳角模板（代号Y）			Y1004	100×100×450	Y1006	100×100×600	Y1007	100×100×750	Y1009	100×100×900	Y1012	100×100×1200	Y1015	100×100×1500	Y1018	100×100×1800
			Y0504	50×50×450	Y0506	50×50×600	Y0507	50×50×750	Y0509	50×50×900	Y0512	50×50×1200	Y0515	50×50×1500	Y0515	50×50×1800

续表

模板名称		模板长度													
		450		600		750		900		1200		1500		1800	
		代号	尺寸	代号	尺寸	代号	尺寸	代号	尺寸	代号	尺寸	代号	尺寸	代号	尺寸
连接角模（代号J）		J1004	50×50×450	J1006	50×50×600	J1007	50×50×750	J0009	50×50×900	J0012	50×50×1200	J0015	50×50×1500	J0018	50×50×1800
倒棱模板	角棱模板	JL1704	17×450	JL1706	17×600	JL1707	17×750	JL1709	17×900	JL1712	17×1200	JL1715	17×1500	JL1718	17×1800
		JL4504	45×450	JL4506	45×600	JL4507	45×750	JL4509	45×900	JL4512	45×1200	JL4515	45×1500	JL4518	45×1800
	圆棱模板	YL2004	20×450	YL2006	20×600	YL2007	20×750	YL2009	20×900	YL2012	20×1200	YL2015	20×1500	YL2018	20×1800
		YL3504	35×450	YL3506	35×600	YL3507	35×750	YL3509	35×900	YL3512	35×1200	YL3515	35×1500	YL3518	35×1800
梁腋模板（代号IY）		IY1004	100×50×450	IY1006	100×50×600	IY1007	100×50×750	IY1009	100×50×900	IY1012	100×50×1200	IY1015	100×50×1500	IY1018	100×50×1800
		IY1504	150×50×450	IY1506	150×50×600	IY1507	150×50×750	IY1509	150×50×900	IY1512	150×50×1200	IY1515	150×50×1500	IY1518	150×50×1800
柔性模板（代号Z）		Z1004	100×450	Z1006	100×600	Z1007	100×750	Z1009	100×900	Z1012	100×1200	Z1015	100×1500	Z1018	100×1800
搭接模板（代号D）		D7504	100×450	D7506	100×600	D7507	100×750	D7509	100×900	D7512	100×1200	D7515	100×1500	D7518	100×1800
双曲可调模板（代号T）		—	—	T3006	300×600	—	—	T3009	300×900	—	—	T3015	300×1500	T3018	300×1800
		—	—	T2006	200×600	—	—	T2009	200×900	—	—	T2015	200×1500	T2018	200×1800
角可调模板（代号B）		—	—	B2006	200×600	—	—	B2009	200×900	—	—	B2015	200×1500	B2018	2300×1800
		—	—	B1606	160×600	—	—	B1609	160×900	—	—	B1615	160×1500	B1618	160×1800

8. 搭接模板

搭接模板用于调节 50mm 以内的拼装模板尺寸，如图 4-7 所示。

9. 双曲可调模板

双曲可调模板用于构筑物曲面部位，如水利工程中的曲面溢流堰等，如图 4-8 所示。

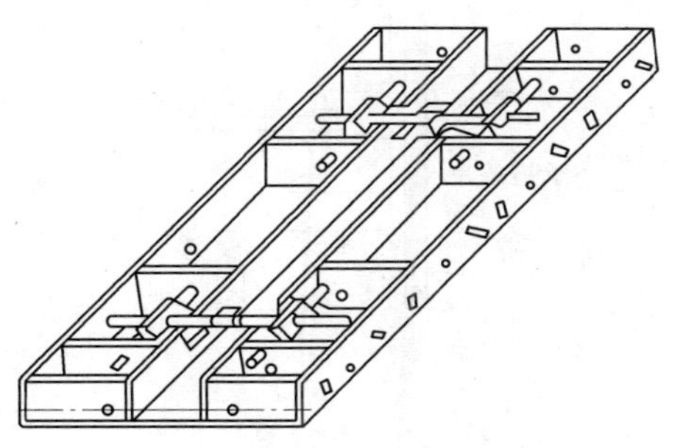

图 4-8 双曲可调模板

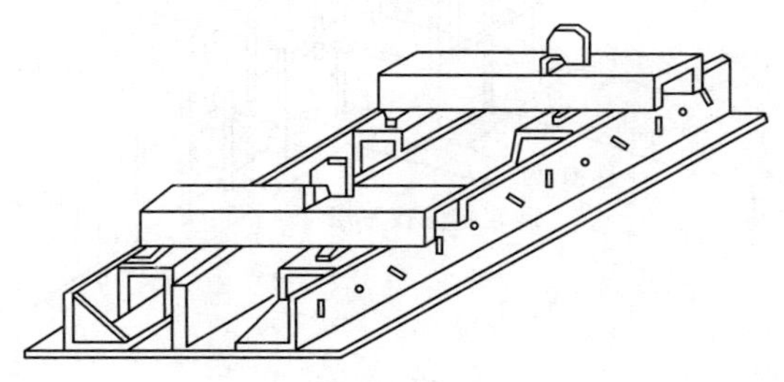

图 4-9 角可调模板

10. 角可调模板

角可调模板用于展开面为扇形或梯形的构筑物的结构部位，如图 4-9 所示。

11. 嵌补模板

嵌补模板用于梁、板、墙、柱等结构的接头部位。

钢模板规格编码见表 4-1。

二、连接件

连接件由 U 形卡、L 形插销、钩头螺栓、紧固螺栓、扣件、对拉螺栓等组成。具体见第二章第三节内容。

三、支撑件

支撑件主要有钢楞、柱箍、梁卡具、圈卡具、钢支柱、早拆柱头、斜撑、桁架、钢管脚手架等形式。具体内容见第二章第四节内容。

第二节 55 型组合钢模板施工安装

一、55 型组合钢模板施工准备

(一) 基准定位

安装前，要做好模板的定位基准工作，其工作步骤是：

(1) 进行中心线和位置的放线。首先引测建筑的边柱或墙轴线，并以该轴线为起点，引出每条轴线。

模板放线时，根据施工图用墨线弹出模板的内边线和中心线，墙模板要弹出模板的边线和外侧控制线，以便于模板安装和校核。

(2) 做好标高测量工作。用水准仪把建筑物水平标高根据实际标高的要求，直接引测到模板安装位置。

(3) 进行找平工作。模板承垫底部应预先找平，以保证模板位置正确，防止模板底部漏浆。常用的找平方法是沿模板边线用1∶3水泥砂浆抹找平层［图4-10（a）］。另外，在外墙、外柱部位，继续安装模板前，要设置模板承垫条带［图4-10（b）］，并校正其平直。

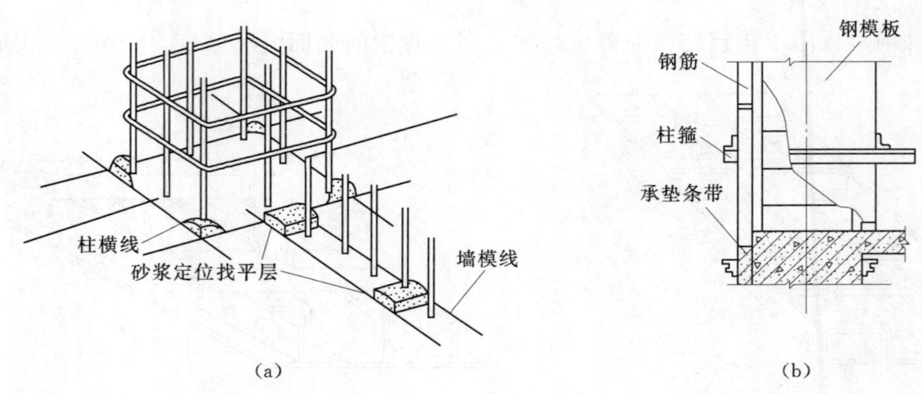

图4-10 墙、柱模板找平

（a）砂浆找平层；（b）外柱外模板设承垫条带

（4）设置模板定位基准。传统作法是按照构件的断面尺寸先用同强度等级的细石混凝土浇筑50～100mm的导墙，作为模板定位基准。

另一种做法是采用钢筋定位：墙体模板可根据构件断面尺寸切割一定长度的钢筋焊成定位梯子支撑筋，绑（焊）在墙体两根竖筋上［图4-11（a）］，起到支撑作用，间距1200mm左右；柱模板可在基础和柱模上口用钢筋焊成井字形套箍撑住模板并固定竖向钢筋，也可在竖向钢筋靠模板一侧焊一短截钢筋，以保持钢筋与模板的位置。如图4-11（b）所示。

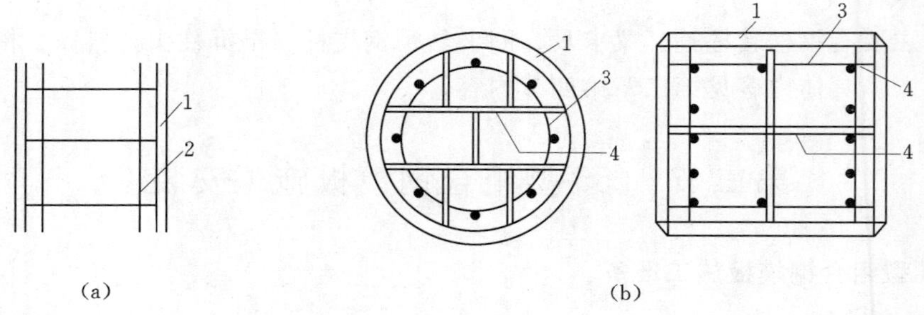

图4-11 钢筋定位示意图

（a）墙体梯子支撑筋；（b）柱井字套箍支撑筋

1—模板；2—梯形筋；3—箍筋；4—井字支撑筋

（5）合模前要检查构件竖向接岔处的面层混凝土是否已经凿毛，以利于接槎。

（二）清理检查

按施工需用的模板及配件对其规格、数量逐项清点检查，未经修复的部件不得使用。

（三）试吊复查

采取预组装模板施工时，预组装工作应在组装平台或经平整处理的地面上进行，要求逐块检验后进行试吊，试吊后再进行复查，并检查配件数量紧固情况。

（四）运输堆放

经检查合格的模板，应按照安装程序进行堆放或装车运输。重叠平放时，每层之间应加垫木，模板与垫木均应上下对齐，底层模板应垫离地面不小于 10cm。

运输时，要避免碰撞，防止倾倒，应采取措施保证稳固。

（五）安装准备

模板安装前，应做好下列准备工作：

（1）向施工班组进行技术交底，并且做好工程样板，经监理、有关人员认可后，再大面积展开。

（2）支承支柱的土壤地面，应事先夯实整平，并做好防水、排水设置，准备支柱底垫木。

（3）竖向模板安装的底面应平整坚实，并采取可靠的定位措施，按施工设计要求预埋支承锚固件。

二、55 型组合钢模板施工支设安装要点

（一）模板支设安装

模板的支设安装，应遵守下列规定：

（1）按配板设计循序拼装，以保证模板系统的整体稳定。

（2）配件必须装插牢固。支柱和斜撑下的支承面应平整垫实，要有足够的受压面积。支承件应着力于外钢楞。

（3）预埋件与预留孔洞必须位置准确、安设牢固。

（4）基础模板必须支撑牢固，防止变形，侧模斜撑的底部应加设垫木。

（5）墙和柱子模板的底面应找平，下端应与事先做好的定位基准靠紧垫平，在墙、柱子上继续安装模板时，模板应有可靠的支承点，其平直度应进行校正。

（6）楼板模板支模时，应先完成一个格构的水平支撑及斜撑安装，再逐渐向外扩展，以保持支撑系统的稳定性。

（7）预组装墙模板吊装就位后，下端应垫平，紧靠定位基准；两侧模板均应利用斜撑调整和固定其垂直度。

（8）支柱所设的水平撑与剪刀撑，应按构造与整体稳定性布置。

（9）多层支设的支柱，上下应设置在同一竖向中心线上，下层楼板应具有承受上层荷载的承载能力或加设支架支撑。下层支架的立柱应铺设垫板。

（二）模板安装要求

模板安装时，应符合下列要求：

（1）同一条拼缝上的 U 形卡不宜向同一方向卡紧。

（2）墙模板的对拉螺栓孔应平直相对，穿插螺栓不得斜拉硬顶。钻孔应采用机具，严禁采用电焊、气焊灼孔。

（3）钢楞宜采用整根杆件，接头应错开设置，搭接长度不应小于 200mm。

（三）模板起拱

对现浇混凝土梁、板，当跨度不小于 4m 时，模板应按设计要求起拱；当设计无具体

要求时，起拱高度宜为跨度的 1/1000 ～ 3/1000。

（四）控制误差

曲面结构可用双曲可调模板，采用平面模板组装时，应使模板面与设计曲面的最大差值不得超过设计的允许值。

（五）模板安装及注意事项

模板的支设方法基本上有两种，即单块就位组拼和预组拼，其中预组拼又可分为分片组拼和整体组拼两种。采用预组拼方法，可以加快施工速度，提高工效和模板的安装质量，但必须具备相适应的吊装设备和有较大的拼装场地。

三、几种 55 型组合钢模板施工安装

模板安装包括面板拼装和支撑设置两项内容。模板支撑是保证模板稳定性、强度、刚度的关键。模板出问题，多数是由于支撑布置不合理造成的。

模板支撑设置要求如下：

（1）支架必须支承在坚实的地基或混凝土上，并应有足够的支承面积。设置斜撑，应注意防止滑动。在湿陷性黄土地区，必须有防水措施；对冻胀土地基，应有保障冻融安全措施。

（2）支架的立柱或桁架必须用撑拉杆固定，以提高整体稳定性。

（3）模板及支架在安装过程中，注意设临时支撑固定，防止倾倒。

（一）侧面模板安装

侧面模板主要承受混凝土侧压力，支撑方法是外撑内拉。

1. 柱模板

柱模板安装按下述步骤进行：

（1）根据施工图，在基础面上标出柱轴线和柱边线。如果是一排柱子，先标出两端柱的轴线和边线，然后拉通线，确定中间柱子的轴线和边线。

（2）柱子使用组合钢模板时，模板应纵向错缝排列。如果柱子高度不符合钢模板模数，用木模镶补。当柱模高度大于 2m 时，应考虑留卸料孔口。

（3）为了抵抗混凝土侧压力，模板外面设柱箍。柱箍的间距一般为 0.4～0.8m，在柱模下部间距小些，在上部间距可以大些。柱子断面尺寸大于 500mm 时，设竖向围令；柱子断面尺寸大于 600mm 时，宜增设对拉螺栓固定。

（4）在柱模上端挂线锤，检查两个方向的铅垂度。

（5）模板校准后，及时用支撑固定。柱子之间用水平撑或剪刀撑相互牵牢，或设排架连接，防止柱模发生位移、偏斜。

柱模、柱箍及支撑布置如图 4-12 所示。

2. 墩、墙模板

墩、墙模板主要采用对拉螺栓固定，如图 4-13 所示。要求对拉螺栓要有足够的强度。对拉螺栓的型式有圆杆式、螺管式、板条式三种，其中圆杆式最常见。

圆杆式对拉螺栓分组合式和整体式两种。组合式由内拉杆、外拉杆和锥形顶帽三部分组成。

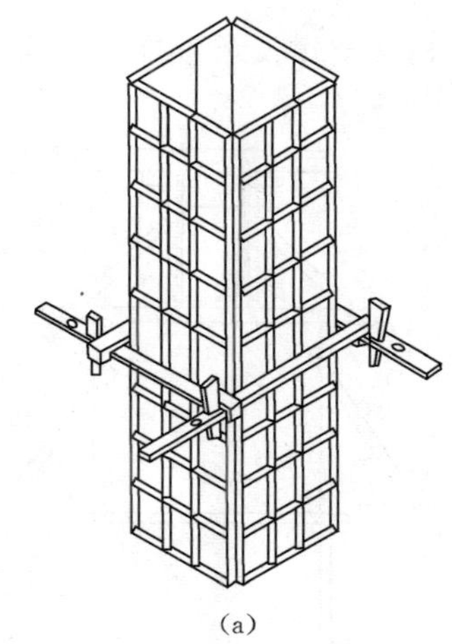

(a)

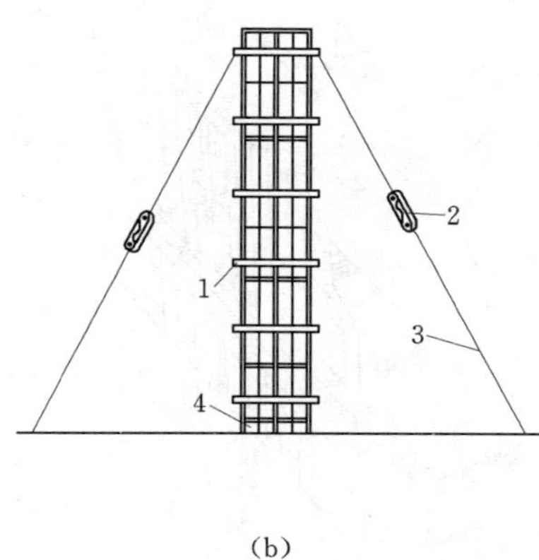

(b)

图 4-12　柱模板

(a) 透视图；(b) 立面图

1—柱箍；2—花篮螺栓；3—钢筋拉杆；4—找平层

(1) 内拉杆：其作用是保持侧面模板之间的间距，承受由于混凝土侧压力作用而产生的拉力。内拉杆长度根据混凝土墙厚确定，拉杆间距根据模板围令布置情况确定，拉杆直径根据拉力大小选择。

(2) 锥形顶帽：其作用是将内外拉杆连成一体。锥形顶帽由锥形帽和螺钉两部分组成。脱模后，可用工具将顶帽取出来，周转使用。顶帽所留下的孔洞用于硬性砂浆填平，以防止内拉杆生锈。

(3) 外拉杆：其作用是将模板与围令、扣件连接固定，一般都采用螺栓式。

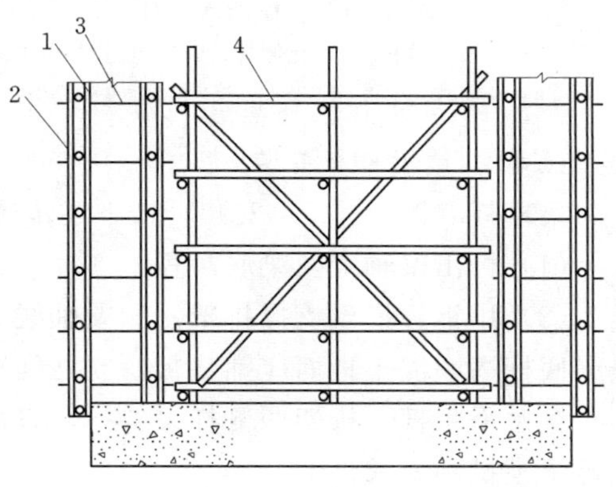

图 4-13　闸墩侧模板

1—模板；2—围令；3—对拉螺栓；4—钢管支撑

整体式是内外拉杆用一根通长圆杆代替。

整体式拉杆加工简单，安装简便，在水利水电工程中使用广泛。拆模后，将拉杆外露部分切割去掉。如果要回收拉杆，安装时，给拉杆套上塑料管或竹筒，避免拉杆与混凝土粘结。

螺管式对拉螺栓也是由内拉杆、外拉杆和锥形顶帽三部分组成。内拉杆是在钢筋两端各焊一个螺管；锥形顶帽的中间为圆孔；外拉杆为普通长螺栓，穿过顶帽圆孔与螺管连接。

板条式拉杆是用扁钢作拉条，两端各钻一圆孔。要求事先配套使用的钢模板的边肋上加工缺口。拼装时，两侧模板的缺口对齐，板条两端嵌在缺口内，用U形卡将板条与上一块模板的边肋卡紧，如图 4-14 所示。

（二）承重模板安装

承重模板承受竖向荷载，支撑形式有立柱支撑、桁架支撑及承重排架支撑。

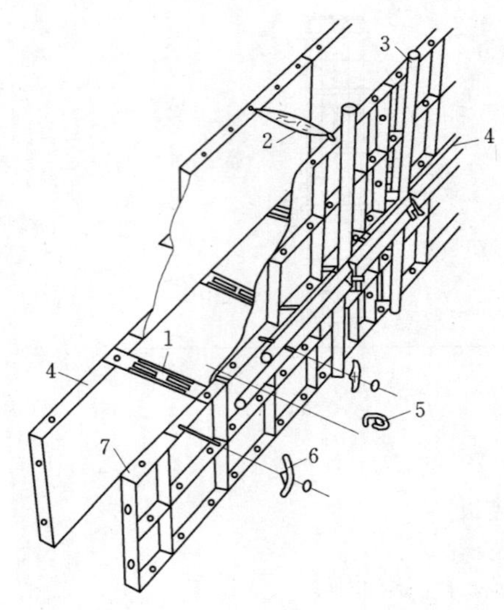

图 4-14 板条式拉杆

1—板条式拉杆；2—花篮螺栓；3—竖向围令；4—水平围令；5—U形卡；6—扣件；7—模板

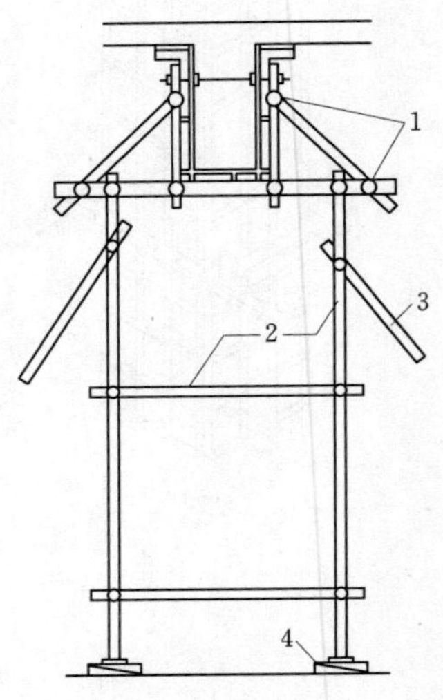

图 4-15 梁模板支撑

1—扣件；2—钢管；3—斜撑钢管；4—木楔

1. 梁、楼板模板安装

梁模板（图 4-15）安装，按下述步骤进行：

（1）标出梁轴线及梁底高程。

（2）用钢管搭设支撑排架。顺梁轴线方向设两排立柱，立柱下端垫一对木楔，便于调整梁底标高，泥土地面应铺垫板。立柱间距 1.0m 左右，立柱高度方向按 1.2～1.5m 的间距布置水平系杆。排架两侧杆设斜撑，以加强稳定。排架顶部横杆跨中比两端稍高些，以满足梁模拱的要求。

（3）先拼装底模，检查底模中心线与梁轴线是否相符，梁底高程是否符合设计要求，再装侧模。如果梁截面高度比较大，可以先装一面侧模，等钢筋绑扎后再装另一面侧模。模板也可以在地面组装，吊装就位。当梁高大于 600mm，侧模应布置对拉螺栓，并增加侧模斜撑。

（4）检查模板上口间距，模板内侧用方木临时混凝土浇筑结束之前取出方木。

梁模板也可用钢管支柱和钢桁架支撑。

楼板模板支撑与梁模板支撑类似，用排架或钢桁架支撑。

2. 大型承重排架

泄洪洞、导流洞进口顶板、电站混凝土蜗壳、尾水管扩散段顶板等部位混凝土厚达几米，承重模板的荷载大，支撑布置密，安拆时间长。过去，主要采用木结构支撑，木材耗用量大。为了节约木材、缩短工期，可采用预制混凝土梁作承重模板，这种预制混凝土模板，用于某些部位行之有效，对于不便于吊装作业的部位，不允许用预制混凝土作结构表面的部位，如高速水流区，必须整体现浇，承重模板安装改进的途径是用钢支撑代替木支撑。

钢支撑有的用型钢，有的利用闲置的灯笼柱，都比较笨重，装拆需要起重设备配合。有些部位无法利用起重设备，或起重设备忙不过来时，可采用轻型支撑，人工装拆。轻型支撑有以下几种形式：

（1）用 ϕ48mm 钢管搭设，立柱布置密一些。

（2）采用组合柱，减少装拆工作量及装拆时间。

（3）框形支架，类似门式支架。安装时，逐段对接达到所要求的高度，如图 4－16 所示。

接头采用内插管用销子固定，如图 4－17 所示。

立柱底座、顶帽如图 4－18 所示。

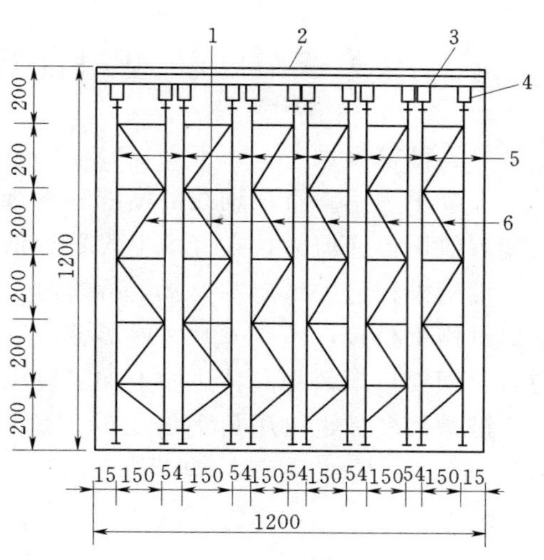

图 4－16　框形支架设搭设承重排架（单位：cm）

1—平撑，ϕ50mm；2—胶合板，厚 2cm；3—方木，10cm×15cm；4—方木，15cm×20cm；5—钢管，ϕ70mm；6—斜撑，ϕ50mm

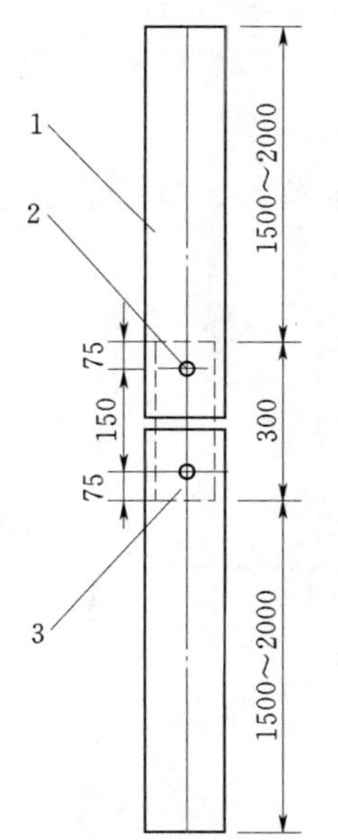

图 4－17　框形支架接头（单位：cm）

1—承重立柱，ϕ10～15cm；
2—销孔，ϕ16mm；
3—内套连接管，ϕ40～60cm

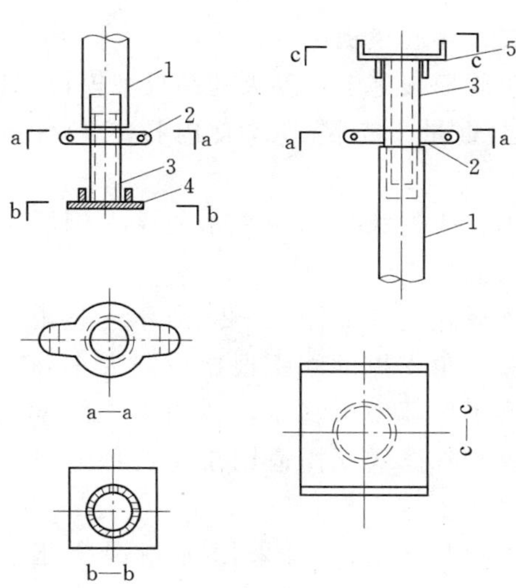

图 4－18　立柱底座、顶帽

1—承压杆；2—调节丝母手柄；3—调节丝杆；4—底座；5—柱帽

第三节 55 型组合钢模板在水利工程中的应用

一、键槽模板

混凝土坝用垂直坝轴线的横缝和平行坝轴线的纵缝将坝体分成柱状浇筑块。为了使缝面能有效地传递剪力，在缝面上设置键槽。键槽的形式有三角形和梯形两种。

键槽模板过去采用木模板，拆模时，损坏严重，现在普遍采用钢模板。图 4-19 为三角形键槽钢模板，图 4-20 为梯形键槽钢模板，用钢板和小规格型钢加工而成。长宽模数与组合钢模板模数相同，边肋上加工有 U 形卡孔，可以与组合钢模板拼装。

键槽钢模板也可用角钢加工成三角形框架，用组合钢模板作面板，转角处嵌角模和木条。

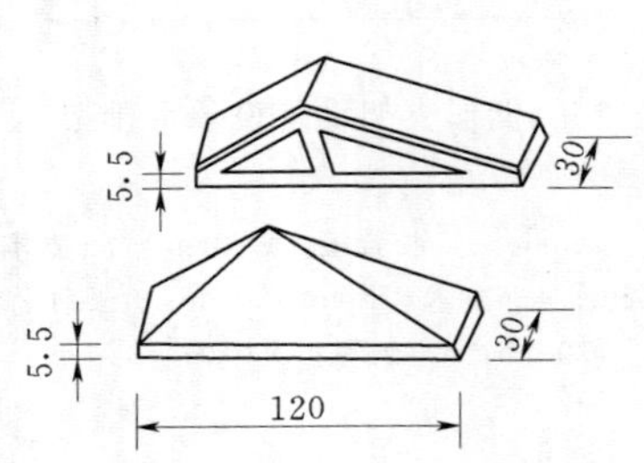

图 4-19 三角形键槽钢模板（单位：cm）

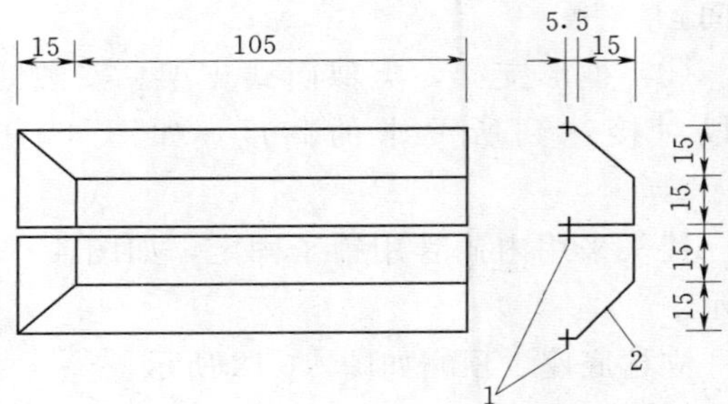

图 4-20 梯形键槽钢模板（单位：cm）

1—U 形卡插孔；2—钢模 50mm×5mm

二、牛腿模板

牛腿模板施工难度大的是反坡模板。作用在反坡模板上的荷载，包括混凝土侧压力和混凝土重量。支撑方式有内拉式和外撑式。

内拉式支撑如图 4-21 所示，钢筋柱浇入混凝土中。

外撑式支撑如图 4-22 所示，三角桁架和三角支撑的间距根据荷载大小确定。为了保证模板稳定，各桁架之间设剪刀撑。外撑式支撑适用于悬挑部分较短的牛腿。

牛腿反坡模板可采用预制混凝土模板。

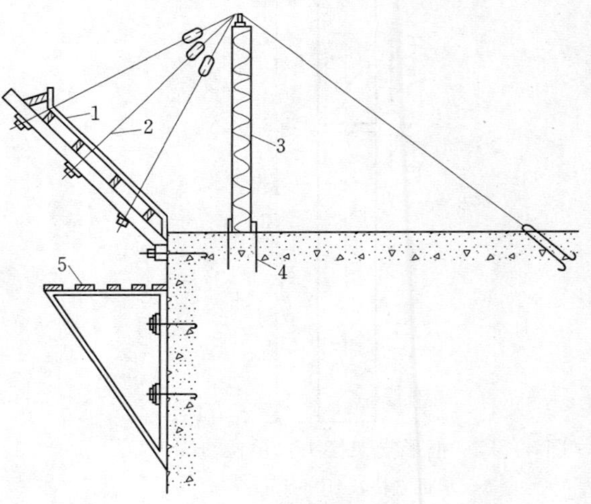

图 4-21 内拉式模板支撑

1—模板；2—拉条；3—钢筋柱子；4—预埋插筋；5—简易平台

三、溢流面模板

溢流面面积较小不宜用滑模施工时，则采用顺坡模板（内倾模板）施工（图 4-23）。混凝土浇筑之前，模板重量由钢支撑承担；混凝土浇筑时，作用在模板上的侧压力和浮托力由拉筋平衡。

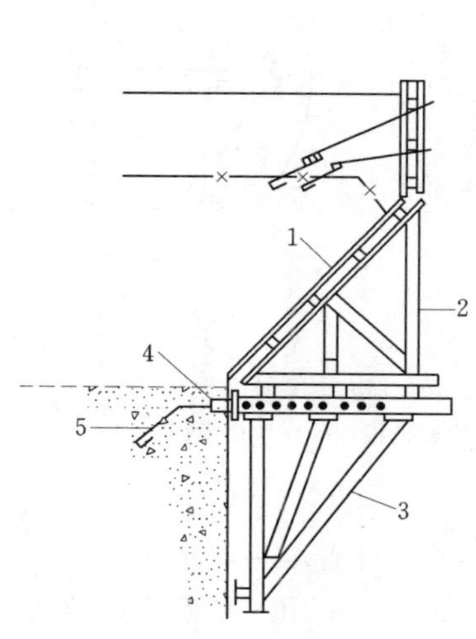

图4-22 外撑式模板支撑

1—模板；2—三角桁架；3—三角支撑；4—锥形体；5—锚筋

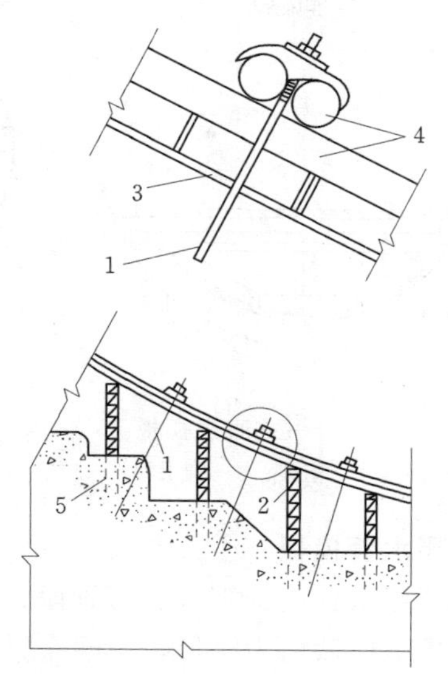

图4-23 溢流面模板

1—拉筋；2—钢支撑；3—组合钢模板；4—纵横围令；5—预埋插筋

先将钢支撑焊在预埋插筋上，然后，按溢流面轮廓线装好模板纵横围令及面板。纵围令采用ϕ48mm钢管或粗钢筋弯成弧形。面板上开一些窗口，便于混凝土入仓。

曲面模板也可用曲面可变桁架立模，如图4-24所示。钢支撑与桁架用对拉螺栓连接，组合钢模板用钩头螺栓固定在桁架下方。溢流面混凝土浇筑之后，掌握合适的时间拆模，对混凝土表面进行抹面、压实。

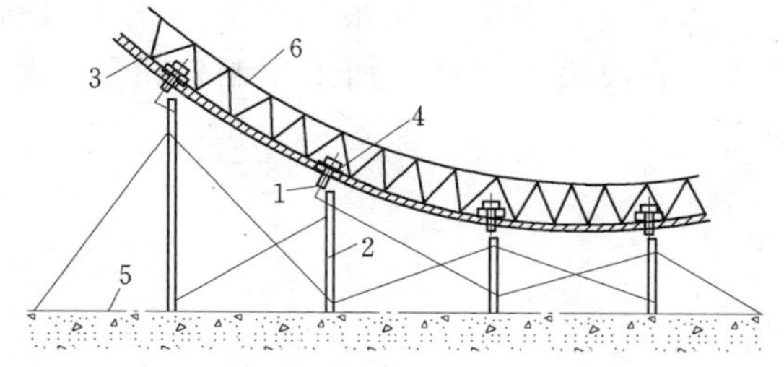

图4-24 曲面可变桁架立模

1—对拉螺栓；2—钢支撑；3—组合钢模板；4—纵横围令；5—预埋插筋；6—可变桁架

四、隧洞衬砌模板

大型隧洞混凝土衬砌，采用钢模台车、针梁模板、底拱拉模施工。隧洞不规则断面（如喇叭口、渐变段、岔管段）或小型隧洞受条件限制，只能采用普通模板衬砌。

隧洞混凝土衬砌一般分底拱、边墙和顶拱三部分施工，或分上下两部分施工。

圆形隧洞衬砌：当底拱中心角较小时，底拱可以不用表面模板，只设端部挡板，混凝土浇筑时，用弧形样板将混凝土表面刮成弧形，对于中心角较大的底拱，可采用悬吊式底拱模板（图4-25）施工。先把模板桁架安装好，面板待混凝土浇筑时，向侧旁边浇边装。注意模板运输设施不要与模板支撑连在一起，防止运输所产生的震动造成模板位移。边墙模板及顶拱模板如图4-26所示。

城门洞形隧洞衬砌：跨度较小时，边墙模板用对撑方式固定；跨度较大时，边墙模板采用锚筋拉杆固定。顶拱模板一般采用拱架支撑。

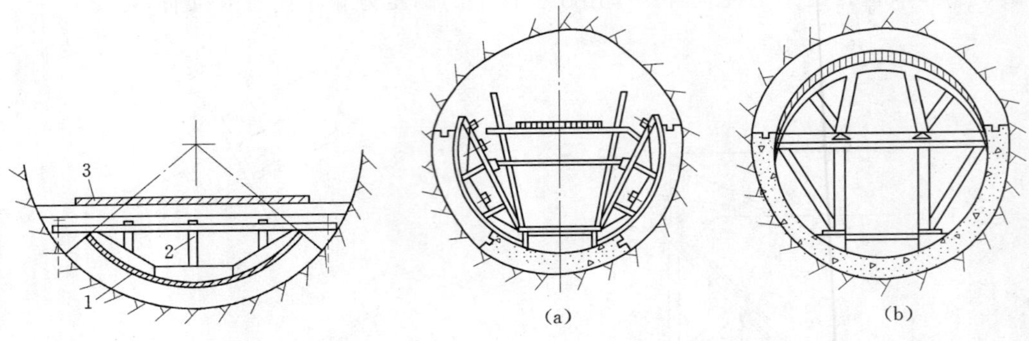

图 4-25 悬吊式底拱模板

1—面板；2—桁架；3—脚手架

图 4-26 边墙和顶拱模板

(a) 边墙模板；(b) 顶拱模板

五、尾水管模板

弯肘形尾水管由锥管段、弯管段、扩散段三部分组成。锥管段一般用钢内衬，不需要立模板。扩散段截面为矩形，中间布置有隔墩。边墙和隔墩可采用大型模板，顶板采用承重模板或预制混凝土倒 T 形梁作模板。形状复杂、施工难度较大的是弯管段模板。

弯管段沿高度方向分成上下两段，分别称上弯段和下弯段。上弯段由斜圆锥面、圆环面、斜平面组成；下弯段由水平圆柱面、垂直圆柱面、垂直面、水平面组成，如图 4-27 所示。

其中圆环面为双曲面，模板制作安装难度最大。

弯管段模板的结构类型，以往多采用木结构，现在多采用以钢材为主的钢木混合结构。选择模板方案，应根据弯管段的尺寸大小、工期要求、工地实际情况比较论证。小型弯管段模板，可在加工厂制作拼装，修正合格后整体运到现场，吊装就位，校正固定。

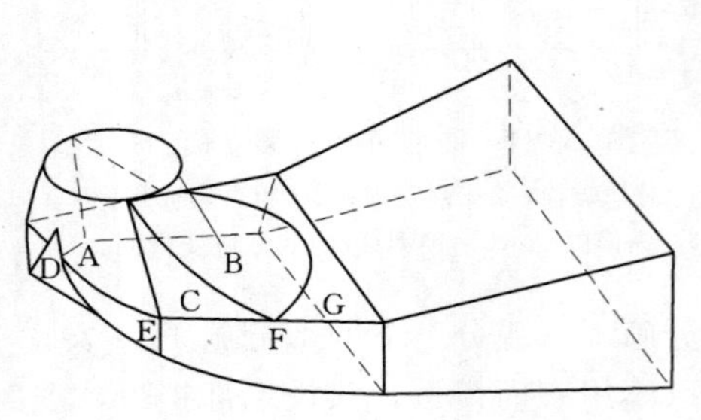

图 4-27 尾水管透视图

A—斜圆锥面；B—圆环面；C—斜平面；
D—水平圆柱面；E—垂直圆柱面；
F—垂直面；G—水平面

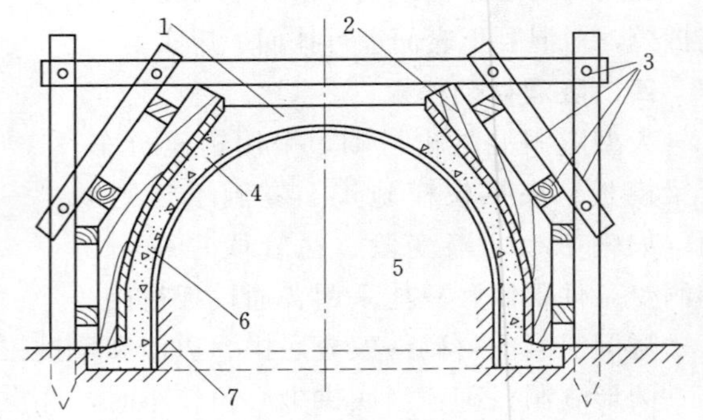

图 4-28 渡槽槽身模板

1—槽身；2—木龙骨；3—支撑；4—水泥黏土砂浆；5—堆土夯实；6—木模；7—预埋预制拉杆

六、渡槽槽身模板

装配式渡漕一般采用 U 形薄壳槽身。槽身预制，分槽口朝上（正置浇筑）和槽口朝下两种浇筑方式。正置浇筑，吊装时不需翻身，但槽身底部混凝土不易捣实；反置浇筑，混凝土浇筑质量容易得到保证，因此，反置浇筑采用较普遍。

槽身内模采用钢、木模板或夯土抹砂浆制成，外模采用普通模板支撑方式。如图 4 - 28 所示。

夯土抹砂浆作内模的方法：先平整场地，测量放样，把事先预制好的槽身横拉杆按设计位置安置好，然后，逐层堆土夯实，筑成形状、尺寸都符合要求的土坯，用砂浆抹面（厚约 1cm）；抹面层干燥后，涂刷脱模剂。

第四节　中型组合钢模板

中型组合钢模板是针对 55 型组合钢模板而言，一般模板的肋高有 70mm、75mm 等，模板规格尺寸也比 55 型加大，采用的薄钢板厚度也加大，这样使模板的刚度增大。现介绍 C—70 组合钢模板如下。

该模板是在近几年推广应用建筑模板及支撑新技术的实践和我国目前建筑模板材料状况，在分析综合钢框胶合板模板和小钢模及整体大模板特点的基础上，研究开发的一种新产品，又称 G—70 组合钢模板。

一、组成

（一）模板块

全部采用厚度 2.75～3mm 优质薄钢板制成；四周边肋呈 L 形，高度为 70mm，弯边宽度为 20mm，模板块内侧，每 300mm 高设一条横肋，每 150～200mm 设一条纵肋。

模板边肋及纵、横肋上的连接孔为蝶形，孔距为 50mm，采用板销连接，也可以用一对楔板或螺栓连接。

模板块基本规格：标准块长度有 1500mm、1200mm、900mm 三种，宽度有 600mm、300mm 两种，非标准块的宽度有 250mm、200mm、150mm、100mm 四种，总共有 18 种规格。平面模板块和角模、连接角钢、调节板的规格分别见表 4 - 2 和表 4 - 3。

表 4 - 2　　G—70 组合钢模平面模板块规格

代　　号	规格 宽×长（mm×mm）	有效面积 （m^2）	重量（kg）	
			δ=3mm	δ=2.75mm
7P6009	600×900	0.54	23.28	21.34
7P6012	600×1200	0.72	30.61	28.06
7P6015	600×1500	0.90	37.92	34.76
7P3009	300×900	0.27	13.42	12.30
7P3012	300×1200	0.36	17.67	16.20
7P3015	300×1500	0.45	21.93	20.10
7P2509	250×900	0.225	11.16	10.23
7P2512	250×1200	0.30	14.76	13.53
7P2515	250×1500	0.375	18.35	16.82

续表

代　　号	规格 宽×长（mm×mm）	有效面积 （m²）	重量（kg）	
			δ=3mm	δ=2.75mm
7P2009	200×900	0.18	8.38	7.68
7P2012	200×1200	0.24	11.07	10.15
7P2015	200×1500	0.30	13.78	12.63
7P1509	150×x900	0.135	6.97	6.39
7P1512	150×x1200	0.18	9.23	8.46
7P1515	150×1500	0.225	11.48	10.52
7P1009	100×900	0.09	5.61	5.14
7P1012	100×1200	0.12	7.43	6.81
7P1015	100×1500	0.15	9.26	8.49

注　δ为钢板厚度。

表 4-3　　G—70 角模、连接角钢、调节板规格

名　　称	代　　号	规格 （mm×mm×mm）	有效面积 （m²）	重量（kg）	
				δ=3mm	·δ=2.75mm
阴角模	7E1059	150×150×900	0.27	11.06	10.14
阴角模	7E1512	150×150×1200	0.36	14.64	13.42
阴角模	7E1515	150×150×1500	0.45	18.20	16.69
阳角模	7Y1509	150×150×900	0.27	11.62	10.65
阳角模	7Y1512	150×150×1200	0.36	15.30	14.07
阳角模	7Y1515	150×150×1500	0.45	19.00	17.49
铰链角模	7L1506	150×150×600	0.18	11.00（δ=4～5mm）	
铰链角模	7L1509	150×150×900	0.27	16.38（δ=4～5mm）	
可调阴角模	TE2827	280×280×2700	1.35	63.00（δ=4mm）	
可调阴角模	TE2830	280×280×3000	1.50	70.00（δ=4mm）	
L形调节板	7111827	74×80×2700	0.135	15.36（δ=5mm）	
L形调节板	7T1327	74×130×2700	0.27	20.87（δ=5mm）	
L形调节板	7111830	74×80× 3000	0.15	17.07（δ=5mm）	
L形调节板	7T1330	74× 130×3000	0.30	23.20（δ=5mm）	
连接角钢	7J0009	70×70×900		4.02（δ=4mm）	
连接角钢	7j0012	70×70×1200		5.33（δ=4mm）	
连接角钢	7j0015	70×70×1500		6.64（δ=4mm）	

注　δ为钢板厚度。

（二）模板配件

G—70 组合钢模板的配件如图 4-29 所示，规格见表 4-4。

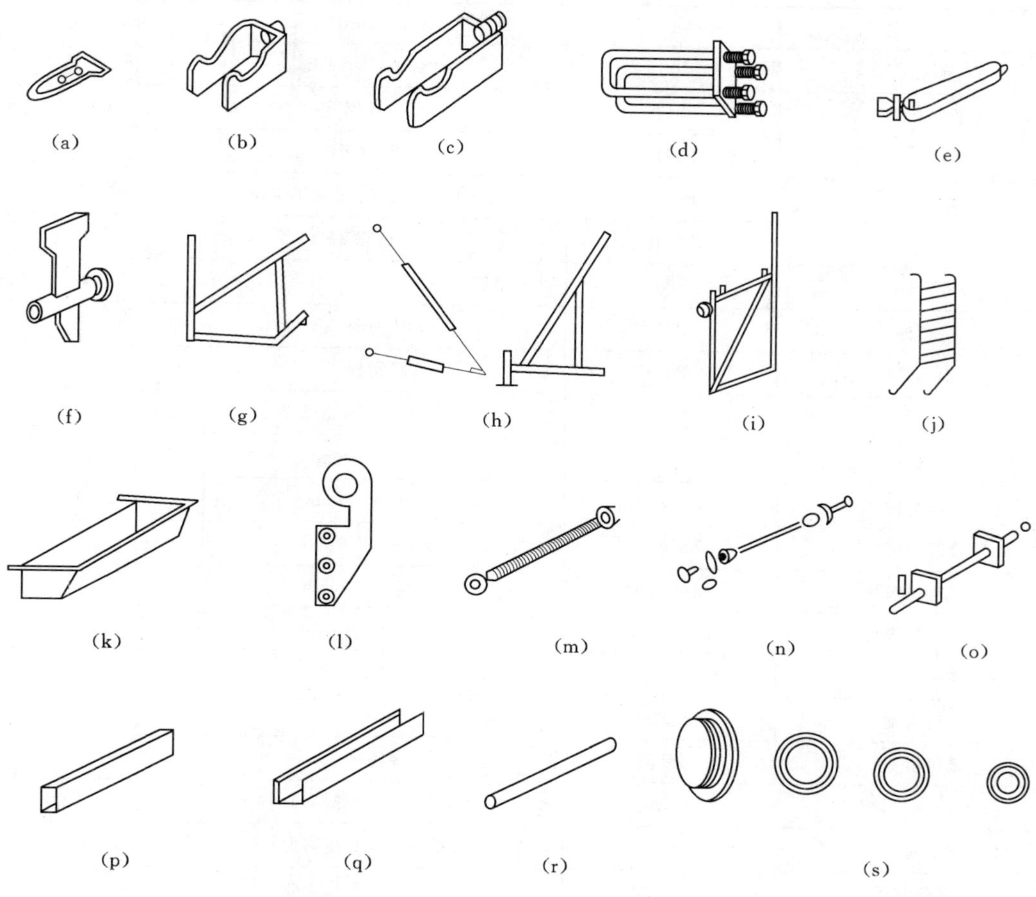

图 4-29 G—70 钢模板配件

(a) 楔板 J01；(b) 小钢卡 J02；(c) 大钢卡 J03A/B；(d) 双环钢卡 J04A/B；(e) 模板卡 J05；(f) 板销 J06；(g) 平台支架 P01A/B；(h) 斜支撑 P02A/B；(i) 外墙挂架 P03；(j) 钢筋爬梯 P04；(k) 工具箱 P05；(l) 吊环 P06；(m) 对拉螺栓 DS；(n) 组合对拉螺栓 ZS；(o) 锥形对拉螺栓 ZUS；(p) 方钢管龙骨 LGA；(q) 槽钢龙骨 LGB；(r) 圆钢管龙骨 LGC；(s) 塑料堵塞 SS

表 4-4　　G—70 组合钢模板配件规格

名　　称	代　　号	规格 (mm)	重量 (kg)
楔板	J01	1 对楔板	0.13
小钢卡	J02	卡 ϕ48	0.44
大钢卡	J03A	卡 2ϕ48 或口 50×100	0.64
大钢卡	J03B	卡 8 号槽钢	0.60
双环钢卡	J04A	卡 2 口 50×100	2.40
双环钢卡	J04B	卡 2 个 8 号槽钢	1.70
模板卡	J05		0.13

续表

名　称	代　号	规格（mm）	重量（kg）
板销	J06	1 个楔板、1 个销键	0.11
平台支架	P01A	40×40 方钢管	11.07
平台支架	P01B	50×26 槽钢	13.10
斜支撑	P02A	ϕ60 钢管、1 底座、2 销轴卡座	30.64
斜支撑	P02B	50×26 槽钢	12.82
外墙挂架	P03	8 号槽钢、ϕ48 钢管、T25 高强螺栓	65.84
钢爬梯	P04	ϕ16 钢筋	18.42
工具箱	P05	3 厚钢板	26.80
吊环	P06	8 厚、ϕ12 螺栓 3 个	1.38
对拉螺栓	DS2570	T125　L=700mm	3.35
对拉螺栓	DS2270	T22　L=700mm	3.00
组合对拉螺栓	ZS1670	M16　L=650mm	2.14
锥形对拉螺栓	ZUS3096	ϕ26～30　L=965mm	7.12
锥形对拉螺栓	ZUS3081	ϕ26～30　L=815m	6.29
塑料堵塞	SS25	ϕ25	1（500 个）
塑料堵塞	$ S18	ϕ18	
塑料堵塞	SS16	ϕ16	
方钢管龙骨	LGA	口 50×100　L 按需要	6.6（每米）
槽钢龙骨	LGB	8 号槽钢　L 按需要	8.04（每米）
圆钢管龙骨	LGC	ϕ48　L 按需要	3.84（每米）

（三）楼（顶）板模板早拆支撑体系

既能用于 G—70 组合钢模板，又能用于小钢模、SP—70 钢框胶合板模板、竹（木）胶合板模板和模壳密肋梁模板。功能早拆柱头适用于不同厚度的模板、不同高度的模板梁。

早拆支撑配件如图 4－30 所示，其规格见表 4－5。

二、特点

（1）G—70 组合钢模板由于采用了 2.75～3mm 厚钢板制成，肋高为 70mm，因此刚度大，能满足侧压力 50kN/m^2 的要求；模板接缝严密，浇注的凝土表面平整光洁，能达到清水混凝土的要求。

（2）用于楼板模板采用早拆支撑体系时，与常规支撑体系相比，其模板用量省 66%，支撑用量省 44%，综合用工省 58.4%。

（3）G—70 组合钢模板边肋增加卷边，提高了模板的刚度；采用板销，使模板连接方便，接缝严密；采用早拆柱头和多功能早拆柱头，实现立柱与模板的分离，达到早期拆模的目的。

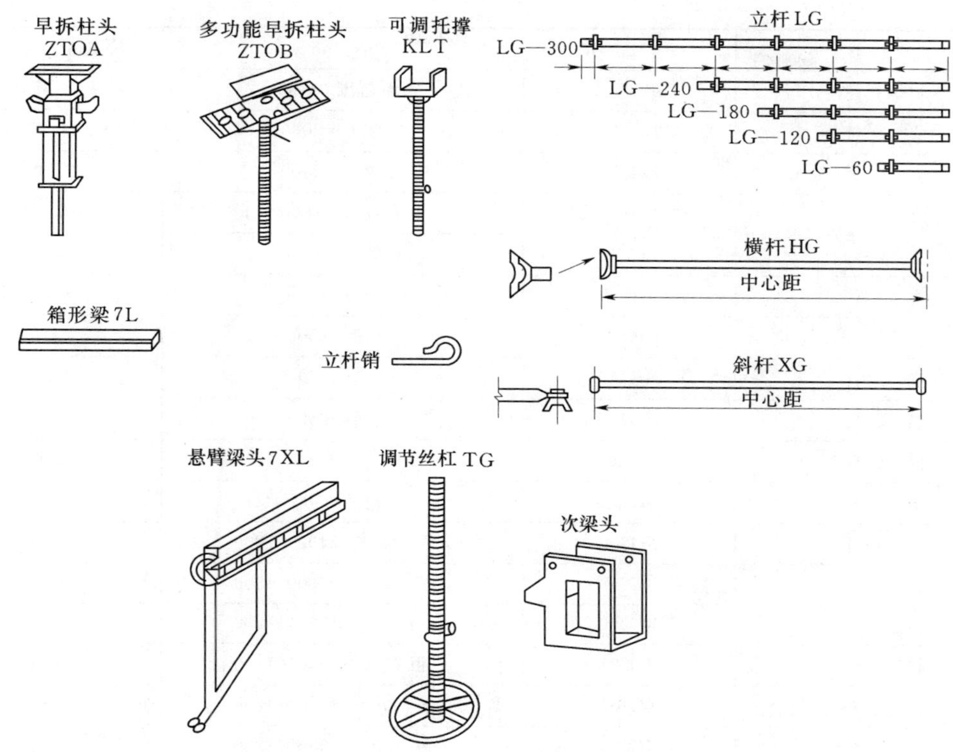

图 4-30 G—70 钢模板早拆支撑配件

表 4-5 **柱模及早拆支撑配件规格**

名　称	代　号	规格（mm）	重量（kg）
早拆柱头	ZTOA	70 型	4.26
多功能早拆柱头	ZTOB	多功能型	7.83
箱形主梁	7L185	柱心距 1850	14.10
箱形主梁	7L155	柱心距 1550	11.95
箱形主梁	7L125	柱心距 1250	9.7
箱形主梁	71095	柱心距 950	7.53
悬臂梁头	7XL	70 型	5.90
次梁头	7CL	70 型	0.85
调节丝杠	TG060A	T38　$L=760$	6.9
调节丝杠	TG060B	T36　$L=760$	6.13
调节丝杠	TG050A	T38　$L=660$	6.1
调节丝杠	TG050B	T38　$L=660$	5.47
调节丝杠	TG030A	T38　$L=460$	4.7
调节丝杠	TG030B	T36　$L=460$	4.19
可调托撑	KLT300	可调范围 0～300	6.10

续表

名　称	代　号	规格（mm）	重量（kg）
可调托撑	KLT600	可调范围 0～600	8.35
立　杆	LG300	有效 L＝3000	16.68
立　杆	LG240	有效 L＝2400	13.45
立　杆	LG180	有效 L＝1800	10.35
立　杆	LG120	有效 L＝1200	7.20
立　杆	LG060	有效 L＝600	4.00
横　杆	HG185	心距 1850	7.46
横　杆	HG155	心距 1550	6.32
横　杆	HG125	心距 1250	5.16
横　杆	HG95	心距 950	3.95
横　杆	HG65	心距 650	2.78
斜　杆	XG300	心距 3000　2400×1800	13.10
斜　杆	XC258	心距 2581　1850×1800	11.46
斜　杆	XG220	心距 2205　1850×1200	10.00
斜　杆	XC237	心距 2375　1550×1800	10.70
斜　杆	XG196	心距 1960　1550×1200	9.10
斜　杆	XG173	心距 1733　1250×1200	8.20
立杆销	LX	ϕ10	0.125

第五节　钢模板拆除与维修

混凝土浇筑后经过一段时间的养护，达到一定强度就应拆除模板，便于模板周转使用和相邻部位的混凝土施工。

模板拆除的原则是：

（1）模板拆除的顺序和方法，应按照配板设计的规定进行，遵循先支后拆，先非承重部位、后承重部位以及自上而下的原则。拆模时，严禁用大锤和撬棍硬砸硬撬。

（2）先拆除侧面模板（混凝土强度大于 1N/mm^2），再拆除承重模板。

（3）组合大模板宜大块整体拆除。

（4）支承件和连接件应逐件拆卸，模板应逐块拆卸传递，拆除时不得损伤模板和混凝土。

（5）拆下的模板和配件均应分类堆放整齐，附件应放在工具箱内。

一、拆模时间

拆模时间根据结构的特点和混凝土所达到的强度来决定。

混凝土强度及强度增长情况与水泥品种、标号及用量、养护温度和湿度、龄期有关。在一定湿度条件下，温度越高，水化反应越快；反之，强度增长慢。如果湿度不够，会影响混凝土强度的增长。混凝土强度随龄期的增长而逐渐提高，在正常养护条件下，混凝土强度在最初7～14天内发展较快，混凝土强度与龄期的关系如图4-31所示。

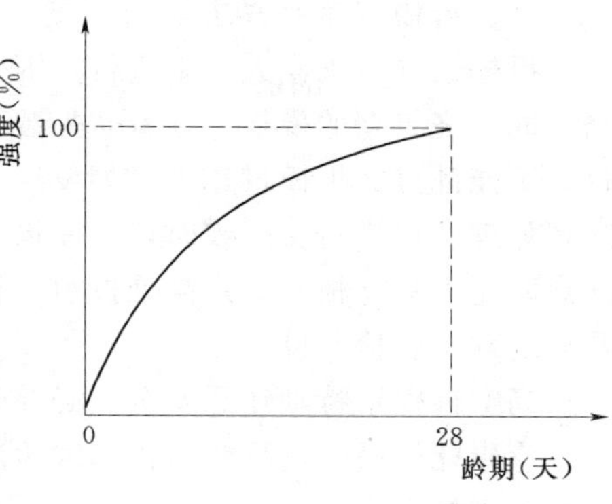

图4-31　混凝土强度与龄期的关系

（一）非承重模板拆模时间

不承重的侧面模板，混凝土强度达到2.5MPa以上，能保证混凝土表面及棱角不因拆模而损坏时，才能拆除。一般需2～7天，夏天2～4天，冬天5～7天；混凝土表面质量要求高的部位，拆模时间宜晚一些。

（二）承重模板拆模时间

钢筋混凝土结构的承重模板，混凝土强度（用与结构混凝土同条件养护的试块做试验）达到下列规定值（按混凝土设计强度等级的百分率计算），才能拆除。

（1）悬臂板、梁：跨度≤2m，70%；跨度>2m，100%。

（2）其他梁、板、拱：跨度≤2m，50%；跨度2～8m，70%；跨度>8m，100%。

如果需预先估计模板拆模时间，可参考表4-6。

表4-6　拆模时间估计参考值

按设计强度的百分率计（%）	水泥		硬化时昼夜的平均温度（℃）					
	品种	标号	5	10	15	20	25	30
			模板拆除期限（天）					
50	普通水泥	325	12	8	6	5	4	3
		425	10	7	6	5	4	3
	矿渣水泥	325	21	13	10	8	6	5
		425	18	12	10	9	7	6
70	普通水泥	325	2127	20	14	10	9	7
		425	20	14	11	9	7	6
	矿渣水泥	325	32	25	18	14	11	9
		425	30	21	16	14	12	10
100	普通水泥	325	55	45	35	28	21	18
		425	50	40	30	28	20	18
	矿渣水泥	325	60	50	40	28	24	20
		425	60	50	40	28	24	20

对于大体积混凝土，为了防止拆模后混凝土表面温度骤降而产生表面裂缝，应考虑外界温度的变化而确定拆模时间，并避免早、晚或夜间气温较低时拆模。

（三）洞顶拱模板拆除时间

当隧洞围岩稳定，顶拱混凝土强度达到设计强度等级的40%～50%时，顶拱模板才能拆除。在有计算及试验论证的情况下，拆模时间可适当提前。

二、拆模程序和方法

拆模最好由支模人员来进行，因为他们对模板的构造和安装顺序比较清楚，拆起来顺当。同一浇筑仓的模板，本着“先装的后拆，后装的先拆”的原则，按次序、有步骤地进行，不能乱撬。拆模过程中，如发现混凝土有影响结构安全的质量问题，应暂停拆模，等问题处理后再进行。拆模时，要爱惜模板，尽量减少对模板的损坏，提高模板周转次数。注意防止大片模板坠落；高处拆组合钢模板，应使用绳索逐块下放，模板连接件、支承件及时清理，收捡归堆。

高空拆模要特别注意安全，必要时，在模板旁边搭设拆模用的脚手架。大型模板拆除时，应先挂好吊钩，后松动锚固螺栓。拆除承重模板，应避免整块突然坍落，必要时，先设临时支撑。

三、模板维修与保管

拆下来的模板，及时刮掉残留在模板上的灰浆，保持模板表面光洁。模板使用一段时间后，会有不同程度的变形和损坏，应根据损坏的程度，进行修补和换掉。

定型组合钢模板，如果使用不当，很容易变形。模板使用一段时间后集中修整一次，变形部位用人工或模板整形机校正，脱焊的肋板重新焊好，孔洞补好，并涂刷防锈漆。暂时不用的钢模板，按规格分类，堆放在室内或敞棚内。露天堆放时，上面用东西覆盖，不要任其日晒雨淋。堆放大型模板，应垫平放稳，防止翘曲变形。

四、常用脱模剂

模板安装好后，在混凝土浇筑之前，模板表面涂刷一层脱模剂。脱模剂在混凝土与模板之间形成一层薄膜，这层薄膜，可降低混凝土与模板之间的粘结作用，使脱模容易些，减少了撬动对模板、混凝土表面的损坏，延长模板寿命，提高混凝土表面光洁程度。

使用脱模剂，要选择脱模效果好、对混凝土表面无副作用、配制简单、使用方便、成本低的品种。

第五章 滑 动 模 板

第一节 概 述

滑模工艺是混凝土工程施工方法之一。滑动模板是借助动力机械（千斤顶或卷扬机）的牵引带动，模板逐步滑动上升，一次立模、连续浇筑的施工工艺。如图 5-1 所示。

与常规施工方法相比，滑模施工具有施工速度快，机械化程度高，结构整体性能好，所占用的场地小、粉尘污染少，有利于绿色环保及安全文明施工，滑模设施易于拆散和灵活组配，可以重复利用等优点。因此，滑模工艺在我国工程建设中已被广泛应用，并取得了较好的经济效益和社会效益。

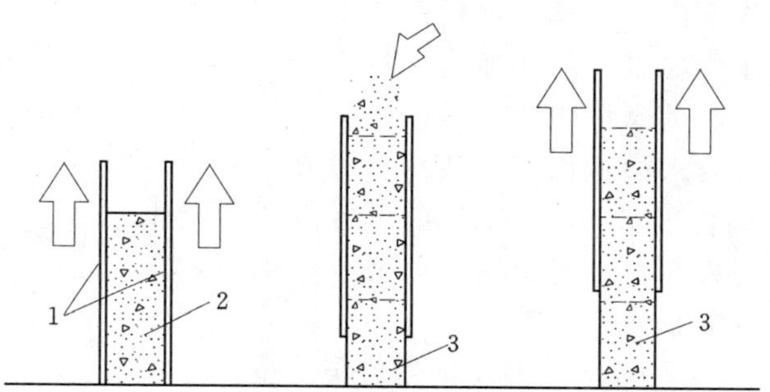

图 5-1 滑模工作原理

1—滑动模板；2—分层浇灌的混凝土；3—已成型的混凝土

滑模工艺与普通的现浇支模方法比较有许多不同的特点，它主要表现在：

（1）滑模结构混凝土的成型是靠沿其表面运动着的模板来实现的，成型后很快脱模，结构即暴露在大气环境中，因而受气温条件及操作情况等方面因素的影响较多。

（2）滑模施工中的全部荷载是依靠埋设在混凝土中或体外刚度较小的支承杆承受的，其上部混凝土强度很低，因而施工中的活动都必须保证与结构混凝土强度增长相协调。

（3）滑模工程是在动态下成型，为保证工程质量和施工安全，必须及时采取有效措施严格控制各项偏差，确保施工操作平台的稳定可靠。

（4）滑模工艺是一种连续成型的快速施工方法，工程所需的原材料准备必须满足连续施工的要求，机具设备的性能要可靠，并保证长时间的连续运转。

（5）滑模施工是多工种紧密配合的循环作业，要求施工组织严密，指挥统一，各岗位职责要明确。

模板滑动分液压滑动和牵引滑动两种类型。液压滑动是由液压穿心式千斤顶带动模板沿着爬杆向上滑升，而牵引滑动则由卷扬机牵引模板沿着导轨滑动。前者多用于高度较大的等截面或截面变化不大的钢筋混凝土建筑物，如闸墩、桥墩、井筒等。其混凝土浇筑方向，即模板滑动方向一般为由低向上垂直上升，所以这种模板称为“滑升模板”；后者多用于溢洪道溢流面、堆石坝混凝土面板等。

滑动模板在我国冶金、建筑、交通等部门使用较多。20 世纪 70 年代开始在水利水电工程中使用并逐步普及。调压井、闸门井、闸墩等结构混凝土浇筑，普遍采用滑模。坝体溢流面、溢洪道陡坡，使用滑模施工，可以保证表面平整光洁，整体性好。

近年来，堆石坝混凝土面板，普遍采用无轨滑模施工。

第二节 滑动模板部件组成

滑模装置主要由模板系统、操作平台系统、液压系统以及施工精度控制系统和水、电配套系统等部分组成。如图 5-2 所示。

一、模板系统

（一）模板

模板依赖围圈带动其沿混凝土的表面向上滑动。模板的主要作用是承受混凝土的侧压力、冲击力和滑升时的摩擦阻力，并使混凝土按设计要求的截面形状成形。按其所在部位及作用不同，可分为内模板、外模板、堵头模板以及变截面工程的收分模板等。

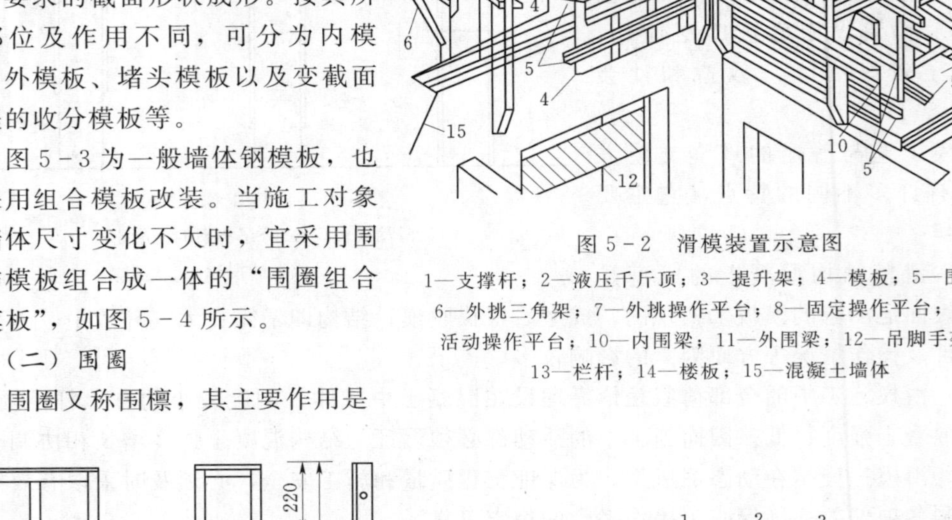

图 5-2 滑模装置示意图

1—支撑杆；2—液压千斤顶；3—提升架；4—模板；5—围圈；6—外挑三角架；7—外挑操作平台；8—固定操作平台；9—活动操作平台；10—内围梁；11—外围梁；12—吊脚手架；13—栏杆；14—楼板；15—混凝土墙体

图 5-3 为一般墙体钢模板，也可采用组合模板改装。当施工对象的墙体尺寸变化不大时，宜采用围圈与模板组合成一体的“围圈组合大模板”，如图 5-4 所示。

（二）围圈

围圈又称围檩，其主要作用是

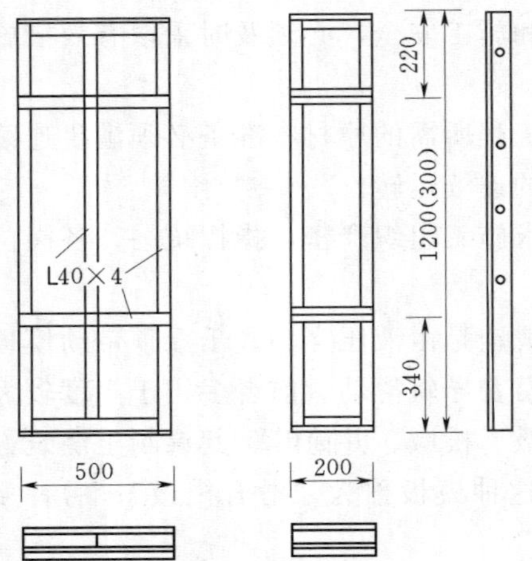

图 5-3 一般墙体模板

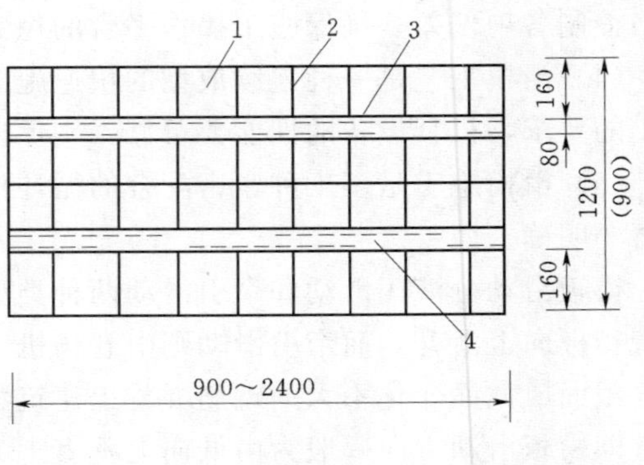

图 5-4 围圈组合大模板

1—4mm 厚模板；2—6mm 厚、60mm 宽肋板；3—8 号槽钢上围圈；4—8 号槽钢下围圈

使模板保持组装的平面形状，并将模板与提升架连接成一个整体。围圈在工作时，承受由模板传递来的混凝土侧压力、冲击力和风荷载等水平荷载及滑升时的摩擦阻力，作用于操作平台上的静荷载和施工荷载等竖向荷载，并将其传递到提升架、千斤顶和支承杆上。

在每侧模板的背后，按建筑物所需要的结构形状，通常设置上下各一道闭合式围圈，其间距一般为450～750mm。围圈应有一定的强度和刚度，其截面面积应根据荷载大小由计算确定。围圈构造如图5-5所示。

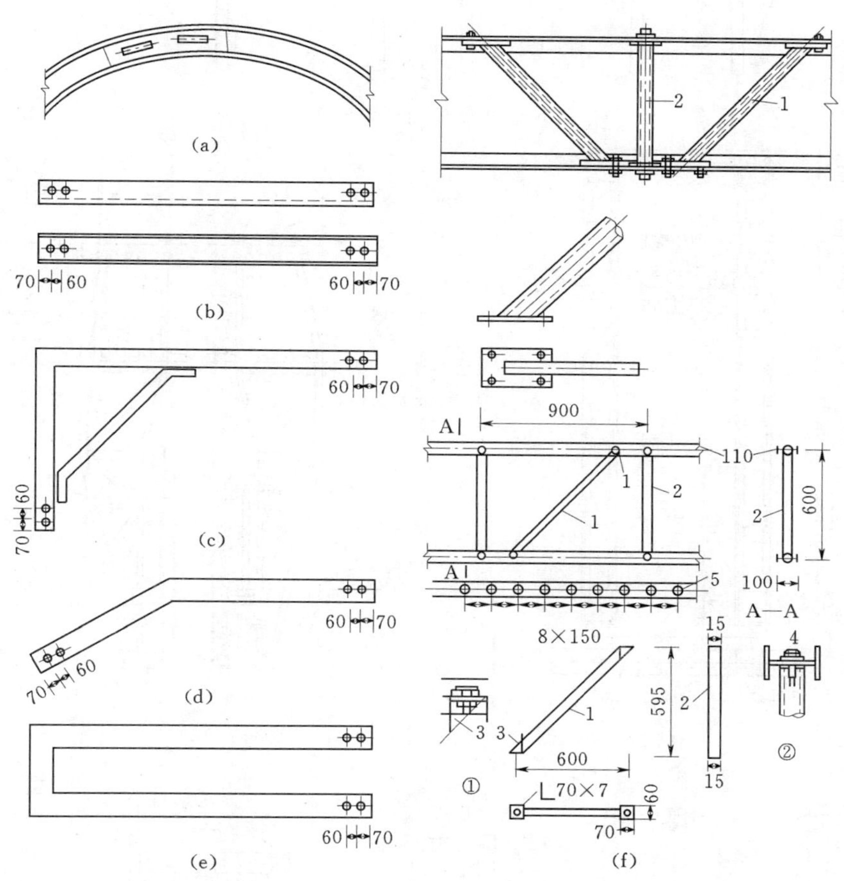

图5-5　围圈构造示意图

(a) 弧形围圈；(b) 直围圈、围梁；(c) 直角围圈、围梁；(d) 斜角围圈、围梁；(e) U形围圈、围梁；(f) 桁架式围圈

1—斜腹杆（ϕ48mm×3.5mm）；2—竖腹杆（ϕ48mm×3.5mm）；3—肋板；4—M18mm螺栓；5—ϕ19mm螺孔

模板与围圈的连接，一般采用挂在围圈上的方式，当采用横卧工字钢作围圈时，可用双爪钩将模板与围圈钩牢，并用顶紧螺栓调节位置，如图5-6所示。

（三）提升架

提升架又称千斤顶架，是安装千斤顶并与围圈、模板连接成整体的主要构件。提升架的主要作用是控制模板、围圈由于混凝土的侧压力和冲击力而产生的向外变形；同时承受

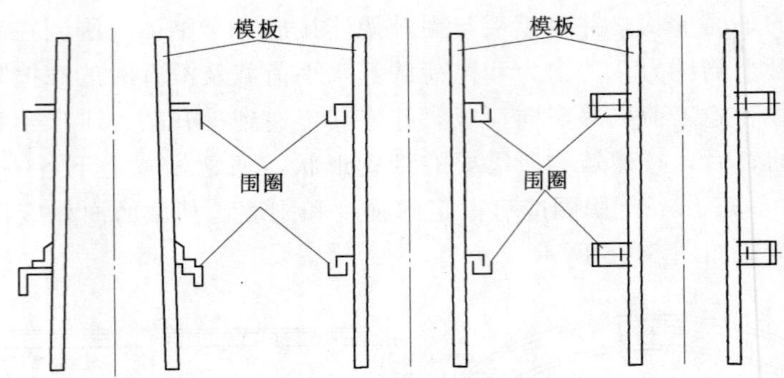

图 5-6 模板与围圈的连接

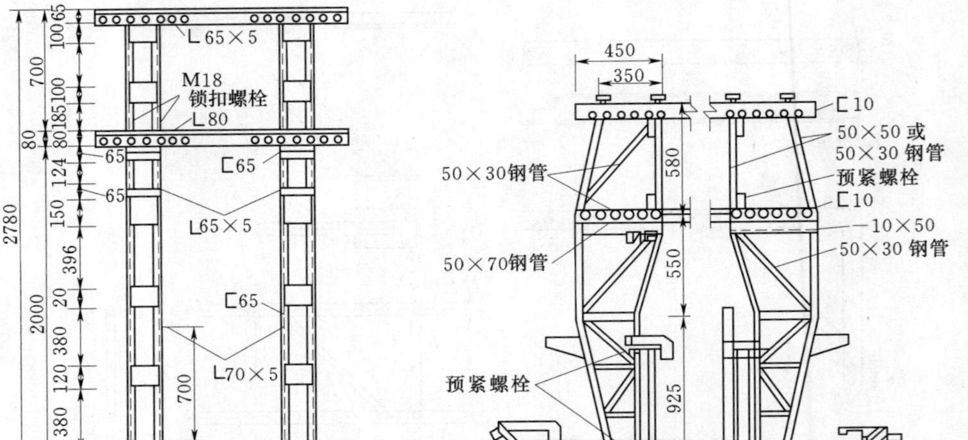

(a) (b)

(c) (d) (e) (f) (g)

图 5-7 提升架立面构造图

(a) 开形提升架；(b) 钳形提升架；(c) 转角处提升架；(d) 十字交叉处提升架；
(e) 变截面提升架；(f) Ⅱ形提升架；(g) Γ形提升架

作用于整个模板上的竖向荷载，并将上述荷载传递给千斤顶和支承杆。当提升架工作时，通过它带动围圈、模板及操作平台等一起向上滑动。

提升架的立面构造形式，一般可分为单横梁Ⅱ形，双横梁的开形或单立柱的Γ形等几种，如图5-7所示。立柱用槽钢、钢管或角钢制作。横梁用槽钢制围作，提升架间距一般在1.0～2.0m之间。

二、操作平台系统

1. 操作平台

滑模的操作平台即工作平台，是绑扎钢筋、浇筑混凝土、提升模板、安装预埋件等工作的场所，也是钢筋、混凝土、预埋件等材料和千斤顶、振捣器等小型备用机具的暂时存放场地。液压控制机械设备，一般布置在操作平台的中央部位。有时还利用操作平台架设垂直运输机械设备，也可利用操作平台作为现浇混凝土顶盖的模板。

按结构平面形状的不同，操作平台的平面可组装成矩形（图5-8）、圆形（图5-9）等各种形状。

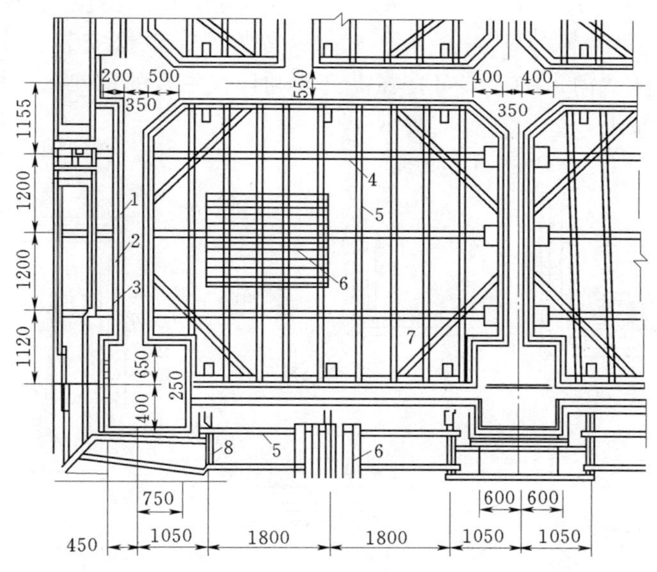

图5-8 矩形操作平台平面构造图

1—模板；2—围圈；3—提升架；4—承重桁架；5—楞木；6—平台板；7—围圈斜撑；8—三角挑架

提升架的平面布置形式，一般可分为I形、Y形、X形、Ⅱ形和口形等几种。如图5-10所示。

操作平台分为主操作平台和上辅助平台两种，一般只设置主操作平台。上辅助平台的承重桁架（或大梁）的支柱，大多支承于提升架的顶部，如图5-11所示。设置上辅助平台时，应特别注意其结构稳定性。

主操作平台一般分为内操作平台和外操作平台两部分。内操作平台通常由承重桁架（或梁）与平台辅板组成，承重桁架（或梁）的两端可支承于提升架的立柱上，亦可通过托架支承于上下围圈上。外操作平台通常由支承于提升架外立柱的三角挑架与平台铺板组

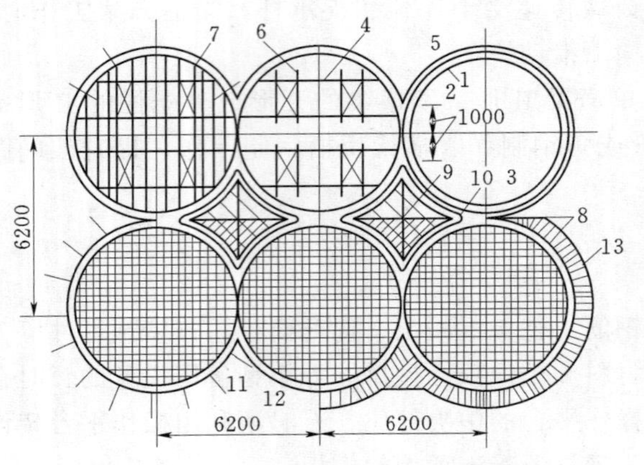

图 5-9　圆形操作平台平面构造图

1—模板；2—围圈；3—提升架；4—平台桁架；5—桁架支托；6—桁架支撑；7—楞木；8—平台板；9—星仓平台板；10—千斤顶；11—人孔；12—三角挑架；13—外挑平台

成，外挑宽度不宜大于 1000mm，在其外侧需设置防杆。

操作平台的桁架或梁、三角挑架及平台铺板等主要构件，需按其跨度和实际荷载情况通过计算确定。当桁架的跨度较大时，桁架间应设置水平和垂直支撑。当利用操作平台作为现浇混凝土顶板的模板时，除应按实际荷载对操作平台进行验算外，尚应考虑与提升架脱离的措施。

2. 吊脚手架

吊脚手架又称下辅助平台或吊架，主要用于检查混凝土的质量、模板的检修和拆卸、混凝土表面修饰和浇水养护等工作。根据安装部位不同，一般分为内、外两种吊脚手架。内吊脚手架可挂在提升架和操作平台的桁架上，外吊脚手架可挂在提升架和外挑三角架上，如图 5-12 所示。

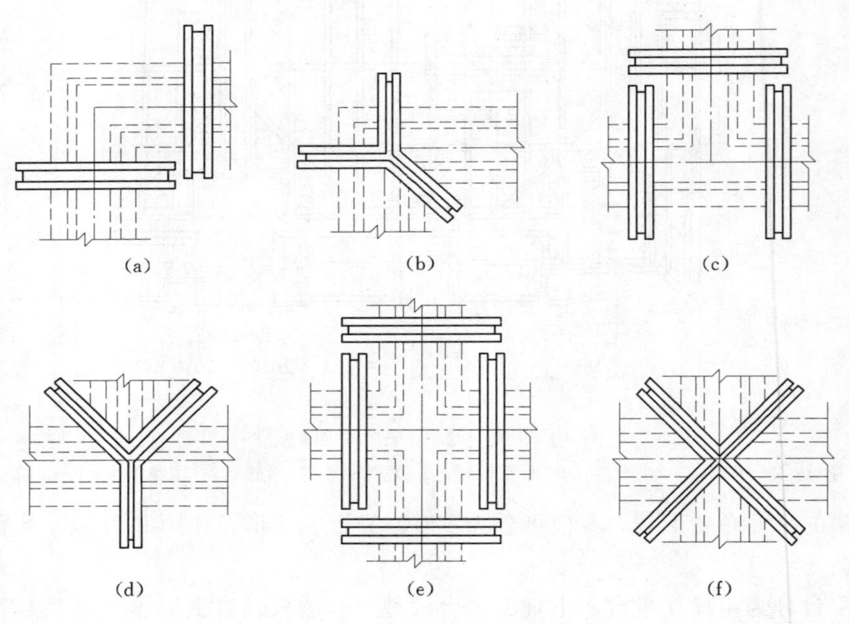

图 5-10　提升架平面布置图

(a) I 形提升架；(b) L 形墙用 Y 形提升架；(c) Ⅱ提升架；(d) T 形墙用 Y 形提升架；(e) 口形提升架；(f) X 形提升架

吊脚手架铺板的宽度亦为 500～800mm，钢吊杆的直径不应小于 16mm，吊杆螺栓必须采用双螺母。吊脚手架的外侧必须设置安全防护栏杆，并应满挂安全网。

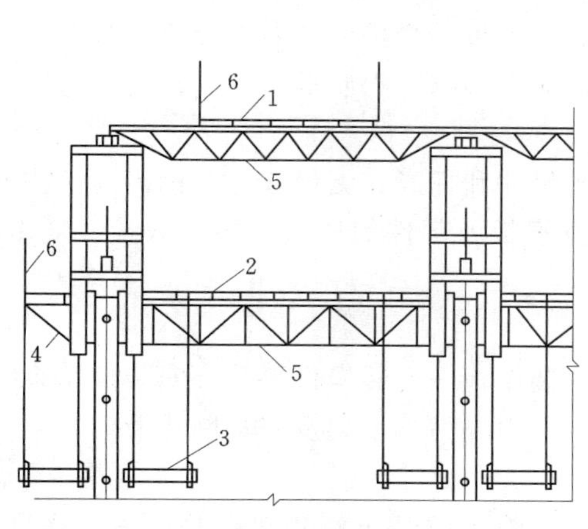

图 5-11 操作平台剖面示意图

1—上辅助平台；2—主操作平台；3—吊脚手架；4—三角挑架；5—承重桁架；6—防护拉杆

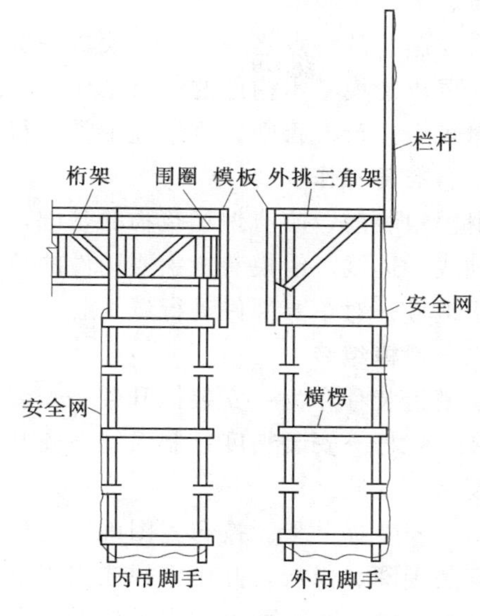

图 5-12 吊脚手架

三、液压提升系统

液压提升系统主要由支承杆、液压千斤顶、液压控制台和油路等部分组成。千斤顶安装在提升架横梁上，支承杆插入千斤顶中心孔中。操作原理：液压控制台将油箱里的油升压，经油路把高压油分配给每个千斤顶，千斤顶带动提升架沿爬杆上升并固定，液压控制台降压使千斤顶中的油顺油路排回油箱，完成一个行程。

支承杆又称爬杆，既是千斤顶向上爬升的轨道，又承受滑模装置的全部荷载。支承杆下端埋置在结构的混凝土中，上端穿过千斤顶中心孔。

支承杆多采用工具式支承杆，以便重复使用，其中利用套管在混凝土中留洞的做法最常见。具体方法是：在支承杆外面套一节钢套管，套管上端固定在提升架的横梁上。当模板滑升时，套管随提升架滑升，在支承杆周围的混凝土中留出一条上下贯通的孔洞，避免支承杆与混凝土粘结。当模板滑升完毕，支承杆可以从孔洞中拔出，逐段拆卸，以备重复使用。

工具式支承杆的套管，一般采用内径稍大支承杆直径（3～5mm）的薄壁钢管制作。有条件时，可以把套管外壁加工成上大下小的锥形，以利于孔洞的形成。套管的下端一般比模板下口高一截，便于滑模组装时在套管的下端放置支承杆的套靴。

弧形闸门的闸墩布设扇形钢筋，提升系统宜采用竖向导轨式。地下竖井的提升系统可采用悬挂式支承杆。

四、施工精度控制系统

精度控制系统包括千斤顶同步控制机构，垂直度、水平度观测仪器，基准标志及测站等。

第三节 滑动模板施工工艺

滑模施工准备工作包括编制施工方案、施工现场准备、施工机具的配备、材料及预埋件准备、劳动组织等。

滑模施工的特点之一，是将模板一次组装好，一直到施工完毕，中途一般不再变化。因此，要求滑模基本构件的组装工作，一定要认真、细致、严格地按照设计要求及有关操作技术规定进行。否则，将给施工带来很多困难，甚至影响工程质量。

一、准备工作

滑模组装前，应清理建筑物的基础，检查基础尺寸和标高；测量放样，标出建筑物的设计轴线、边线、滑模装置主要构件的位置；检查模板各部件的质量，核对数量、规格，并依次编号；对主要部件进行试组装。

二、滑模组装

滑模组装程序为：安装提升架→安装围圈→安装模板→安装操作平台→安装液压系统→安装支承杆→安装精度控制系统→安装下料平台。内外吊脚手架及安全网待滑模升到一定高度后再安装。

（1）安装提升架。按布置图确定的位置就位，提升架立柱下端用垫块垫起适当高度，便于安装围圈、模板，并用木撑或支架临时固定，然后检查架身的垂直度、所有提升架的横梁是否在同一水平面上。支承杆的钢套管应事先用螺栓固定在提升架的横梁下方。

（2）安装围圈。按内上、内下和外上、外下的顺序，将各段围圈依次连接在提升架的支托或弯钩螺栓上，待吊线抄平后，拧紧连接螺栓。各段围圈的接头，用等截面连接板连接。接头两端的螺栓不宜少于两个。

围圈平面位置要准确，并按模板倾斜度的要求，调整好内外围圈之间的净距。

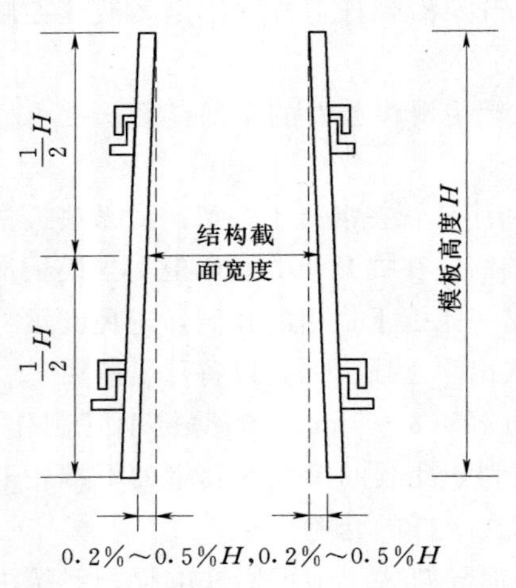

图 5-13 模板倾斜示意图

（3）安装模板。模板安装之前，先将结构底部的钢筋绑扎好（应超过模板高度），先装内模板，后装外模板。模板安装成上口小、下口大。如图 5-13 所示。

单面模板倾斜度一般为模板高度的 0.2%～0.5%，不允许倾斜度过大或过小。倾斜度过大，模板滑升过程中容易漏浆；倾斜度过小，会增加滑升时的摩擦力，甚至将混凝土拉裂。一般使模板 1/2 高度处的净距等于结构截面设计宽度。

（4）安装操作平台。操作平台的承重桁架之间应设支撑，以保证桁架的整体稳定。平台铺板铺钉之前，应先将内吊脚手架的部件运至操作平台下方的基础面上。操作平台的铺板应不低于模板上口，便于混凝土卸料入仓，铺钉铺板时，应留进人孔、采光孔，便于操作人员下到吊脚手架上工作。孔口应设置活动盖板，以保证安全。

（5）安装液压系统。液压系统安装好后，应进行检查验收、千斤顶空载试验、排气。

（6）安装支承杆。第一批插入千斤顶内的支承杆，应取 4 种长度，交错排列，使同一平面的接头数不超过总数的 25%。为了增加支承杆的稳定性，避免支承杆底端基础混凝土压应力过于集中，工具式支承杆下端套一个套靴，如图 5-14 所示。套靴管内，灌一点机油，可防止混凝土与支承杆粘结。

(7) 安装精度控制系统。

(8) 安装下料平台、电梯井架。

(9) 检查组装质量。滑升模板组装完毕，必须按质量标准进行认真检查，发现问题，应及时纠正，并作好记录。

为了便于初升时混凝土易于脱模，在混凝土浇灌前，模板涂刷脱模剂。

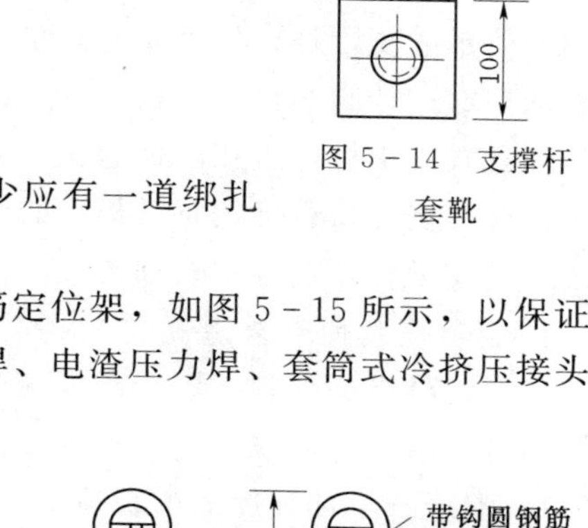

图 5-14　支撑杆套靴

三、滑模施工

1. 钢筋绑扎

钢筋绑扎时，应符合下列规定：

(1) 每层混凝土浇筑完毕后，在混凝土表面至少应有一道绑扎好的横向钢筋。

(2) 竖向钢筋绑扎时，应在提升架顶部设置钢筋定位架，如图 5-15 所示，以保证钢筋位置准确。直径较大的竖向钢筋接头宜采用气压焊、电渣压力焊、套筒式冷挤压接头及锥螺纹接头等新型钢筋接头。

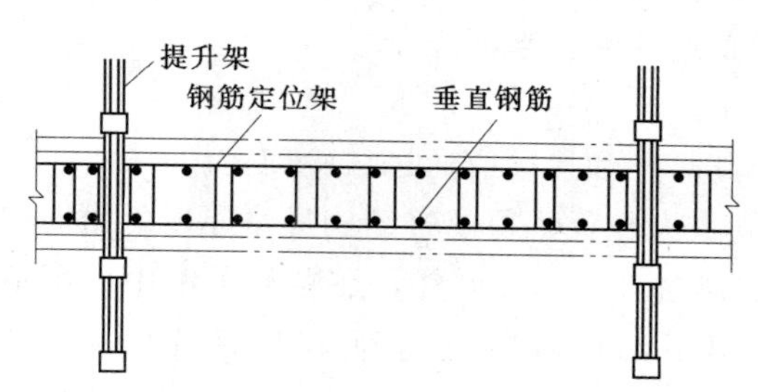

图 5-15　垂直钢筋定位架

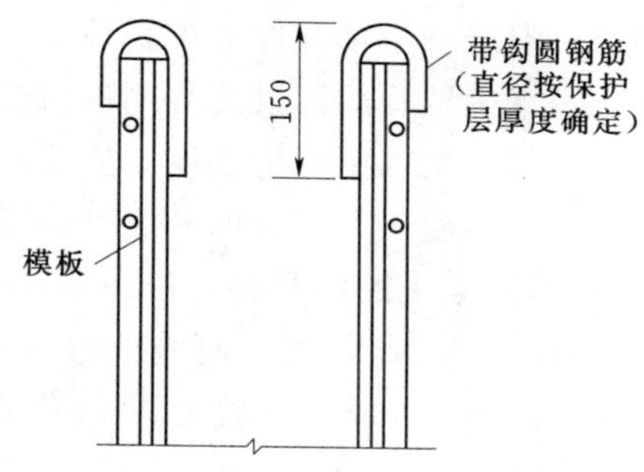

图 5-16　保证钢筋保护层措施

(3) 双层配筋的竖向结构，其中肋应成对并竖立排列，钢筋网片译间应有 A 字形拉结筋或用焊接钢筋骨架定位。

(4) 应有保证钢筋保护层的措施，可在模板上口设置带钩的圆钢筋对保护层进行控制，其直径按保护层的厚度确定，如图 5-16 所示。

(5) 凡带弯钩的钢筋，绑扎时弯钩不得朝向模板面，以防止弯钩卡住模板。

(6) 支承杆作为结构受力钢筋时，其接头处的焊接质量，必须满足有关钢筋焊接规范的要求。

2. 留设预埋件

预埋件的固定，一般可采用短钢筋与结构主筋焊接或绑扎等方法连接牢固，但不得突出模板表面。模板滑过预埋件后，应立即清除表面的混凝土，使其外露，其位置偏差不应大于 20mm。

对于安放位置和垂直度要求较高的预埋件，不应以操作平台上的某点作为控制点，以免因操作平台出现扭转而使预埋件位置偏移。应采用线锤吊线或经纬仪定垂线等方法确定位置。

3．支承杆

对采用平头对接、榫接或螺纹接头的非工具式支承杆，当千斤顶通过接头部位后，应及时对接头进行焊接加固。

用于筒壁结构施工的非工具式支承杆，当通过千斤顶后，应与横向钢筋点焊连接，焊点间距不宜大于500mm。

当发生支承杆失稳、被千斤顶带起或弯曲等情况时，应立即进行加固处理。对兼作受力钢筋使用的支承杆，加固时应满足支承杆受力的要求，同时还应满足受力钢筋的要求。当支承杆穿过较高洞口或模板滑空时，应对支承杆进行加固。

工具式支承杆，可在滑模施工结束后一次拔出，也可在中途停歇时分批拔出。分批拔出时，应按实际荷载确定每批拔出的数量，并不得超过总数的1/4。对墙板结构，内外墙交接处的支承杆，不宜中途抽拔。

4．混凝土的配制与浇筑

（1）混凝土的配制。用于滑模施工的混凝土，除应满足设计所规定的强度、抗渗性、耐久性等要求外，尚应满足下列规定：

1）混凝土早期强度的增长速度，必须满足模板滑升速度的要求。

2）薄壁结构的混凝土宜用硅酸盐水泥或普通硅酸盐水泥配制。

3）混凝土入模时坍落度，应符合设计规定。

4）在混凝土中掺入的外加剂或掺和料，其品种和掺量应通过试验确定。

配制混凝土的粗骨料，最好采用卵石，其最大粒径不得超过结构最小厚度的1/5和钢筋最小净距的3/4，对于墙壁结构，一般不宜超过20mm。另外，在颗粒级配中，可适当加大细骨料的用量，一般要求粒径在7mm以下的细骨料宜达到50%～55%，粒径在0.2mm以下的细骨料宜在5%以上，以提高混凝土的工作度，减少模板滑升时的摩阻力。

5）采用高强度混凝土时，尚应满足流动性、可泵性和可滑性等要求。并应使入模后的混凝土凝结速度与模板滑升速度相适应。混凝土配合比设计初定后，应先进行模拟试验，再作调整。混凝土的初凝时间宜控制在2h左右，终凝时间可视工程对象而定，一般宜控制在4～6h。

（2）混凝土的浇筑。浇筑混凝土前，必须合理划分施工区段，安排操作人员，以使每个区段的浇筑数量和时间大致相等。

5．混凝土振捣

混凝土的振捣应满足下列要求：

（1）振捣混凝土时，振捣器不得直接触及支承杆、钢筋或模板。

（2）振捣器应插入前一层混凝土内，但深度不宜超过50mm。

（3）在模板滑动的过程中，不得振捣混凝土。坍落度较大的混凝土，可用人工振捣；坍落度较小的混凝土，宜用移动方便的小型插入式振捣器振捣。如小型振捣器不易解决，亦可采用普通高频振捣器，但在其头部200mm左右处应作好明显的标志。操作时，严格控制棒头插入混凝土的深度，不得超过标志。

6. 混凝土运输

混凝土的运输，一般可采用井架吊斗或塔吊吊罐，也可直接吊混凝土小车等，将混凝土吊至操作平台上，再利用人工入模浇筑。这种方法需用人工较多，而且运输时间亦较长，不利于滑模的快速施工。有些单位应用混凝土输送泵配合布料杆，解决混凝土的运输和直接入模问题，取得了较好的成果。

7. 滑板滑升

模板的滑升分为初始滑升、正常滑升和完成滑升三个阶段。

（1）模板的初始滑升阶段。模板的初始滑升，必须在对滑模装置和混凝土凝结状态进行检查后进行。初滑时，应将全部千斤顶同时缓慢平稳升起 50～100mm，脱出模的混凝土用手指按压有轻微的指印和不粘手，说明即已具备滑升条件。当模板滑升至 200～300mm 高度后，应稍事停歇，对所有提升设备和模板系统进行全面检查、修整后，即可转入正常滑升。混凝土出模强度宜控制在 0.2～0.4MPa，或贯入阻力值为 0.3～1.05MPa。

（2）模板的正常滑升阶段。正常滑升，其分层滑升的高度应与混凝土分层浇筑的厚度相配合，一般不宜大于 200mm。两次提升的时间间隔不应超过 1.5h。在气温较高时，应增加 1～2 次中间提升，中间提升的高度为 30～60mm，以减少混凝土与模板间的摩阻力。

模板滑升时，应使所有的千斤顶充分地进、排油。提升过程中，如出现油压增至正常滑升滑压值的 1.2 倍时立即检查原因，及时进行处理。

在滑升过程中，操作平台应保持水平。各千斤顶的相对标高差不得大于 40mm，相邻两个提升架上千斤顶的升差不得大于 20mm。

连续变截面结构，每滑升一个浇筑层高度，应进行一次模板收分。模板一次收分量不宜大于 10mm。

（3）模板的完成滑升阶段。模板的完成滑升阶段，又称末升阶段。当模板滑升至距建筑物顶部标高 1m 左右时，滑模即进入完成滑升阶段，此时应放慢滑升速度，并进行准确的抄平和找正工作，以使最后一层混凝土能够均匀地交圈，保证顶部标高及位置的正确。

因气候或其他原因，模板在滑升过程中必须暂停施工时，应采取下列停滑措施：

1）混凝土应浇筑到同一水平面上。

2）模板应每隔 0.5～1h 启动千斤顶 1 次，每次将模板提升 30～60mm，如此连续进行 4h 以上，直至混凝土与横放不会粘结为止，但模板的最大滑升量不得大于模板高度的 1/2。

3）当支承杆的套管不带锥度时，应于次日将千斤顶再提升一个行程。

4）框架结构模板的停滑位置，宜设在梁底以下 100～200mm 处。

8. 混凝土的脱模与养护

（1）混凝土的脱模。为了减小滑模滑动时的摩阻力，在每次浇筑混凝土之前，必须做好模板的清理和涂刷脱模剂等项工作。清理模板时可采用特制的扁铲、钢板网刷或钢丝刷等工具分工序进行，即先用扁铲清掉粘在模板上的较大块混凝土，再用钢板网刷或钢丝刷将模板面彻底刷干净为止。模板清理完毕后，均匀涂刷脱模剂。模板清理的是否彻底，将直接影响混凝土的脱模质量。

(2) 混凝土的养护。脱模的混凝土必须及时进行修整和养护。混凝土开始浇水养护的时间应视气温情况而定。夏季施工时，不应迟于脱模后12h，浇水的次数应适当增加。当气温低于+5℃时，可不浇水，但应用岩棉被等保温材料加以覆盖，并视具体条件采取适当的冬期施工方法进行养护。

9. 滑膜拆除

拆除工作主要是要注意安全问题。在滑升施工前，就要制定出切实可行的拆除方案和安全措施。拆除应组织专门班子。拆除程序：拆除液压系统及平台上的其他附属设备→拆除模板及围圈→拆除内外吊脚手架→拆除操作平台→拆除提升架。若有起重机械，可将围圈与模板、提升架的组合结构拆成几段，吊到地面后再解体，减少高空作业。最后，拔出工具式支承杆。

第四节 斜 面 滑 模

溢流坝的溢流面、溢洪道陡坡、堆石坝混凝土面板均可采用滑模施工，其滑动方向是倾斜的，这类滑模，称斜面滑模。

一、有轨滑模基本构造

斜面滑模由轨道系统、模板系统和牵引系统三部分组成，如图5-17所示。

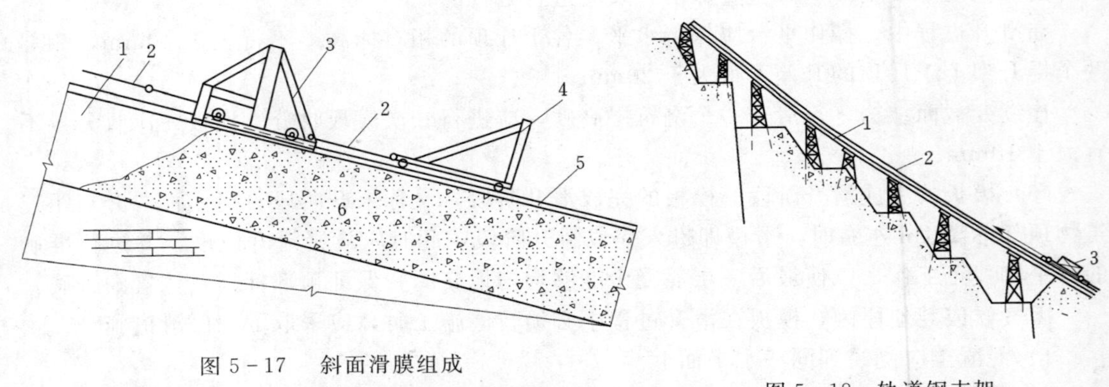

图5-17 斜面滑膜组成

1—混凝土条带；2—钢丝绳；3—模体；4—抹面架；5—轨道；6—溢流面混凝土

图5-18 轨道钢支架

1—方木托梁；2—轨道；3—滑模

1. 轨道系统

轨道系统包括轨道和支架。

轨道一般采用钢轨或工字钢，要求有足够的刚度。曲线型溢流面，轨道需弯成曲线。架立轨道的方法有以下几种：

(1) 溢流面的先浇块，在基座面上放样钻孔，埋设插筋或地脚螺栓，固定轨道支架，在支架上敷设轨道，如图5-18所示。

(2) 堆石坝混凝土面板先浇块，可在已填筑的堆石坡面浇筑混凝土条带，用条带上的预埋件固定轨道，如图5-19所示。

(3) 溢流面的后浇块、堆石坝面板的后浇块的轨道，用先浇块内预埋的套筒螺栓固定。

（4）如先浇闸墩、后浇溢流面时，可在闸墩上埋设预埋件用于固定轨道支架，如图5-20所示。

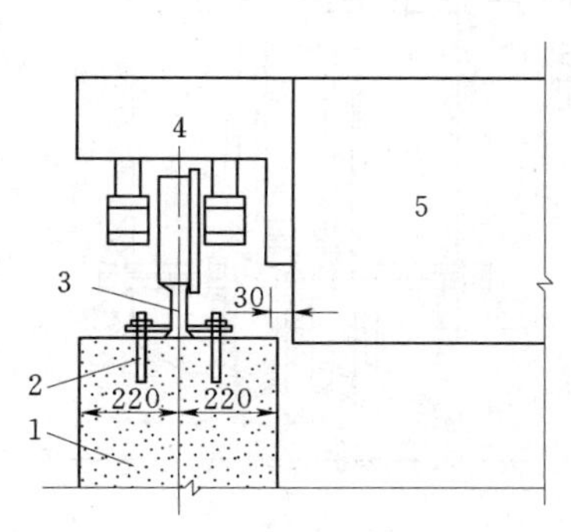

图 5-19 混凝土条带

1—混凝土条带；2—预埋螺栓；3—轨道；4—轮架；5—模体

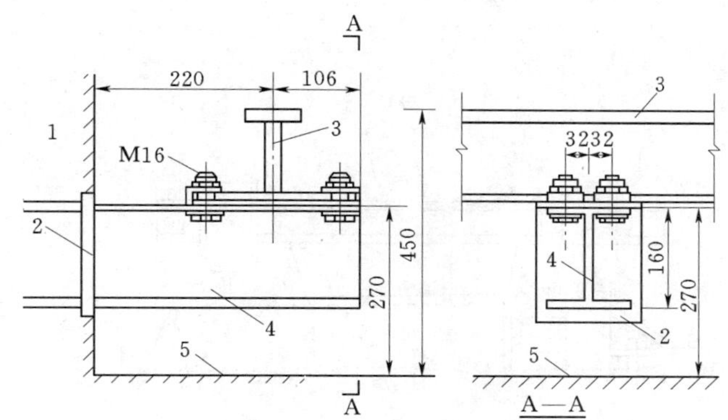

图 5-20 闸墩预埋钢板固定轨道支座

1—闸墩；2—预埋钢板；3—轨道；4—支架；5—溢流面

2．模板系统

模板系统包括模体、操作平台、行走机构、抹面架几部分，如图5-21所示。

（1）模体。模体由主梁、面板组成。主梁既承受模板传来的侧压力、上托力、摩阻力，又承受操作平台传来的施工荷载。模体主梁采用桁架或型钢梁。桁架的横截面一般为矩形，设计成分节组合式结构，使用时，可根据实际需要或溢流面，分缝宽度进行组合。面板固定在桁架下方。模板高度1.0～1.5m，一般采用组合钢模板拼成，有的工程用薄钢板与角钢焊成整体面板。

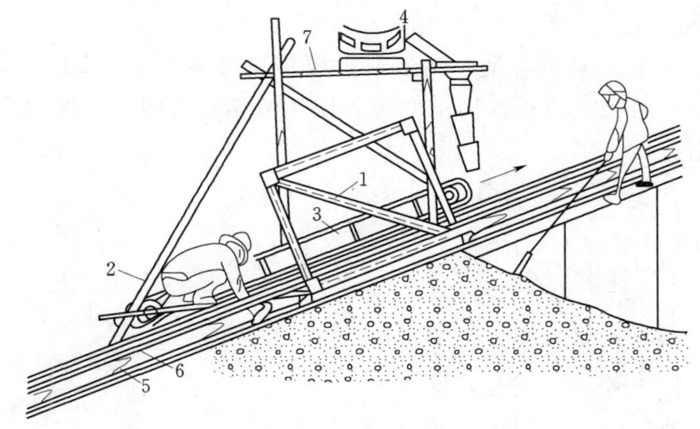

图 5-21 模板系统构造

1—模体；2—抹面架；3—轮架；4—入仓小皮带；5—枕木；6—轨道；7—操作平台

（2）操作平台。在桁架上方搭设操作平台，供混凝土卸料用。

（3）行走机构。行走机构设在桁架两端，由滚轮和型钢加工成轮架，与桁架用螺栓连接成整体，沿轨道滑动。模体桁架与轮架可采用滑套连接，如图5-22所示。滑套连接对轨道轴线中心距的安装精度要求不严，节省轨道安装调整时间。当滑模不宜采用配重方式平衡混凝土上托力时，轮架增设反向轮（图 5 - 23），阻止模体上浮。

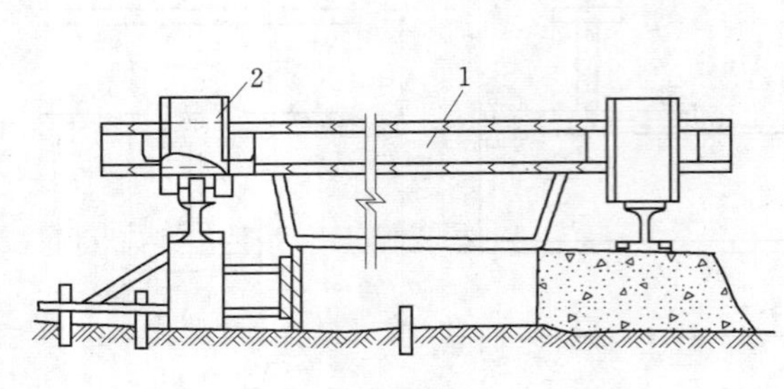

图 5 - 22 滑套连接

1—滑模；2—滑套

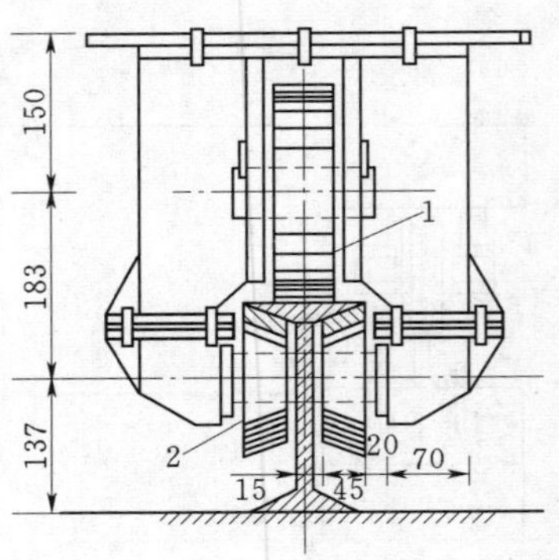

图 5 - 23 设有方向轮的轮架

1—行走轮；2—向轮

(4) 抹面架。抹面架供操作人员对脱模混凝土表面进行抹平和压光用，常吊挂在桁架后面，如图 5 - 24 所示，也有单独组装成台车挂在模体后面，必要时，设前后两个抹面架。

3. 牵引系统

斜面滑模的牵引方式有三种：液压千斤顶牵引、慢速卷扬机牵引和爬轨器牵引。牵引点应设在模体两端。从理论上讲，牵引点应设在下滑力的合力作用点上，牵引方向应与牵引力方向在一条直线上，实践中很难做到这一点，尤其是溢流面施工，牵引力的大小、方向随溢流面曲线而变化，根据实际经验，牵引点一般不得高于模板底面 30cm，牵引方向与轨道切线的夹角应不大于 10°。

如果牵引点及牵引方向不合适，滑升时，模体尾部将上下摆动，脱模混凝土呈波浪形。如牵引点过高，可能造成模体向前倾覆。模体两端应设同步行走调整或控制机构，保证模体两端同步滑升。

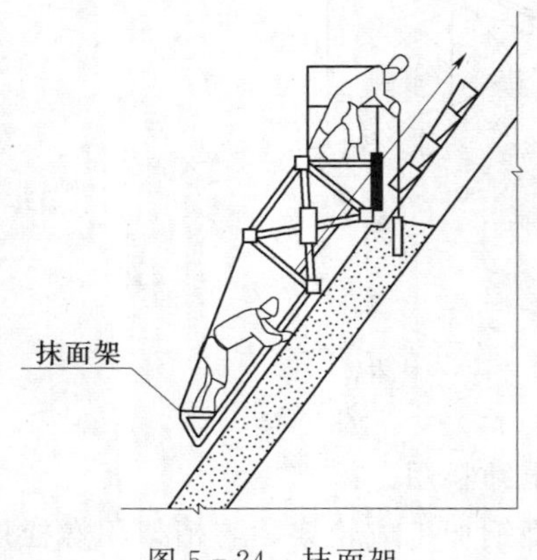

图 5 - 24 抹面架

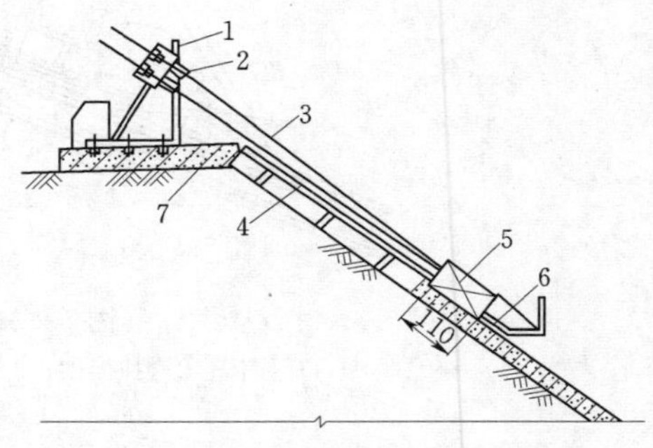

图 5 - 25 千斤顶位置

1—千斤顶支架；2—千斤顶；3—爬杆；4—轨道；5—模体；6—抹面架；7—防浪墙基础

采用液压千斤顶牵引，模体两端各布置一根爬杆。千斤顶位置有两种布置方案：一种是将千斤顶固定在模体上，爬杆穿过千斤顶，爬杆的上端固定在坡顶的地锚上，千斤顶沿爬杆向上爬升；另一种是在坡顶设置千斤顶架，将千斤顶固定在千斤顶架上，爬杆穿过千斤顶，下端与模体连接，如图 5－25 所示。如果牵引力较大，可增加千斤顶和爬杆的数量。

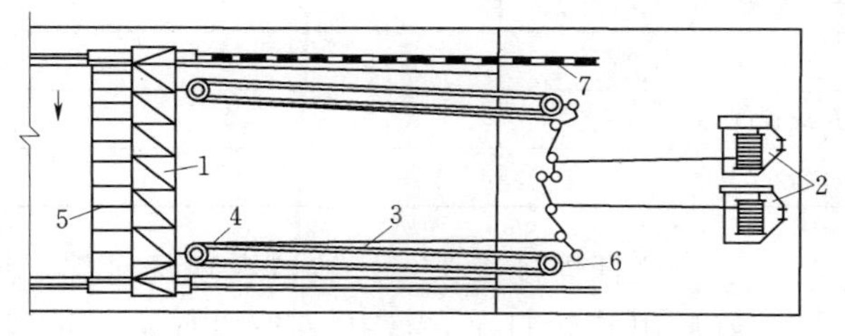

图 5－26 卷扬机牵引

1—滑模；2—5t 卷扬机；3—钢丝绳；4—10t3 门滑车；5—抹面架；6—地锚；7—轨道

斜面滑模的爬杆，一般采用 ϕ25mm、ϕ28mm 的 A3 圆钢加工。接长的方法采用焊接或丝扣连接。为了减少接头数量，单根爬杆尽量选长一些的圆钢加工。

慢速卷扬机牵引，如图 5－26 所示。如果滑升前方不便布置卷扬机，可将卷扬机布置在滑模施工段的后方或侧边，利用转向轮转向。

爬轨器如图 5－27 所示。爬轨器沿轨道爬升，不需要爬杆。曲线型溢流面采用爬轨器牵引，其顶力方向与轨道切线方向几乎一致，能保证溢流面曲线光滑平顺；另外，爬轨器的上下爬钳均能自行锁定，使处在陡坡上的滑模装置安全可靠。

二、有轨滑模施工工艺

先清理作业面，按施工组织设计的布置测量放样，标出轨道中心线、轨道支架的位置、标高。轨道间距，根据面板分缝情况确定，一般在 20m 以内，如分缝情况不便布置轨道，可与设计部门商量，要求修改分缝位置。支架的间距应与轨道的分节长度一致，保证轨道接头均落在支架支承板上，轨道的分节长度一般为 4～6m。

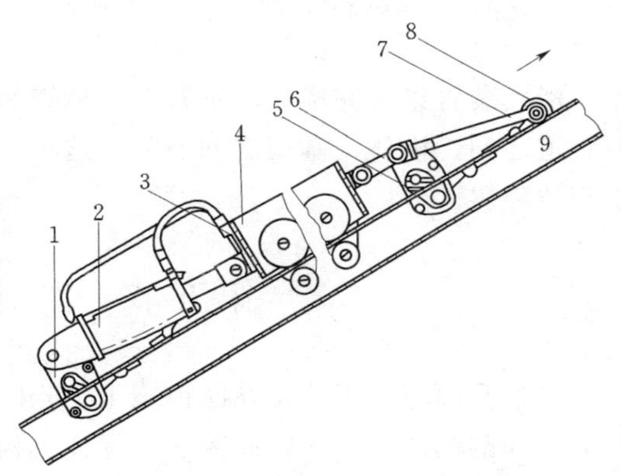

图 5－27 爬轨器

1—下爬钳；2—油缸；3—输油管；4—滑模；5—上爬钳；6—下拉杆；7—上拉杆；8—拉簧支承；9—轨道

当支架较高时，宜采用钢支架；支架较矮时，可采用钢筋混凝土支墩，其强度等级应不低于面板混凝土强度等级。溢流面施工的支架，应便于轨道拆除后的切除及抹平处理。

施工过程中，溢流面的线型、面板的厚度，主要由轨道控制，因此，轨道安装必须严格按滑模设计要求进行。为了便于轨道安装达到规定的精度要求，可采用可以升降的支座来固定轨道。如图 5—28 所示。

轨道的接头必须平顺，不允许有突变。轨道安装完毕必须进行检查验收。

滑模装置组装以前，将牵引系统的地锚埋设好，坡顶千斤顶架或卷扬机安装就绪。

滑模的组装程序为：模体→牵引机具→操作平台→辅助设施。组装质量应满足表 5－1 的规定。

表 5-1 **组装滑模的允许偏差**

序号	项目	允许偏差（mm）
1	轮距	±3
2	轮轴中心至面板表面距	±2
3	面板总长	±5
4	面板对角线长度	±7
5	面板错台	1

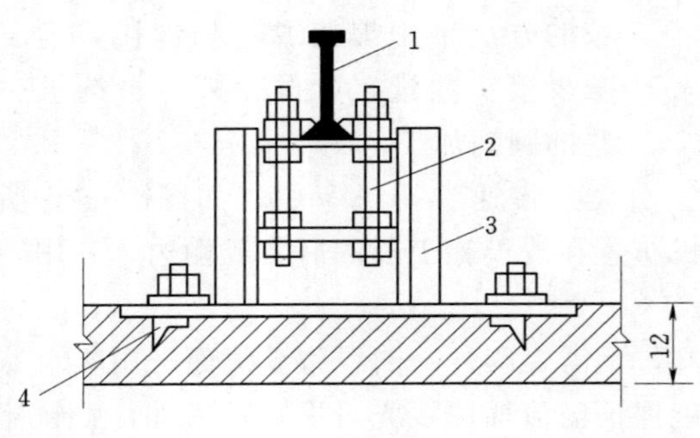

图 5-28 可调升降支座
1—轨道；2—微调螺栓；3—立柱；4—预埋角钢

爬杆焊接接头，打坡口在现场对焊，焊好后用砂轮打平，丝扣接头如有错台情况，也需用砂轮磨平顺。

模体两端的第一根爬杆应不一样长，使两端爬杆的接头不在同一横截面上。爬杆应做整根受拉试验。

因爬杆沿溢流纵向安装，为避免爬杆拉直时被基底混凝土或钢筋顶住产生弯曲变形，可在适当的部位将爬杆撑高、加固，撑高时，注意不要使爬杆转折角太大，影响爬杆受力。

滑模装置组装完毕，应进行全面检查和空载试滑，检查牵引系统运行情况，检查模体与轨道之间、模体与基底之间空隙。这项工作一定要进行，便于发现问题，为下步滑升施工扫清障碍。

第五节 滑框倒模施工

滑框倒模施工工艺是在滑模施工工艺的基础上发展而成的一种施工方法。这种方法兼有滑模和倒模的优点，因此，易于保证工程质量。但由于操作较为烦琐，因而施工中劳动量较大，速度略低于滑模。

一、滑框倒模的组成与基本原理

（1）滑框倒模施工工艺的提升设备和模板装置与一般滑模基本相同，亦由液压控制台、油路、千斤顶及支承杆和操作平台、围圈、提升架、模板等组成。

（2）模板不与围圈直接挂钩，模板与围圈之间增设竖向滑道，滑道固定于围圈内侧，可随围圈滑升。滑道的作用相当于模板的支承系统，既能抵抗混凝土的测压力，又可约束模板位移，且便于模板的安装。滑道的间距按模板的材质和厚度决定，一般为 300～400mm；长度为 1～1.5m，可采用内径 25～40mm 钢管制作。

（3）模板在施工时与混凝土之间不产生滑动，而与滑道之间相对滑动，即只滑框，不滑模。当滑道随围圈滑升时，模板附着于新浇灌的混凝土表面留在原位，待滑道滑升一层模板高度后，即可拆除最下一层模板，清理后，倒至上层使用。如图 5-29 所示。

模板的高度与混凝土的浇灌层厚度相同，一般为500mm左右，可配置3～4层。模板的宽度，在插放方便的前提下，尽可能加大，以减少竖向接缝。

模板应选用活动轻便的复合面层胶合板或双面加涂玻璃钢树脂面层的中密度纤维板，以利于向滑道内插放和拆模、倒模。

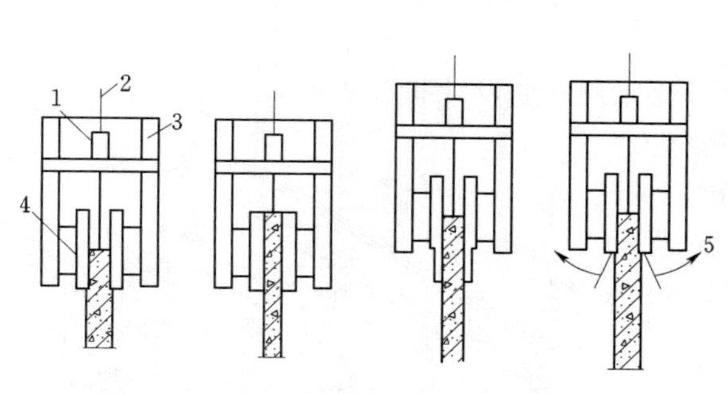

图5-29 滑框倒模示意图

1—千斤顶；2—支承杆；3—提升架；4—滑道；5—向上倒模

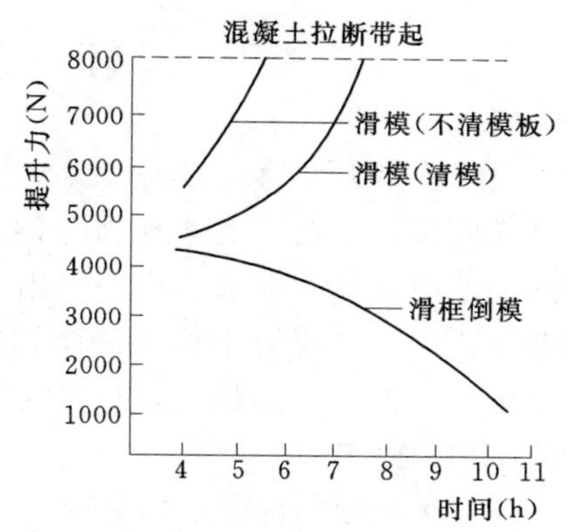

图5-30 滑框倒模与滑模提升阻力模拟试验

二、滑框倒模工艺的特点

(1) 滑框倒模工艺与滑模工艺的根本区别在于：由滑模时模板与混凝土之间滑动，变为滑道与模板滑动，而模板附着于新浇筑的混凝土面而无滑移。因此，模板由滑动脱模变为拆倒脱模。与之相应，滑升阻力也由滑模施工时模板与混凝土之间的摩擦力，改为滑框倒模时的模板与滑道之间的摩擦力。模拟试验说明，滑框倒模施工时摩擦力的数值，不仅小于滑模时的摩阻力，而且随混凝土硬化时间的延长呈下降趋势，如图5-30所示。

(2) 滑框倒模工艺只需控制滑道脱离模板时的混凝土强度下限大于0.05MPa，不致引起混凝土坍塌和支承杆失稳，保证滑升平台安全即可。不必考虑混凝土硬化时间延长造成的混凝土黏模、拉裂等现象，给施工创造很多便利条件。

(3) 采用滑框倒模工艺施工有利于清理模板、涂刷隔离剂，以防止污染钢筋和混凝土；同时可避免滑模施工容易产生的混凝土质量通病（如蜂窝麻面、缺棱掉角、拉裂及粘模等）。

(4) 施工方便可靠。当发生意外时，可在任何部位停滑，而无需考虑滑模工艺所采取的停滑措施，同时也有利于插入梁板施工。

(5) 可节省提升设备投入。由于滑框倒模工艺的提升阻力远小于滑模工艺的提升阻力，相应地可减少提升设备。与滑模相比，可节省1/6的千斤顶和15%的平台用钢量。

(6) 采用滑框倒模工艺进行高层建筑施工时，其楼板等横向结构的施工以及水平、垂直度的控制，与滑模工程基本相同。

第六章 大 模 板

第一节 大模板概况

大模板是大型模板与大块模板的简称，是采用专业设计和工业化加工制作而成的一种工具式模板，一般与支架连为一体。它具有安装和拆除方便、尺寸准确、板面平整及周转使用次数多等特点，主要用于剪力墙结构或框架—剪力墙结构中的剪力墙的施工，也可用于筒体结构中竖向结构的施工。

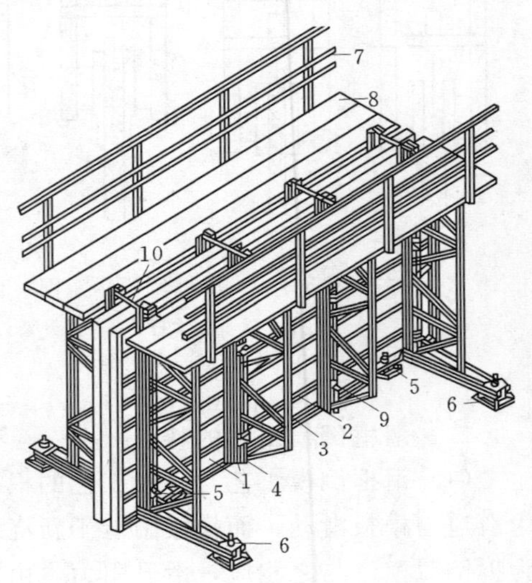

图 6-1 大模板构造示意图

1—面板；2—水平肋；3—支撑桁架；4—竖肋；5—水平调整装置；6—垂直调整装置；7—栏杆；8—脚手板；9—穿墙螺栓；10—固定卡具

一、大模板的种类及构造

大模板由面板、骨架、支撑系统、操作平台及附件组成，如图 6-1 所示。

（一）外墙大模板

用于全现浇大模板剪力墙结构建筑的外墙模板，可以采用与内墙模板相同的材料和形式加工，但由于它所处的特殊部位，因此在构造上与内墙模板有所不同。

全现浇剪力墙结构工程的外墙大模板，一般由内侧和外侧两片模板组成，其内侧大模板可采用与内墙模板相同的做法。外侧模板的构造则不同，具体见表 6-1。

表 6-1　　外墙大模板外侧模板的构造

序号	项　目	内　　容
1	外墙模板尺寸	宽度：比内侧模板多出一个内墙的厚度。 高度：比内侧模板下端多出 10～15cm，以使模板下部与外墙面贴紧，形成导墙，防止漏浆
2	门窗洞口设置	(1) 将门窗洞口部位的模板骨架取掉，按门窗洞口的尺寸，在骨架上做一边框，与大模板焊接为一体，如图 6-2 所示。门窗洞口宜在内侧大模板上开设，以便在振捣混凝土时便于进行观察； (2) 保存原有的大模板骨架，将门窗洞口部位的钢板面取掉。同样做一个型钢边框，并采取散支散拆或板角结合做法，如图 6-3 所示。做法是：门窗洞口各侧面做成条形模板，用铰链固定在大模板骨架上。各个角部用钢材做成专用角模。支模时用钢筋钩将各片侧模支撑就位，然后安装角模，角模与侧模采用企口缝搭接
3	支设平台	外墙外侧大模板在有阳台的部位，可以支设在阳台上，但要注意调整好水平标高。在没有阳台的部位，要搭设支模平台架，将大模板搭设在支模平台架上。支模平台架由三角挂架、平台板、安全护身栏和安全网组成。三角挂架是承受大模板和施工荷载的部件，其杆件用 2 ∟50×5 焊接而成。每个开间设置两个，用∟40 的螺栓挂钩固定在下层的外墙上，如图 6-4 所示

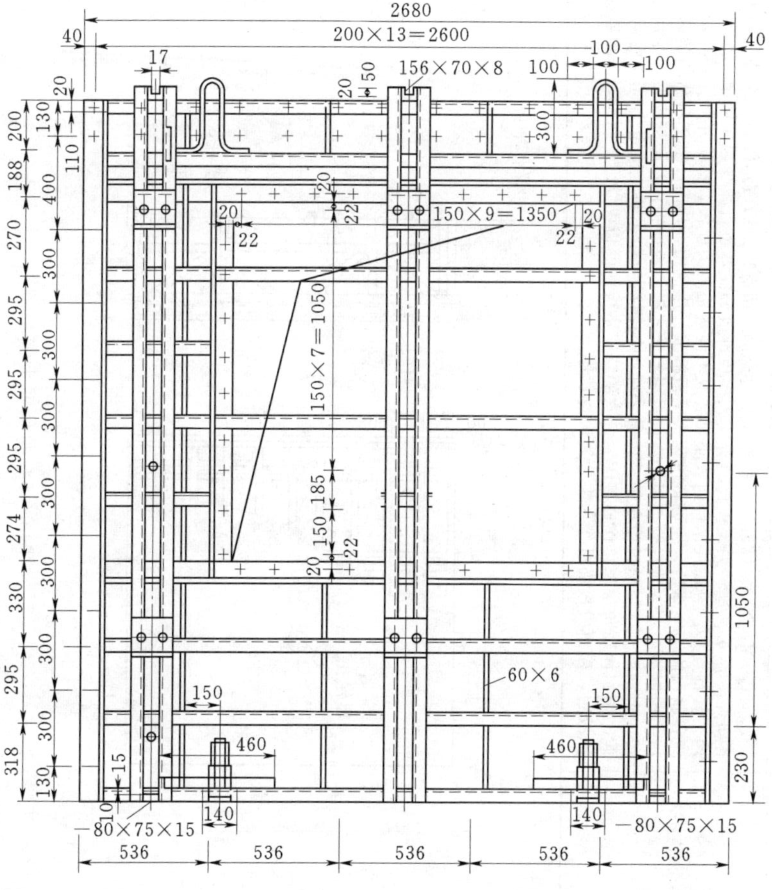

图 6-2 外墙大模板门窗洞口做法

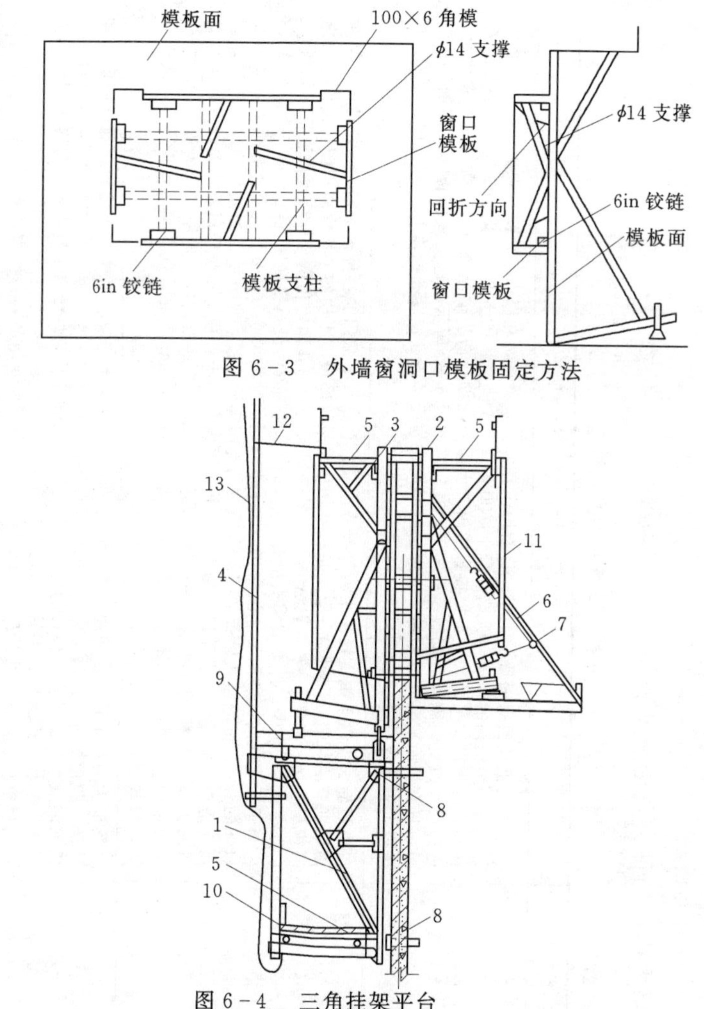

图 6-3 外墙窗洞口模板固定方法

图 6-4 三角挂架平台

1—三角挂架；2—外墙内侧大模板；3—外墙外侧大模板；4—护身栏；5—操作平台；6—防侧移撑杆；7—防侧移花篮螺栓；8—∟形螺栓挂钩；9—模板支承滑道；10—下层吊笼；11—上人爬梯；12—临时拉结；13—安全网

(二) 内墙大模板

内墙大模板的种类及构造见表 6－2。

表 6－2 内墙大模板的种类及构造

序号	类型	构造说明
1	整体式大模板	这类模板是按每面墙的大小，将面板、骨架、支撑系统和操作平台组拼焊成整体。其特点是：每一层结构的横墙与纵墙混凝土必须要分 2 次浇筑，工序多，工期长，且横、纵墙间存在垂直施工缝。另外，这类模板只适用于大面积标准化剪力墙结构施工，如果结构的开间、进深尺寸改变，则需另配制模板施工，其构造如图 6－5 所示。这类大模板多采用钢板作面板，具有板面平整光洁、易于清理、耐磨性好等特点，且强度和刚度良好，可周转使用 200 次以上，比较经济
2	组合式大模板	由板面、支撑系统、操作平台等部分组成，它是目前常用的一种模板形式。这种模板是在横墙平模的两端分别附加一个小角模和连接钢板，即横墙平模的一端焊扁钢作连接件与内纵墙模板连接，如图 6－6 节点 A 所示；另一端采用长销孔固定角钢与外墙模板连接，如图 6－6 节点 B，以使内、外纵墙模板组合在一起，实现能现时浇筑纵横墙混凝土的一种新型模板。 为了适应开间、进深尺寸的变化，除了以常用的轴线尺寸为基数作为基本模板外，还另配以 30cm、60cm 的竖条模板，与基本模板端部用螺栓连接，做到能使大模板的尺寸扩展，因而能适应不同开间、进深尺寸的变化。板面系统由面板、横肋和竖肋以及竖向（或横向）龙骨所组成，如图 6－6 所示。面板通常采用 4～6mm 的钢板，也可选用胶合板等材料。横肋一般采用[8 槽钢，间距 280～350mm；竖肋一般用 6mm 扁钢，间距 400～500mm，使板面能双向受力
3	筒形大模板	筒形大模板是将一个房间或电梯井的 2 道、3 道或 4 道现浇墙体的大模板，通过固定架和铰链、脱模器等连接件组成一组大模板群体。它的特点是一个房间的模板整体吊装和拆除，因而能减少塔吊吊次；模板的稳定性能好，不易倾覆。缺点是自重较大，堆放时占用施工场地大，拆模时需落地，不易在楼层上周转使用。 筒形模板有：模架式筒形模（图 6－7），这是较早使用的一种筒模，通用性较差。组合式铰接筒模（图 6－8），在筒模四角采用铰接式角模与大模板相连，利用脱模器开启，完成模板支拆。电梯井筒模（图 6－9），是将模板与提升机及支架结合为一体，可用于进深为 2～2.5m、开间为 3m 的电梯井施工
4	拼装式大模板	将面板、骨架、支撑系统以及操作平台全部采用螺栓或销钉连接固定组装成的大模板，如图 6－10 所示，这种大模板比组合式大模板拆改方便，也可减少因焊接面产生的模板变形问题，其特点是：可以根据房间大小拼装成不同规格的大模板，适应开间、轴线尺寸变化的要求；结构施工完毕后，还可将拼装式模板拆散另作他用，从而减少工程费用的开支。面板可以采用钢板或木（竹）胶合板，亦可采用组合式钢模板或钢框胶合板模板。采用组合式钢模板或者钢框胶合板模板作面板，以管架或型钢作横肋和竖肋，用角钢（或槽钢）作上下封底，用螺栓和角部焊接作连接固定。它的特点是板面模板可以因地制宜，就地取材。大模板拆散后，板面模板仍可作为组合钢模板使用

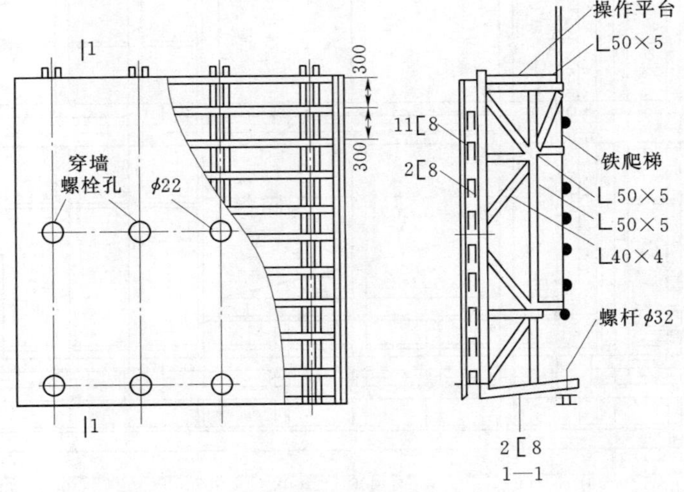

图 6－5 整体式大模板

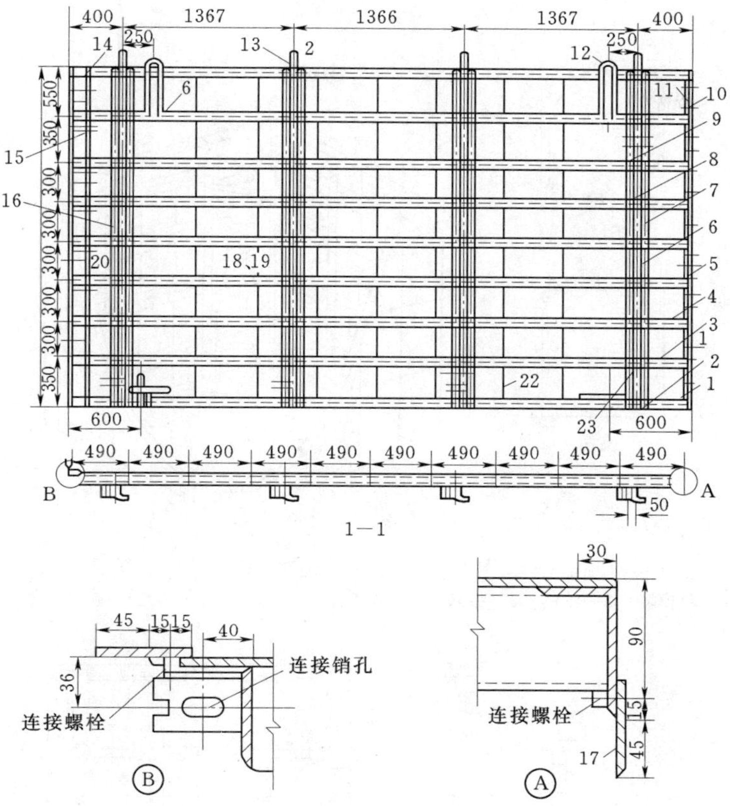

图 6-6 组合式大模板板面系统构造（单位：mm）

1—面板；2—底横肋（横龙骨）；3、4、5—横肋（横龙骨）；6、7—竖肋（竖龙骨）；8、9、22、23—小肋（扁钢竖肋）；10、17—拼缝扁钢；11、15—角龙骨；12—吊环；13—上卡板；14—顶横龙骨；16—撑板钢管；18—螺母；19—垫圈；20—沉头螺钉；21—地脚螺栓

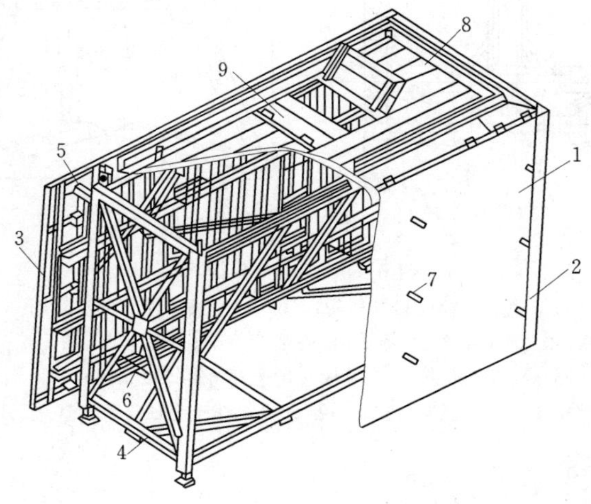

图 6-7 模架式筒形大模板

1—模板；2—内角模；3—外角模；4—钢架；5—挂轴；6—支杆；7—穿墙螺栓；8—操作平台；9—进出口

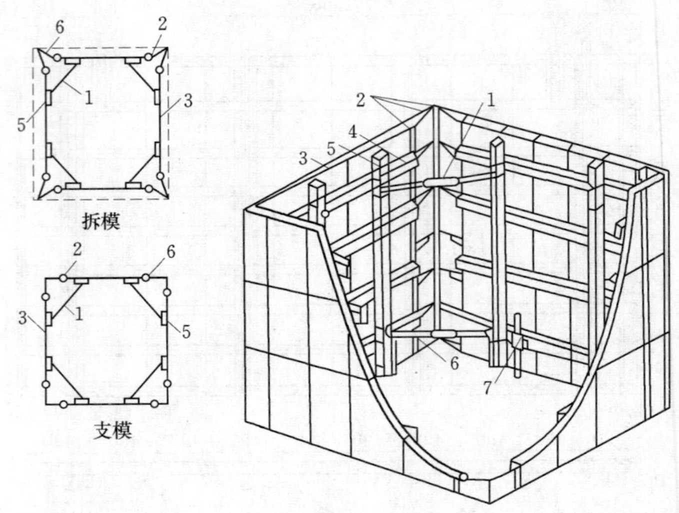

图 6-8 组合式铰接筒模

1—脱模器；2—铰链；3—模板；4—横龙骨；5—竖龙骨；6—三角铰；7—支脚

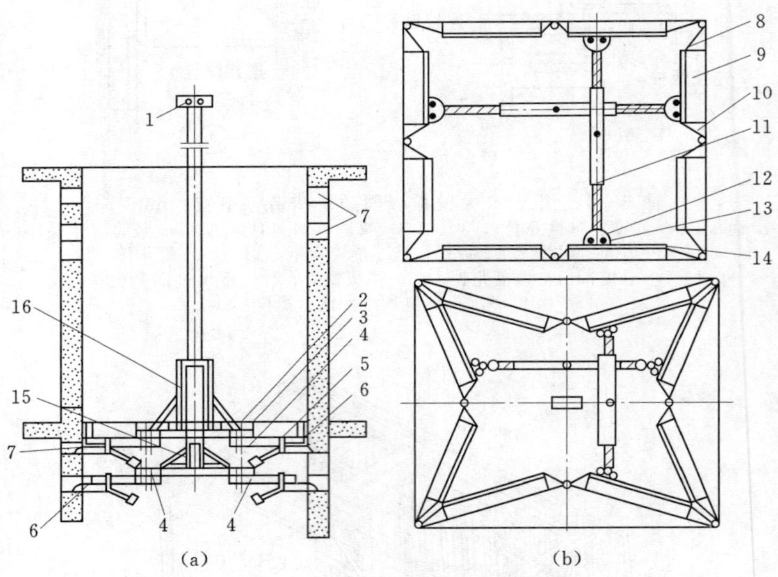

图 6-9 电梯井筒模

(a) 电梯井筒模自升机构；(b) 自升式筒模支拆示意图

1—吊具；2—面板；3—方木；4—托架调节梁；5—调节丝杆；6—支腿；7—支腿洞；8 四角角膜；9—模板；10—直角形铰接式角；11—退模器；12—3 型扣件；13—竖龙骨；14—横龙骨；15—立柱支架；16—筒模托架

二、大模板材料要求

（一）主要材料规格

大模板的材料规格要求见表 6-3。

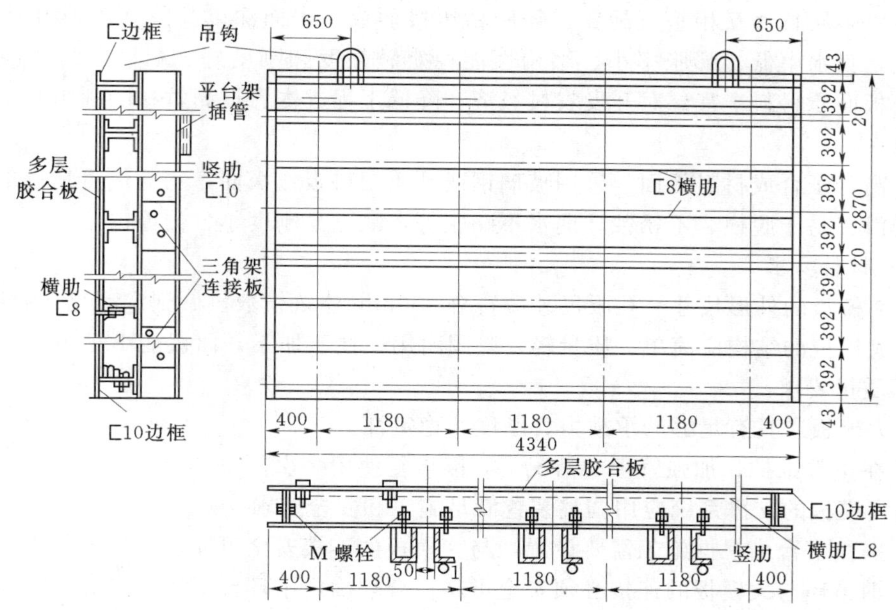

图 6-10　拼装式大模板（单位：mm）

表 6-3　主要材料规格表

大模板类型	面板	竖肋	背楞	斜撑	挑架	对拉螺栓
全钢大模板	6mm 钢板	[8	[10	[8、φ40	φ48×3.5	M30、T20×6
钢木大模板	15～18mm 胶合板	80×40×2.5	[10	[8、φ40	φ48×3.5	M30、T20×6
钢竹大模板	12～15mm 胶合板	80×40×2.5	[10	[8、φ40	φ48×3.5	M30、T20×6

（二）大模板板面材料

大模板的板面是直接与混凝土接触部分，要求表面平整，有一定刚度，能重复使用多次。

（1）整块钢板面。整块钢板面通常采用 4～6mm 的钢板拼焊而成，优点是能承受较大的混凝土侧压力及其他施工荷载，具有良好的刚度及强度。重复使用次数多，一般可周转使用 200 次以上，因此比较经济。此外，由于钢板面平整光洁，容易清理，耐磨性能好，这些均有利于提高混凝土的表面质量。缺点是耗钢量大、重量大（40kg/m^2）、易生锈、不保温和损坏后不易修复等。

（2）组合钢模板组拼板面。这种面板的优点是具有一定的强度和刚度，自重较整块钢板面要轻（35kg/m^2）等，缺点是拼缝较多，整体性差，浇筑的混凝土表面不够光滑，周转使用次数也不如整块钢板面多。

（3）多层胶合板板面。采用多层胶合板，用螺丝固定于板面结构上。其优点是胶合板货源广泛，价格便宜，板面平整，易于更换，同时还具有一定的保温性能。但存在周转使用次数少的缺点。

（4）覆膜胶合板板面。以多层胶合板作基材，表面敷以聚氰胺树脂薄膜，具有表面光滑、防水、耐磨、耐酸碱、易脱模（在前 8 次使用中可以不刷脱膜剂）等特点。

(5) 以多层竹片互相垂直配置，经胶粘压接而成。表面涂以酚醛薄膜或其他覆膜材料。优点是吸水率低、膨胀率小、结构性能稳定、强度和刚度好、耐磨、耐腐蚀、阻燃等。此类板面原材料丰富，对开发农村经济、降低工程成本、提高竹材的利用率，都具有一定的意义。

(6) 高分子合成材料板面。采用玻璃钢或硬质塑料板作板面，它的优点是自重轻、表面平整光滑、易于脱模、不锈蚀、遇水不膨胀等，缺点是刚度小、怕撞击。

(三) 材料要求

(1) 大模板的外形尺寸、孔眼尺寸应符合 300mm 建筑模数，做到定型化、通用化。

(2) 大模板的结构应简单、质量轻、坚固耐用、便于加工，面板能满足现浇混凝土成型和表面质量要求。

(3) 大模板应具有足够的承载力、刚度和稳定性。

(4) 在正常维护、加强管理的情况下，能重复使用多次。

(5) 大模板的支撑系统应用调整装置满足施工和安全要求。

(6) 操作平台可根据施工需要设置，与大模板的连接安全可靠、装拆方便。

(7) 钢吊环与大模板的连接必须安全可靠，合理确定吊环位置。

(8) 大模板应配有承受混凝土侧压力、控制墙体厚度的对拉螺栓及其连接件。大模板上的对拉螺栓孔眼应左右对称设置，以满足通用性要求。

(9) 电梯井筒模必须配套设置专用平台，以确保施工安全。

(10) 大模板背面应设置工具箱，满足对拉螺栓、连接件及工具的放置。

三、大模板配置方法

(一) 按建筑物的平面尺寸确定模板型号

根据建筑设计的轴线尺寸，确定模板的尺寸，凡外形尺寸和节点构造相同的模板均为同一种型号。当节点相同，外形尺寸变化不大时，可以用常用的开间、进深尺寸为基准模板，另以适当尺寸配模板条。每道墙体由两片大模板组成，一般可采用正反号表示。同一侧墙面的模板为正号，另一侧墙面用的模板则为反号，正反号模板数量相等，以便于安装时对号就位。

(二) 根据流水段大小确定模板数量

常温条件下，大模板施工一般每天完成一个流水段，所以在考虑模板数量时，必须以满足一个流水段的墙体施工来确定。

另外，在考虑模板数量时，还应考虑特殊部位的施工需要。如电梯间以及山墙模板的型号和数量。

(三) 根据开间、进深、层高确定模板的外形尺寸

1. 模板高度

模板高度与层高及楼板厚度有关，可以通过式 (6-1) 计算

$$H = h - h_1 - c_1 \tag{6-1}$$

式中 H——模板高度，mm；

h——楼层高度，mm；

h_1——楼板厚度，mm；

c_1——余量，考虑找平层砂浆厚度、模板安装不平等因素而采用的一个常数，通常取 20～30mm。

2. 横墙模板的长度

与房间进深轴线尺寸、墙体厚度及模板搭接方法有关，按式（6-2）确定

$$L_1 = l_1 - l_2 - l_3 - c_2 \tag{6-2}$$

式中 L_1——横墙模板长度，mm；

l_1——进深轴线尺寸，mm；

l_2——外墙轴线至内墙皮的距离，mm；

l_3——内墙轴线至墙面的距离，mm；

c_2——为拆模方便设置的常数，一般为 50mm，此段空隙用角钢填补，mm。

3. 纵墙模板的长度

与开间轴线尺寸、墙体厚度、横墙模板厚度有关，按式（6-3）确定

$$L_2 = l_4 - l_5 - l_6 - c_3 \tag{6-3}$$

式中 L_2——纵墙模板长度，mm；

l_4——开间轴线尺寸，mm；

l_5——内横墙厚度。如为端部开间时，尺寸为内横墙厚度的 1/2 加山墙轴线到内墙皮的尺寸；

l_6——横墙模板厚度×2；

c_3——模板搭接余量，为使模板能适应不同墙体的厚度而取的一个常数，通常为 40mm。

四、大模板的混凝土浇筑

（一）强度的要求

墙体混凝土除了要符合设计的强度等级要求外，还应满足流水施工的需要，在规定时间内拆模强度应大于 1N/mm^2，安装楼板强度应大于 4N/mm^2，安排施工进度要考虑这些指标，施工中要制作同条件养护试块以检验拆模和安装楼板的强度。当墙体混凝土强度等级为 C15～C20 时，在常温下，一般养护 8～10h，即可达到拆强度，36～48h 能达到安装楼板时所需的强度。

（二）表面平整的要求

大模板工程墙面一般不抹灰，直接批腻子喷浆，因此施工中要保证墙面的平整与光洁，不应有蜂窝麻面和密集气泡。要在墙体厚度薄、浇筑高度大的情况下保证墙面平整光洁，故不宜采用干硬性混凝土，且坍落度要比普通混凝土稍大。为避免大高度浇筑引起混凝土离析，应适当增加混凝土的砂率。

（三）工艺性能的要求

由于墙体厚度薄，浇筑高度大，表面质量有严格要求，因此，混凝土坍落度以 4～6cm 为宜，不宜采用干硬性混凝土。

（1）混凝土浇筑前对组装的大模板及预埋体、节点钢筋等进行一次全面的检查，如发现问题，应及时校正。

（2）工地拌制混凝土必须按季节选用试验室预先设计的混凝土级配，宜加入木质素磺

酸钙减水剂，混凝土坍落度控制在 6～10cm。

（四）浇筑方法

（1）混凝土搅拌后，即运送到料斗内，由塔式起重机将料斗吊到大模板上口，直接灌入大模板内。为了防止混凝土落到底部时产生离析现象和对大模板产生过大的冲击力而增加模板的侧压力，应采用漏斗或导管。

（2）混凝土开始浇筑前，应先浇一层 5cm 左右、与混凝土内砂浆成分相同的砂浆，然后分层浇筑。每层浇筑厚度不得超过 60cm；对内浇外砖结构四大角构造柱的混凝土，每层浇筑厚度不得超过 30cm。

（3）混凝土浇筑顺序应先从第三、第二轴线开始，然后进行第一轴线及其他轴线的混凝土浇筑。浇筑必须分皮进行，第一皮 30～40cm，宜用人工铲入，这皮混凝土振平以后才可再倒入混凝土，边振边浇，一次可达模板口下 30～40cm，最后一皮也宜用人工铲入振实抹平。

（4）浇筑门、窗洞口两侧混凝土时，应注意要在门、窗孔的正上方下料，使两侧均匀受料并同时振捣，以避免门、窗洞模板发生偏移。

（5）当墙体连续浇筑时，一道墙的浇筑时间约 30min。若在整个流水段内数道墙均布浇筑时，上下两层混凝土浇筑间隔时间不应超过混凝土初凝时间。每浇一层混凝土都要用插入式振动器振捣到翻浆不冒气泡为止。振捣应选用频率高、振幅大的振动器，振捣时用力要均匀，墙板内钢筋较密部位及内外墙交接节点处应进行插捣，以保证墙板质量。

（6）混凝土浇筑时应连续作业，不留施工缝。如必须留施工缝时，宜设置在门窗洞口上或外墙楼梯间和横隔墙相交处，并放坡留缝，不设挡板。

（7）每浇筑一楼层混凝土，应做不少于两组的混凝土试块，分别作为拆模、装楼板及最后混凝土强度的依据。

（8）冬季施工可以采用综合蓄热法、电热毯养护法等，以保证工程质量和施工进度。

五、大模板工程质量标准

大模板工程质量标准见表 6-4。

表 6-4　　大模板工程质量标准

序　号	项　　目	允许偏差（mm）	检 查 方 法
1	外墙板垂直	±5	用 2m 靠尺检查
2	外墙板位移	±5	尺检
3	内墙垂直	±5	用 2m 靠尺检查
4	内墙表面平整	±4	用 2m 靠尺检查
5	内墙上口宽度	±2	尺检
6	内墙轴线位移	±10	尺检
7	预制楼板压墙长度	±10	尺检
8	先立口的门口垂直	±5	尺检
9	先立口的门口对角	±7	尺检
10	后立口的门洞上口标高	±5	尺检
11	后立口的门洞宽度	±10	尺检

六、大模板的制作工艺

（1）模板制作的允许误差，应符合模板设计规定，一般不得超过表 6－5 的规定。

表 6－5　**模板制作的允许偏差**

项　目	偏 差 名 称	允许偏差（mm）
大型钢模、复合模板及胶木（竹）模板	大型模板（长、宽大于 2m）：长和宽	＋3
	大型模板对角线	＋3
木模	大型模板（长、宽大于 3m）：长和宽	＋3

（2）大模板主体加工工艺流程如图 6－11 所示。

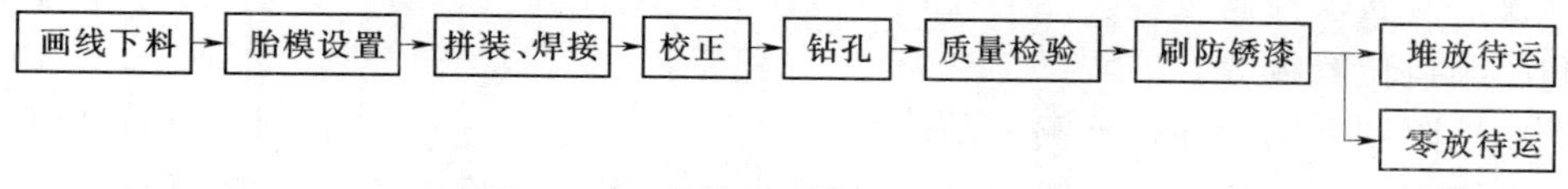

图 6－11　大模板主体加工工艺流程

第二节　大 模 板 施 工

一、施工前的准备工作

（一）技术准备

（1）根据工程对混凝土表面质量要求和模板的周转使用次数，选择合理的模板类型；进行配板设计应遵循下列原则：根据工程结构具体情况，按照经济、均衡、合理的原则划分施工流水段；模板在各流水段的通用性；单块模板配置的对称性；单块大模板的吊装重量必须满足现场起重设备要求。

（2）配板设计应包括以下内容：绘制配板平面布置图；绘制大模板配板设计图、拼装节点图和构、配件的加工详图；绘制节点和特殊部位支模图；绘制大模板构、配件明细表；编写施工说明书。

（3）配板设计方法应符合以下规定：大模板的尺寸必须符合 300mm 建筑模数；经计算确定大模板配板设计长度后，应优先选用同规格定型整体标准大模板或组拼大模板；配板设计中不符合模数的尺寸，宜优先选用组拼调节模板的设计方法，尽量减少角模的规格，力求角模定型化；组拼式大模板背楞的布置与排板的方向垂直；当配板设计高度较大采用齐缝排板接高设计方法时，应在拼缝处进行刚度补偿；大模板吊环位置设计必须安全可靠，吊环位置的确定应保证大模板起吊时的平衡，宜设置在模板长度的 0.2～0.25L 处；外墙、电梯井、楼梯段等位置配板设计高度时应考虑同下层搭接尺寸。

（二）安排好大模板堆放场地

为了便于直接吊运，大模板应堆放在塔式起重机工作半径范围之内。在拟建工程的附近，应留出一定面积的堆放区。如为外板内浇工程，在平面布置中，还必须妥善安排预制外墙板的堆放区，亦应堆放在塔式起重机起吊半径范围之内。

（三）做好技术交底

技术交底必须有针对性、指导性和可操作性。针对大模板施工特点及每栋建筑物的具体情况做好班组技术交底工作。

(四) 大模板试组装

在正式安装大模板之前，应先根据模板的编号进行试验性安装，以检查模板的各部尺寸是否合适，操作平台架及后支架是否“打架”，模板的接缝是否严密，如发现问题应及时进行修理，待问题解决后方可正式安装。

如采用筒形模时，应事先进行全面组装，并调试运转自如后方能使用。

(五) 做好测量放线工作

1. 轴线和标高的控制和引测方法

(1) 轴线。每栋建筑物的各个大角和流水段分段处，均应设置标准轴线控制桩，据此用经纬仪引测各层控制轴线。然后拉通尺放出其他墙体轴线、墙体的边线、大模板安装位置线和门洞口位置线等。

受场地限制，用经纬仪外测控制轴线非常困难。近年来一些单位进行竖向轴线控制时使用激光铅垂仪。它的优点是精度高、误差小，是高层建筑施工中较简便易行的测量方法。通常作法是用激光铅直仪垂直投点，用经纬仪在楼层水平布线。具体作法是：

1) 在制定施工组织设计或测量方案时，根据建筑物的轴线情况设计出激光测量用的洞口位置。该位置宜选在墙角处，每个流水段不少于 3 个，呈 L 形，分别控制纵、横墙的轴线，如图 6-12 所示。

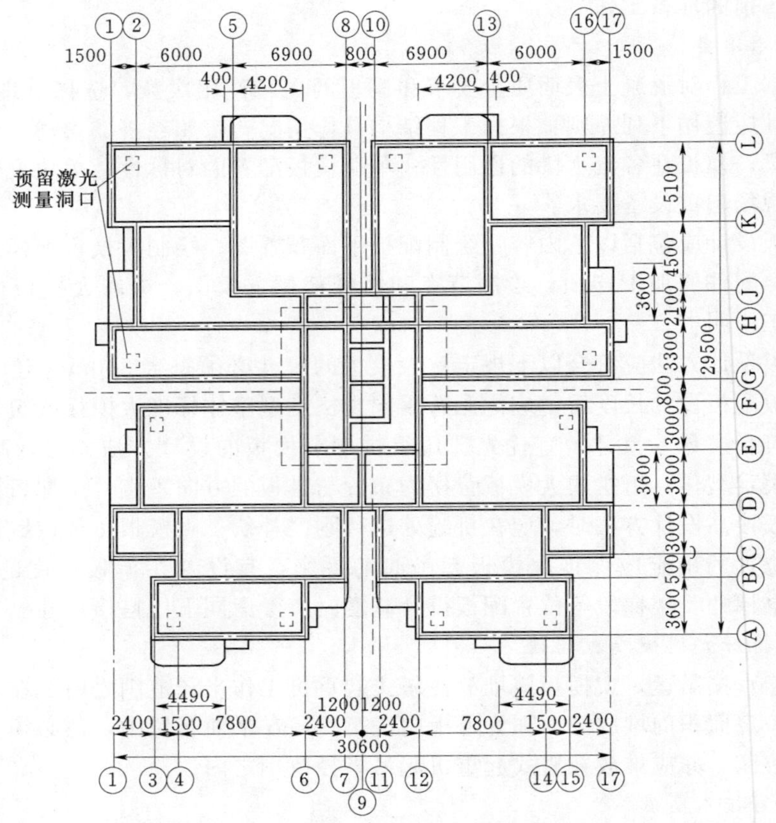

图 6-12 某工程铅垂控制点平面留洞图

2）测量时，在首层支放激光铅直仪，使其定位于控制点上，将水平气泡对中，使激光束垂直通过铅垂控制点。

3）测设时，把激光铅直仪安放稳定，在其上方设立防护板，以防坠物防害仪器。操作时，上下联系使用对讲机，操作后，预留的测量方孔要用盖板封严。

（2）水平标高。每栋建筑物设标准水平桩1～2个，并将水平标高引测到建筑物的首层墙上，作为水平控制线。各楼层的标高均以此线为基准，用钢尺逐层引测。

每个楼层设两条水平线，一条离地面50cm高，供立口和装修工程用；另一条距楼板下皮10cm，用以控制墙体找平层和楼板安装的高度。

另外，在墙体钢筋上应弹出水平线，据此抹出砂浆找平层，以控制墙板和大模板安装的水平度。

2. 验线

质量检查人员、施工员或监理员应在轴线、模板位置线测设完成后进行验线。

（六）机具设备

（1）塔吊：按最远点大模板起重量选型。

（2）混凝土输送泵：按混凝土浇灌速度选型。

（3）布料机：按布料半径选型。

（七）作业条件

大模板施工前必须制定科学合理的施工方案；大模板安装前必须先抄平和定位放线，以保证工程结构各部分形状、尺寸和预留、预埋位置正确；在满足工期要求的前提下，根据建筑物的工程量、平面尺寸、机械设备条件等组织实施有节奏的均衡流水作业；合模前应检查验收施工层的钢筋质量，作好隐检记录；浇筑混凝土前必须对大模板的安装情况及安全措施进行检查，并办理检查记录；浇筑混凝土时应设专人对大模板的使用情况进行观察，发生意外情况及时处理。

二、材料和质量要点

（一）材料关键要求

（1）大模板应具有足够的承载力、刚度和稳定性，大模板所配的对拉螺栓及其配件应能承受混凝土的侧压力并控制墙体厚度。

（2）全钢大模板的面板宜选用原平板；钢木或钢竹大模板的面板必须选用双面覆膜的防水胶合板，其割口及孔洞必须作密封处理。

（3）大模板的钢骨架及面板材质均为Q235。

（4）吊环材料不得冷弯。

（二）技术关键要求

（1）大模板制作、安装前必须绘制配板平面图及周转流水调配图。

（2）大模板的外形尺寸和孔洞尺寸宜符合建筑模数，做到定型化、通用化。在正常维护、加强管理的情况下，能多次重复使用。

（3）大模板应结构简单、重量轻、坚固耐用、便于加工。大模板之间、大模板与角模、斜撑、挑架及其他配件的连接、拆装方便可靠。

（三）质量关键要求

（1）严格控制大模板的加工质量，使外形尺寸、平整度、平直度和孔洞尺寸符合允许偏差要求。

（2）大模板安装前应做好定位放线工作，安装时对号入座，安装后保证整体的稳定性，确保施工中不变形、不错位、不胀模。

（3）大模板就位前应认真清理模板，涂刷隔离剂。

（4）大模板脱模时不得撬动或锤砸，以保护成品。

三、大模板的施工工艺

（一）安装前的准备工作

（1）大模板安装前应进行技术交底。

（2）模板进场后，应依据模板设计要求清点数量，核对型号，清理表面。

（3）组拼式大模板在生产厂或现场预拼装，用醒目字体对模板编号，安装时对号入座。

（4）大模板应进行样板间试安装，经验证模板几何尺寸、接缝处理、零部件准确无误后方可正式安装。

（5）大模板安装前必须放出模板内侧线及外侧控制线作为安装基准。

（6）合模前必须将内部处理干净，必要时在模板底部可留置清扫口。

（7）合模前必须通过隐蔽工程验收。

（8）模板就位前应涂刷隔离剂，刷好隔离剂的模板遇雨淋后必须补刷；使用的隔离剂不得影响结构工程及装修工程质量。

（二）大模板的安装要求

（1）大模板安装应符合模板设计要求。

（2）模板安装时按模板编号遵循先内侧，后外侧的原则安装就位。

（3）大模板安装时根部和顶部要有固定措施。

（4）模板支撑必须牢固、稳定，支撑点应设在坚固可靠处，不得与脚手架拉结。

（5）混凝土浇筑前应在模板上作出浇筑高度标记。

（6）模板安装就位后，对缝隙处应采取有效的堵缝措施。

（7）大模板冬期施工应按照 JGJ 104—97《建筑工程冬期施工规程》的规定执行。

（8）模板安装的允许偏差，应根据结构物的安全、运行条件、经济和美观等要求确定，一般不得超过表 6-6 所示的数值。

表 6-6　大体积混凝土木模板安装的允许偏差　　单位：mm

序号	偏差项目	混凝土结构的部位	
		外露表面	隐蔽内面
1	相邻两面板高差	3	5
2	局部不平（用 2m 直尺检查）	5	10
3	结构物边线与设计边线	10	15
4	结构物水平截面内部尺寸	±20	
5	承重模板标高	±5	
6	预留孔、洞尺寸及位置	10	

（三）大模板的安装步骤

大模板的安装步骤见表6－7。

表6－7　**大模板的安装**

序号	项　目	主　要　内　容
1	普通内墙大模板安装	（1）安装大模板之前，内墙钢筋必须绑扎完毕，水电预埋管件必须安装完毕，外砌内浇工程安装大模板之前，外墙砌砖及内墙钢筋和水电预埋管件等工序也必须完成。必须做好抄平放线工作，并在大模板下部抹好找平层砂浆，依据放线位置进行大模板的安装就位拼装式大模板，在安装前要检查各个连接螺栓是否拧紧，保证模板的整体不变形； （2）安装大模板时，关键要做好各节点部位的处理，必须按施工组织设计中的安排，对号入座吊装就位。先从第二间开始，安装一侧横墙模板靠吊垂直，并放入穿墙螺栓和塑料套管后，再安装另一侧的模板，经靠吊垂直后，旋紧穿墙螺栓。横墙模板安装后，再安装纵墙模板。安装一间，固定一间； （3）模板的安装必须保证位置准确，立面垂直。安装的模板可用双十字靠尺在模板背面靠吊垂直度，如图6－13所示。发现不垂直时，通过支架下的地脚螺栓进行调整。模板的横向应水平一致，发现不平时，亦可通过模板下部的地脚螺栓进行调整。每面墙体大模板就位后，要拉通线进行调直，然后进行连接固定。紧固对拉螺栓时要用力得当，不得使模板板面产生变形； （4）模板安装后接缝部位必须严密，防止漏浆。底部若有空隙，应用聚氨酯泡沫条、纸袋或木条塞严，以防漏浆。为不影响墙体断面尺寸，不可将纸袋、木条塞入墙体内
2	外墙大模板的安装	（1）安装外墙大模板之前，必须先安装三角挂架和平台板。利用外墙上的穿墙螺栓孔，插入L形连接螺栓，在外墙内侧放好垫板，旋紧螺母，然后将三角挂架钩挂在L形螺栓上，再安装平台板。也可将平台板与三角挂架连为一体，整拆整装。L形螺栓如从门窗洞口上侧穿过时，应防止碰坏新浇筑的混凝土； （2）要放好模板的位置线，保证大模板就位准备。应把下层竖向装饰线条的中线，引至外侧模板下口，作为安装该层竖向衬模的基准线，以保证该层竖向线条的顺直； （3）当安装外侧大模板时，应先使大模板的滑动轨道（图6－14）搁置在支撑挂架的轨枕上，要先用木楔将滑动轨道与前后轨枕固定牢，在后轨枕上放入防止模板向前倾覆的横栓，方可摘除塔吊的吊钩。然后松开固定地脚盘的螺栓，用撬棍拨动模板，使其沿滑动轨道滑至墙面位置。调整好标高位置后，使模板下端的横向衬模进入墙面的线槽内，如图6－15所示，并紧贴下层外墙面，防止漏浆。待横向及水平位置调整好以后，拧紧滑动轨道上的固定螺钉，将模板固定； （4）外侧大模板经校正固定后，以外侧模板为准，安装内侧大模板。为了防止模板位移，必须与内墙模板进行拉结固定。其拉结点应设置在穿墙螺栓位置处，使作用力通过穿墙螺栓传递到外侧大模板，防止拉结点位置不当而造成模板位移； （5）当外墙采取后浇混凝土时，应在内墙外端留好连接钢筋，并用堵头模板将内墙端部封严； （6）外墙大模板上的门窗洞口模板必须安装牢固，垂直方正； （7）装饰混凝土衬模要安装牢固，在大模板安装前要认真检查，发现松动应及时进行修理，防止在施工中发生位移和变形，防止拆模时将衬模拔出
3	筒形大模板的安装	（1）组合式提模的安装：模板涂刷脱模剂后便可进行安装就位。先校正好位置后，再校正垂直度，并用承力小车和千斤顶进行调整，将大模板底部顶至筒壁。再用可调卡具将大模板精调至垂直。连接好四角角模，将预留洞定位卡压紧，门洞外将内外模的钢管紧固，穿好穿墙螺栓，检查无误后，即可浇筑混凝土； （2）组合式铰接筒模的安装：先在平整坚实的场地上将筒模组装好。成型后要求垂直方正，每个角模两侧的板面保持一致，误差不超过10mm，两对角线长度误差不超过10mm。筒模吊装就位之前，要将筒模通过脱模器收缩到最小位置，然后起吊入模，就位找正

续表

序号	项　目	主　要　内　容
4	门窗洞口模板安装	墙体门窗洞口有两种做法： （1）先立口。就是把门窗框在支模时预先留置在墙体的钢筋上，在浇筑混凝土时浇筑于墙内。其做法是用方木或型钢做成带有斜度的（1～2cm）门框套模，夹住安装就位的门框，然后用大模板将套模夹紧，用螺栓固定牢固。门框的横向用水平横撑加固，防止浇捣混凝土时发生变形、位移。如果采用标准设计，门窗洞口位置不变时，为了方便施工，利于保证门窗框安装就位的质量，可设计成定型门窗框模板，固定在大模板上； （2）后立口。现在采用后立口的做法较为普遍，是用门窗洞口模板和大模板把门窗洞口预留好，然后再安装门窗框
5	外墙组合柱模板安装	（1）预制外墙板与现浇内墙相交处的组合柱模板，一般借助内墙大模板的角模，不需要单独支模，但必须将角模与外墙板之间的缝隙封严，防止出现漏浆现象； （2）山墙及大角部位的组合柱模板，为了利于浇筑混凝土需另配钢模或木模，并设立模板支架或操作平台。对这一部位的模板必须加强支撑，保证缝隙严密，不走形，不漏浆； （3）预制岩棉复合外墙板的组合柱模板，需另设计配置。可采用2mm厚钢板压制成型，中间加焊加劲肋，通过转轴与大模板连接固定。支模时模板要进入组合柱0.5mm，以防拆模后剔凿。大角部位的组合柱模板，为防止振捣混凝土时模板变形、位移。可用角钢框与外墙板固定，并通过穿墙螺栓与组合柱模板拉结在一起
6	楼梯间模板的安装	（1）利用导墙支模。楼梯间墙的上部设置导墙，楼梯间墙大模板的高度与外墙大模板相同，将大模板下端紧贴于导墙上，下部用螺旋钢支柱和木方支撑大模板。两面楼梯间墙用数道螺旋钢支柱作横撑，支顶两侧的大模板。大模板下部用泡沫条塞封，防止漏浆； （2）楼梯踏步段支模。在全现浇大模板工程中，楼梯踏步段往往与墙体同时浇筑施工。楼梯模板支撑采用碗扣支架或螺旋钢支柱。底模用竹胶合板，侧模用[16槽钢，依照踏步尺寸，在槽钢上焊12mm厚三角形钢板，踢面挡板用6mm厚钢板做成，各踢脚挡板用[12槽钢做斜支撑进行固定
7	现浇阳台底板支模	大模板全现浇工程中，阳台板往往与结构同时施工。阳台板模板可做成定型的钢模板，一次吊装就位，也可采用散支散拆的办法。支撑系统采用螺旋钢支柱，下铺5cm厚木板。钢支柱横向要用钢管及扣件连接，保持稳定。散支散拆时，立柱上方放置10cm×10cm方木做龙骨，后铺5cm×10cm小龙骨，间距25cm，面板和侧模可采用竹胶合板或木胶合板。阳台模的外端要比根部高5mm。在阳台模板外侧3cm处，可用小木条固定U形塑料条，以使浇筑成滴水线

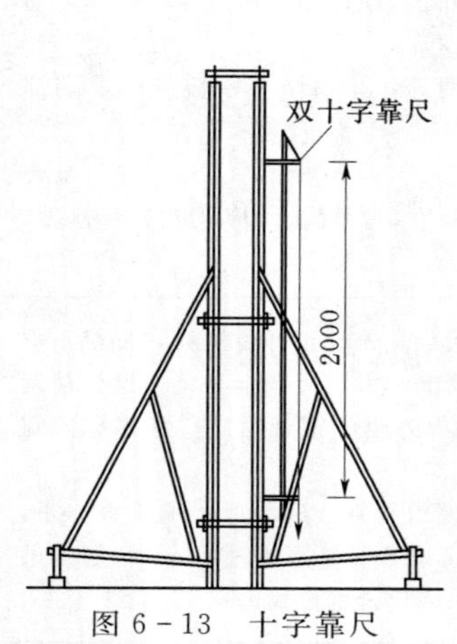

图6-13　十字靠尺

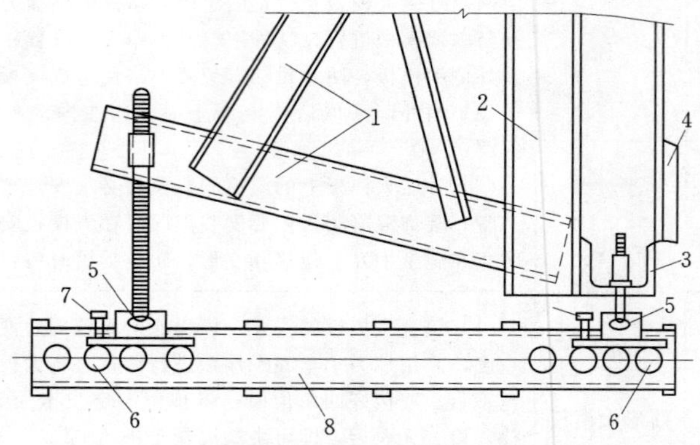

图6-14　外墙外侧大模板与滑动轨道安装示意图

1—大模板三角支撑架；2—大模板竖龙骨；3—大模板横龙骨；4—大模板下端横向腰线衬模；5—大模板前、后地脚；6—滑动轨道辊轴；7—固定地脚盘螺栓；8—轨道

(四) 大模板安装质量标准

1. 主控项目

(1) 大模板安装必须保证轴线和截面尺寸准确，垂直度和平整度符合规定要求。

1) 检查数量：全数检查。

2) 检验方法：量测。

(2) 大模板安装后应保证整体的稳定性，确保施工中模板不变形、不错位、不胀模。

1) 检查数量：全数检查。

2) 检验方法：观察。

2. 一般项目

模板的拼缝要平整，堵缝措施要整齐牢固，不得漏浆。模板与混凝土的接触应清理干净，隔离剂涂刷均匀。

1) 检查数量：全数检查。

2) 检验方法：观察。

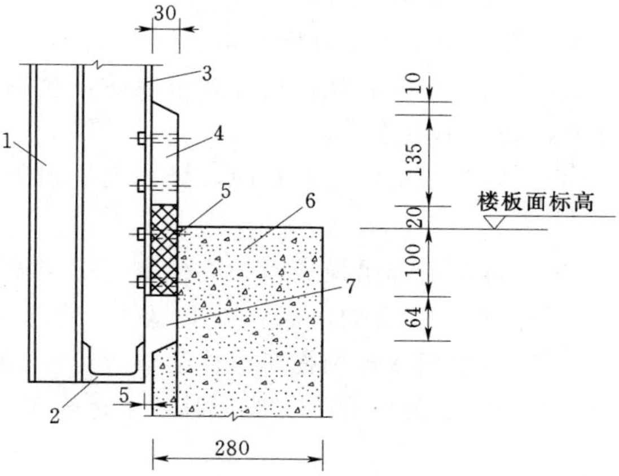

图 6-15 大模板下端横向衬模安装示意图

1—大模板竖龙骨；2—大模板横龙骨；3—大模板板面；4—硬塑料衬模；5—橡胶板导向和密封衬模；6—已浇筑外墙；7—已形成的外墙横向线槽

四、大模板施工安全要求

(1) 吊装大模板和预制构件，必须采用自锁卡环，防止脱钩。

(2) 吊装作业要建立统一的指挥信号。吊装工要经过培训，当大模板等吊件就位或落地时，要防止摇晃碰人或碰坏墙体。

(3) 要按规定支搭好安全网，在建筑物的出入口，必须搭设安全防护棚。

(4) 电梯井内和楼板洞口要设置防护板，电梯井口、主楼梯处要设置护身栏，电梯井内每层都要设立一道安全岗。

(5) 大模板的存放应满足自稳角的要求，并进行面对面堆放，中间留出 60cm 宽的人行道，以便清理和涂刷脱模剂。长期堆放时，应将各块大模板连在一起。建有支架或自稳角不足的大模板，要存放在专用的插放架上，不得靠在其他物体上，防止滑移倾倒。

(6) 在楼层上放置大模板时，必须采取可靠的防倾倒措施，防止碰撞造成坠落。遇有大风天气，应将大模板与建筑物固定。

(7) 在拼装式大模板进行组装时，场地要坚实平整，骨架要组装牢固，然后由下而上逐块组装。组装一块立即用连接螺栓固定一块，防止滑脱。整块模板组装以后，应转运到专用堆放场地放置。

(8) 大模板上必须有操作平台、上人梯道、护身栏杆等附属设施，如有损坏，应及时修补。

(9) 在大模板上固定衬模时，必须将模板卧放在支架上，下部留出可供操作用的空间。

(10) 吊装大模板必须采用带卡环吊钩。当风力超过 5 级时应停止吊装作业。起吊大模板前，应将吊装位置调整适当，稳起稳落，就位准确，严禁大幅度摆动。

(11) 外板内浇工程大模板安装就位后，应及时用穿墙螺栓将模板连成整体，并用花篮螺栓与外墙板固定，以防倾斜。

(12) 全现浇大模板工程安装外侧大模板时，必须确保三角挂架、平台板的安装牢固，及时绑好护身栏和安全网。大模板安装后，应立即拧紧穿墙螺栓。安装三角挂架和外侧大模板的操作人员必须系好安全带。

(13) 大模板安装就位后，要采取防止触电保护措施，将大模板加以串联，并同避雷网接通，防止漏电伤人。

(14) 安装或拆除大模板时，操作人员和指挥人员必须站在安全可靠的地方，防止意外伤人。

(15) 拆模后起吊模板时，应检查所有穿墙螺栓和连接件是否全都拆除，在确认无遗漏，模板与墙体安全脱离后，方准起吊。待起吊高度超过障碍物后，方准转臂行车。

(16) 筒形模板可用拖车整体运输，也可拆成平模重叠放置用拖车运输；其他形式的模板，在运输前都应拆除支架，卧放于运输车上运送，卧放的垫木必须上下对齐，并封绑牢固。

(17) 在电梯间进行模板施工作业，必须逐层搭好安全防护平台，并检查平台支腿伸入墙内的尺寸是否符合安全规定。拆除平台时，先挂好吊钩，操作人员退到安全地带后，方可起吊。

(18) 采用自升式提模时，应经常检查倒链是否挂牢，立柱支架及筒模托架是否伸入墙内。拆模时要使支架及托架分别离开墙体后再行起吊提升。

(19) 在大模板拆装区域周围，应设置围栏，并挂明显的标志牌，禁止非作业人员入内。组装平模时，应及时用卡具或花篮螺栓将相邻模板连接好，防止倾倒。

五、大模板结构冬季施工

大模板是现代化建筑施工中的一种主要施工工艺手段，它具有施工简便、机械化程度高、节省木材、可多次周转使用、降低成本等优点，使用较为广泛，可适用于冬季施工中。冬季施工常用大模板的结构物有地沟型地下建筑物、供水沟道、地上滑模建筑物、高层建筑等。

(一) 大模板冬季施工加热措施

1. 以蒸汽为热源的大模板

其构造为：在大模板后部设置约 25mm 的蛇形蒸汽管，在蒸汽管外侧使用保温材料保温，一般蒸汽入口温度为 100℃，回水温度为 60℃，结构养护温度为 30℃。

2. 以电为热源的大模板

以电为热源的大模板有以下三种：

(1) 直线式电热模板。

(2) 工频电热大模板。

(3) 管式远红外线大模板。

3. 液化气远红外线大模板

液化气远红外线大模板主要有以下两种：

1) 液化气远红外线内部加热的大模板。

2）液化气远红外线外部加热的大模板。

4. 利用支模内空间养护加热的大模板

此法是在大模板上部加一个顶盖，然后在中间空间加热养护，可以节省能源。

根据我国施工单位的实践，大模板冬季施工效果及养护方法对比见表 6－8。

表 6－8　大模板冬季施工时各种加热方法技术经济对比

项　目	耗热（kW/m³）	养护量（m³）	热效率（%）	室外温度（℃）	脱模强度（MPa）	养护最高温度（℃）	养护时间（h）
外加剂蓄热		1		5	2.96	20	70
外加剂负温		1		10	0.98	0	360
蒸汽大模板	298	2	20.5	－4	3.96	40	14
液化气红外线大模板	626	2	8.6	－10	3.96	60	12
电热红外线大模板	511	1	57.8	5	4.95	50	12
电热丝大模板	510	1	35.0	5	1.95	45	12
蒸汽空间大模板		1		－5	3.96	30	18

由表 6－8 可以看出，掺外加剂养护方法的养护期长，不能及时脱模，因而不能适用于高层建筑快速多次周转施工；若从热效率使用效果去评价，则以电热远红外线养护效果最佳；若从综合经济效果去评价，则以大模板蒸汽养护最经济。

（二）冬季施工实例

1. 工程概况

某电厂循环水沟工程尺寸为 2m×3m×3m，壁厚为 0.25m，全长 3km，混凝土量为 14000m³，由于工程量大且形状单一，故采用大模板施工方法进行施工。混凝土量中 10000 m³ 已经在秋季施工完毕，尚有 4000 m³ 必须在初冬进行施工，其长度为 280m。要求 45 天施工完毕，该施工阶段最低室外计算温度－10℃。

2. 基本施工方案的确定

（1）大模板用量。由于施工处于初冬季节，工期又比较紧张，决定 5 天为一个施工周期，其中养护期间为 3 天，则每个周期需要的大模板长度为：280×（5/45）＝32（m）。

（2）施工方法。由于养护期只有 3 天，结构又必须达到冬季施工允许临界受冻强度的 30%，故使用普通硅酸盐水泥掺外加剂及移动式电热红外线加热的施工方法，结构外围进行保温；外围钢模板用厚度 80mm 的岩棉保温，顶盖使用工具式棉帐篷保温。其构造如图 6－16 所示。

模板周转用 2～4t 塔吊，混凝土浇灌用 1t 轻便小车在脚手架上进行。

（3）外加剂的配合比。外加剂的配合比为 0.02%三乙醇胺＋0.3%木钙减水剂＋2%硫酸钠。3 天可达到 45%标准强度（大于要求的 30%标准强度），养护温度为 80℃。

3. 施工要点

（1）拆模和支模只有 1 天的时间，外模使用吊车拆除，内模使用工具式千斤顶活动模板，然后使用平车拆除和运输。

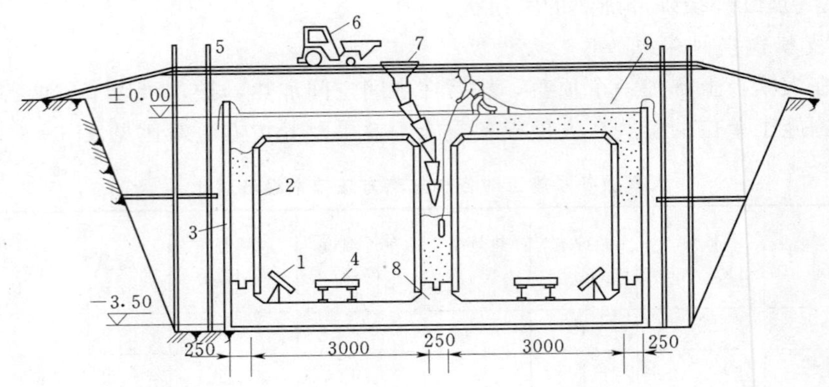

图 6-16 循环水沟大模板养护示意

1—红外线发生器；2—内模；3—保温外模；4—平板车；5—脚手架；6—浇灌车；7—料斗；8—已施工完接头；9—保温棉帐篷

(2) 为了缩短棉帐篷上盖时间并使其能够多次使用，应在钢模板外层顶部安装钢轨，用小平车推动棉帐篷，结构之间要严密。

(3) 每段沟道 32m，共 10 块大模板，大模板外刷利于脱模的油质隔离剂，模板接缝应予及时修理和平整，以防止跑浆。

(4) 两次浇灌接头的凹槽内，在支模前应凿成麻面并在浇灌前用蒸汽吹扫，以清除表面结冰，从而确保工程质量；电红外线发生器应 20 个一组做成工具式，其外层应设保护罩，以防止养护时水蒸气进入而短路；每段 32m 长的端头，应使用棉帐篷堵严，以防止漏气。

(5) 墙壁顶部和底部，应在结构外表布置测温孔，调整电红外线发生器的角度或分区停送电，以保持养护区内温度均匀一致。

(6) 电气设备应设置可靠的接地系统，以防止触电和短路；电源应有备用，以防止停电而冻坏建筑结构；室外温度－10℃时计算最低温度，实际施工中常常是 0℃左右，施工中可通过断续送电方式予以调整。

(7) 脚手架搭拆的时间只有 4h，应使用吊车拆装；为了防止模板变形，沟道三道墙应同时浇灌；实际施工时，由于内部空间高度太大，下部和顶部温差为 10℃，因而施工后期要将发生器向下调整。

(8) 由于混凝土入模温度较低，因此在养护阶段，车辆、料斗、灰溜子内的混凝土可能全部冻结，在二次施工前，应将其冻结清除干净后方可施工；施工中混凝土升温阶段热耗量大且要求 2h 内达到养护温度，因此在该阶段应加强供热和测温；拆模前应注意降温，必须使结构任意部位与室外温差保持在 18℃左右，以防止结构发生裂缝；拆模期间一般内部供热不停止，在保持室外温度与结构温差不大于 18℃的情况下内部断续供热；后夜迎风位置，常常温度较低；为了防止结构冻结，后夜应加强检查和保温。

第三节 大体积混凝土模板

大体积混凝土施工，模板以大型模板为主，如重力坝的大体积混凝土施工。大型模板的尺寸没有统一的规定，各项工程根据具体条件确定。大型模板的面板材料，20世纪60～70年代，主要采用木板，进入80年代后，钢面板逐渐取代木面板。钢面板有两种型式：一种是用钢板、型钢加工；另一种是用定型组合钢模板拼装。大型模板按支撑方式和安装方法不同，分为拉条固定式模板、半悬臂模板、悬臂模板、自升悬臂模板。

一、固定式模板

图6-17为拉条固定式模板，布置有两层拉条。由于混凝土吊罐不能碰拉条，卸料点距模板都在3m以外，不便于混凝土平仓，影响混凝土浇筑质量。

二、半悬臂模板

半悬臂模板，只设一层拉条，拉条以上的部分悬臂受力。

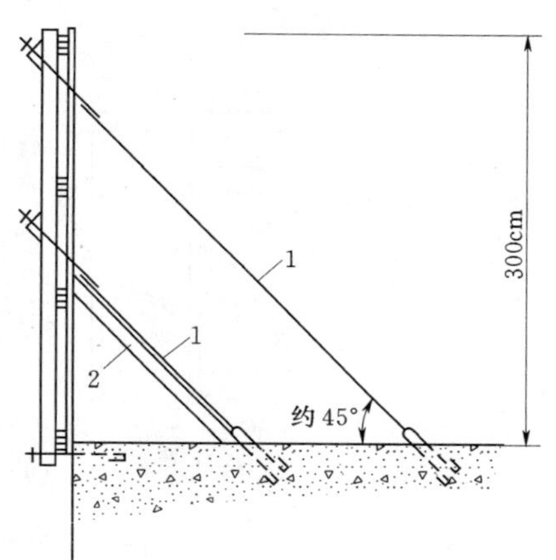

图6-17 拉条固定式模板
1—拉条 $\phi6$～16mm；2—内支撑

乌江渡工程大坝混凝土施工采用半悬臂模板，浇筑层厚3m，荷载按19.6kN/m^{2}考虑。模板尺寸有三种规格：3m×7.5m、3m×6.5m、3m×6m。模板由钢骨架、木格栅、木面板组成（图6-18），木面板厚3cm，木格栅用8cm×10cm方木，间距30cm，钢立柱用12号工字钢，拉条直径20mm。钢骨架采用焊接结构。工程后期，采用半悬臂式组合钢模板，用8号槽钢代替木格栅，用组合钢模板代替木面板。钢模板用U形卡拼成整块，然后，用钩头螺栓将面板与8号槽钢连成整体。螺栓固定在钢立柱上。模板顶部水平设置一根10号槽钢，避免拆模时撬棍损坏组合钢模板。如图6-19所示。

为了方便模板装拆，便于混凝土浇筑时检查模板，模板背面底部设置宽50cm的活动操作平台（图6-20）。安装大型模板，两块模板之间需要留10cm左右的间隙，用木板条镶补，以适应模板经多次使用后的错动变位。模板拆除后，在原位置提升安装，利用仓面起吊设备（汽车吊）边拆边安装。先挂好吊钩，然后拧下拉条和支座的套筒螺栓；用撬棍撬动模板，使模板脱离混凝土面，再提升模板；在预埋螺栓上安装支座；最后，模板就位、校正、固定。为了防止模板内倾，需设内撑杆固定（图6-17）。模板安装时，用木撑临时支撑，模板固定后，改用预制混凝土柱。预制柱断面10cm×10cm。

三、悬臂模板

悬臂模板由面板和悬臂支撑两部分组成，不用拉条，有利于仓面机械化施工。面板将混凝土侧压力传给悬臂支撑。悬臂支撑分型钢梁和桁架两种。

（一）型钢梁悬臂模板

图6-21为型钢梁悬臂模板。模板规格为2.5m×10m，侧压力按17.64kN/m^{2}考虑。悬臂用两根26号槽钢焊成，悬臂梁间距2.15m；横肋为6.3号槽钢，间距0.5m；面板为

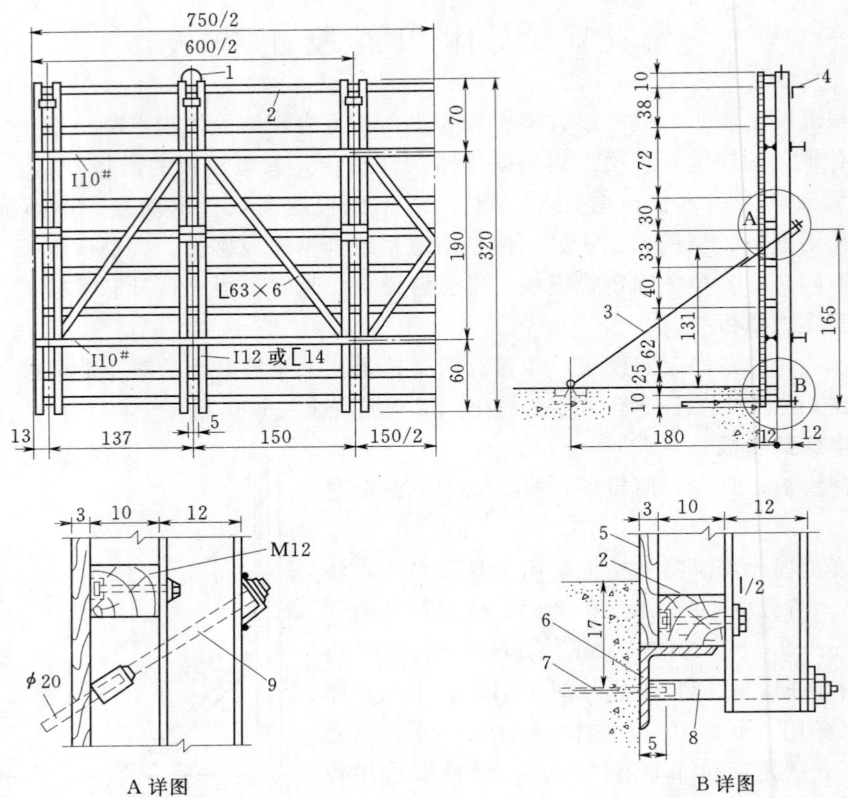

图 6-18 半悬臂模板钢木模板（单位：cm）

1—吊环，ϕ18mm；2—格栅，8cm×10cm 方木；3—拉筋，ϕ20mm，间距 137cm 或 150cm；4—角钢，130mm×60mm×6mm；5—木棉板；6—支座；7—支座预埋螺栓；8—2 号套筒螺栓；9—1 号套筒螺栓

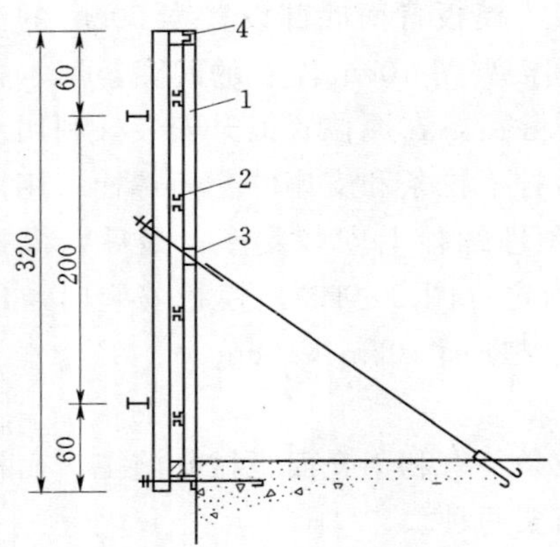

图 6-19 半悬臂式组合钢模板（单位：cm）

1—组合钢模板，300mm×1500mm；2—槽钢[80；3—小木板；4—槽钢[100

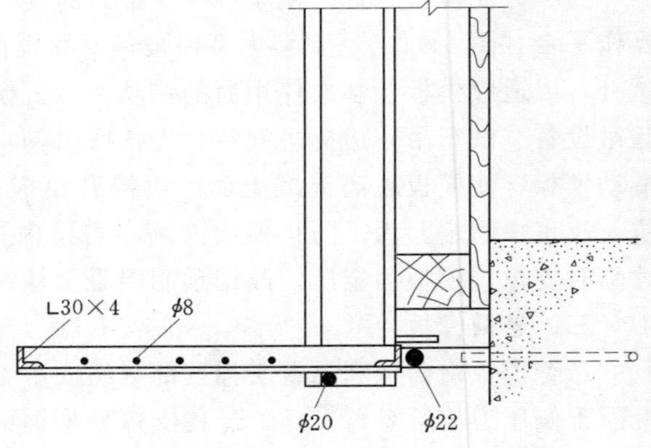

图 6-20 大型模板活动操作平台（单位：cm）

4mm 钢板。模板上口设插座，下口设插销。模板上口开一个 22cm×35cm 的方孔，插座安在方孔内，成为模板的一部分。混凝土浇筑时，插座上的锚筋埋在混凝土中。拆模时，插座与模板分开，模板拆走，插座仍留在原位置。上层模板安装时，模板下口的插销插入插座内，用来固定模板。型钢梁下端设有拆模和调整模板位置用的螺杆。

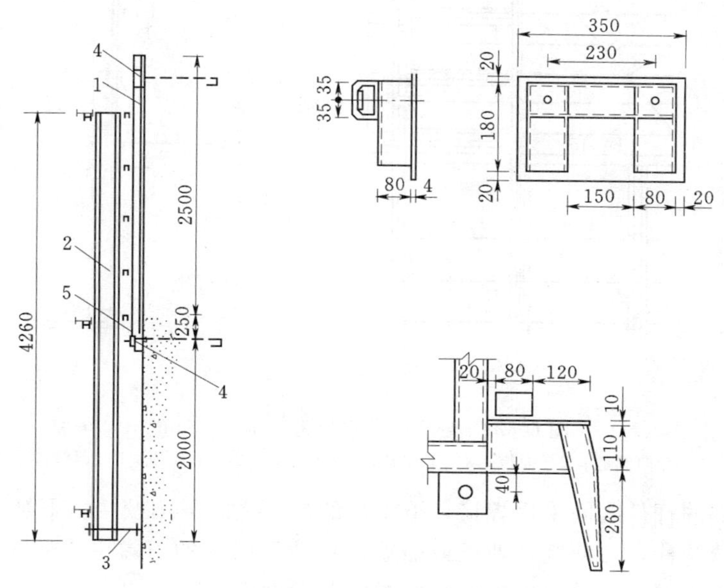

图 6－21 型钢梁悬臂模板（单位：mm）
1—面板；2—型钢梁口 260；3—调节螺杆；4—插座；5—插销

图 6－22 为悬臂组合钢模板。悬臂模板的面积为 2.3m×3m，浇筑层高 2m。面板采用组合钢模板拼装，48mm 钢管作横向围令。围令与钢模板用 3 形扣、钩头螺栓连成整体。底部采用 1 根 10 号槽钢作底梁。每块模板有 3 根立柱，立柱由 2 根 20 号槽钢组合而成。面板与立柱用钩头螺栓连接。模板背面设两层工作平台，上层工作平台供安装预埋锚杆用，下层工作平台供装拆套筒螺栓及调整千斤顶用。

工作平台的宽度为 60cm。部分模板的上下层工作平台之间设爬梯。模板构件全部用螺栓和扣件连接，便于装配和重新组合。每块模板重 1350kg。

型钢梁悬臂模板，加工简单，运输、堆放方便，虽然单位面积用钢量稍多一些，但周转次数多，还是比较经济，适用于浇筑层厚小于 3m、对模板变形要求不是很严的部位。

（二）桁架悬臂模板

桁架悬臂模板根据桁架形状不同，分三角形桁架悬臂模板、梯形桁架悬臂模板、矩形桁架悬臂模板、变曲率桁架悬臂模板等。

1. 三角形桁架悬臂模板

图 6－23 为三角形桁架悬臂模板，其中图 6－23（a）模板尺寸为 2.1m×10m。侧压力按 19.6kN/m^2 考虑。桁架杆件由 2 根 60mm×60mm×6mm 的角钢合焊成方形断面，间距 2m。钢面板厚 4mm；横肋为 12 号工字钢，间距 0.4m；竖围令为 14 号工字钢，间距与三角形桁架间距相同。模板总重 2154kg。

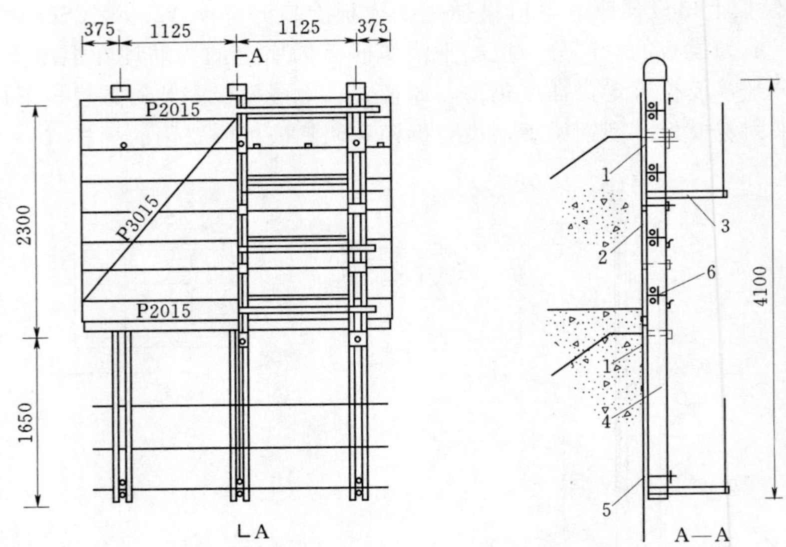

图 6-22 悬臂组合钢模板（单位：mm）

1—套筒螺栓；2—面板；3—工作平台；4—立柱；5—千斤顶；6—钢管围令

桁架上半部的杆件之间采用焊接，下半部的杆件之间采用铰接。下半部竖杆带有花篮螺栓，转动花篮螺栓，可使竖杆伸长或缩短，带动下斜杆的下端沿混凝土壁面上下移动，从而拉动桁架上半部分转动，便于调整面板位置和拆模。

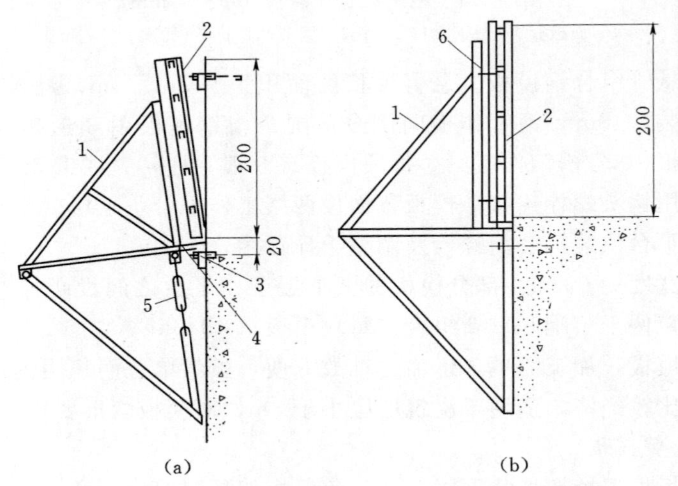

图 6-23 三角形桁架悬臂模板（单位：cm）

1—桁架；2—面板；3—插座；4—插销；5—花篮螺栓；6—调节螺栓

图 6-23（b）是三角形桁架悬臂模板的另一种型式。模板尺寸 2.2m×10m，侧压力按 29.4kN/m² 考虑。桁架上竖杆位 14 号槽钢，下竖杆、斜杆和横杆为 12 号工字钢，杆件之间均焊接。桁架间距 1.5m。面板由钢骨架和木板构成，板厚 4cm；横肋为 5cm×12cm 方木，间距 52cm；竖围令为 12 号槽钢，间距与桁架间距相同。

面板搁在桁架上，通过面板与桁架之间的调节螺栓，调整面板位置和拆模。

面板底部垫一根20mm钢管，便于面板移动。三角形桁架悬臂模板刚度大、变形小，用钢量较省，但不便于堆放。

2. 梯形桁架悬臂模板

梯形桁架悬臂模板如图6－24所示。

3. 矩形桁架悬臂模板

矩形桁架悬臂模板如图6－25所示。

4. 变曲率桁架悬臂模板

变曲率桁架悬臂模板如图6－26所示，垂直方向和水平方向都可以变曲率，可以满足双曲拱坝形体的要求。

大型模板装拆需要使用仓面起重设备。当仓面起重设备忙不过来时，为了不影响模板装拆，可以用简易吊架及5t葫芦提升模板。吊架型式，因地制宜，多种多样。图6－27为水口水电站工程使用的简易吊架。

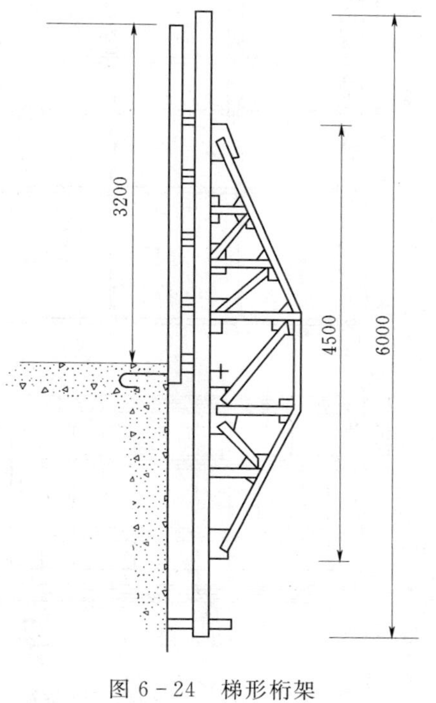

图6－24　梯形桁架悬臂模板（单位：cm）

四、自升悬臂模板

自升悬臂模板，是在悬臂模板基础上发展起来的一种新型模板，比悬臂模板多一个提升柱（图6－28）。利用提升柱自行提升模板，不用起重设备，避免模板装拆与其他工序争起重设备的矛盾，而且安装迅速方便、安全可靠。模板面板由组合钢模板拼装而成；桁架、提升柱由型钢、钢管焊接而成。模板高3.3m，宽3m，重3.6t。模板提升工作原理如图6－29所示。

（1）已浇混凝土达到一定强度后，将提升柱锚固螺栓松开，使提升柱向外（远离混凝土面）移动5cm。

（2）启动电动机带动螺杆正转，将提升柱提升到指定位置。

（3）将提升柱重新锚固好后，面板锚固螺栓松开，使面板脱离混凝土面15cm。

（4）启动电动机带动螺杆反转，将模板提升到预定位置。模板到位后，利用桁架上的调节丝杆调整模板位置。

自升悬臂模板的提升装置还可以采用液压系统。悬臂模板及自升悬臂模板，锚栓是主要受力构件。锚栓既承受拉力，又承受剪力。拉力由两部分组成：一部分是混凝土侧压力作用所产生的拉力；另一部分是模板自重（包括操作平台的附加荷载）作用力矩所产生的拉力。剪力是由模板自重等竖向荷载所产生的。锚栓的直径及锚固长度，参照以往的施工经验，结合试验确定。坝体底部混凝土施工，由于基岩面凹凸不平，不便于大型模板安装，只能用木模或组合钢模板现场拼装。

悬臂模板用于碾压混凝土施工时，要求悬臂支撑的锚固支点能适应混凝土连续铺筑上

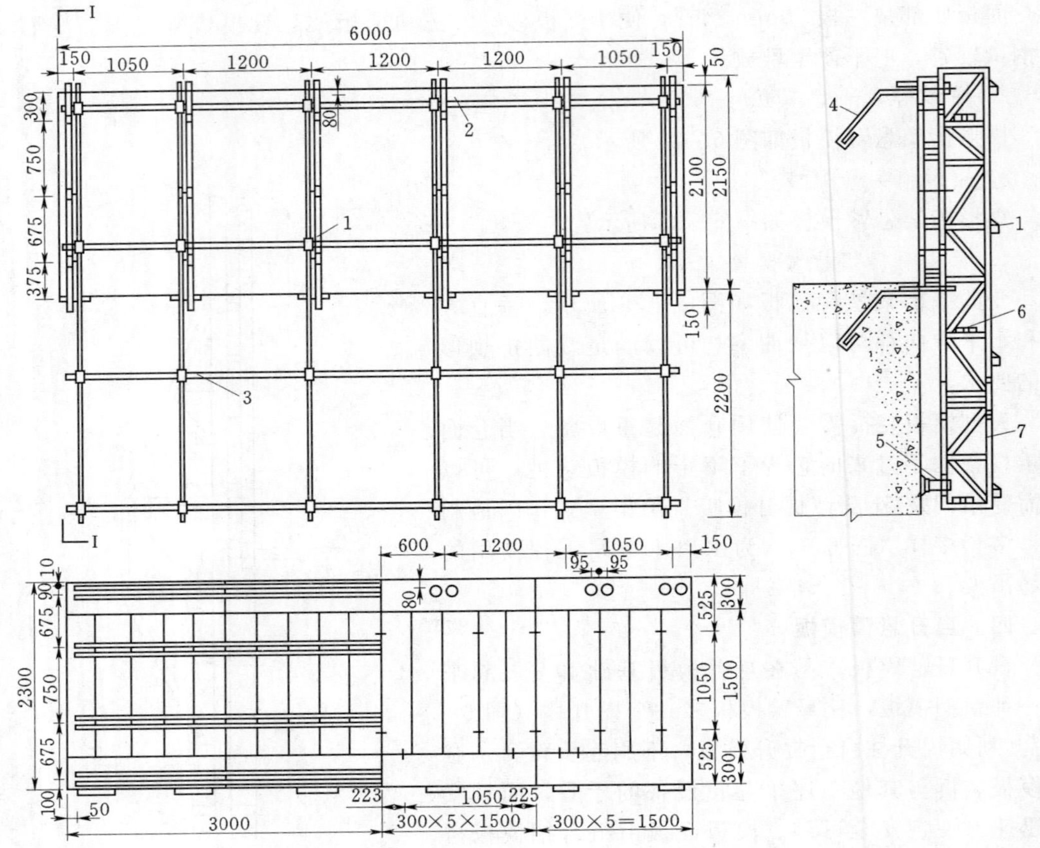

图 6-25 矩形桁架悬臂模板（单位：mm）

1—扣件；2—孔，ϕ22mm；3—联系杆，ϕ48mm×3.5mm×5800mm；
4—锚筋，ϕ18；5—调节螺栓；6—跳板；7—矩形桁架

升。其面板一般采用钢板，也有采用木板或预制镶面板的。棉花滩电站大坝施工采用的悬臂翻升模板，是对碾压混凝土采用悬臂模板的一种改进（图 6-30）。该模板分为两层，下层模板浇满混凝土后，吊装上层模板，上层模板沿下层模板的导向机构准确就位后，将桁架后部连杆铰接，上、下层模板连接成一体，成为新的悬臂模板。上层模板浇满混凝土后，拆除下层模板，如前述方法再进行安装。两层模板如此循环翻升。该模板结构合理，操作方便，使用可靠，值得推广。

普定碾压混凝土拱坝采用通仓连续上升工艺，配套的模板如图 6-31 所示。该模板系统由两块尺寸各为 3m×4m（高×宽）的模板通过活动铰连接成为 6m×4m 能交替连续上升的可调式全悬臂大模板。模板的拆装采用 5t 汽车吊，可在 10～15min 内完成一个循环作业。该模板在普定拱坝上游面及下游面（坡度 1：0.35）应用，最高达到连续上升 12.7m，较好地解决了混凝土连续上升的关键技术问题，实现了碾压混凝土的快速施工。

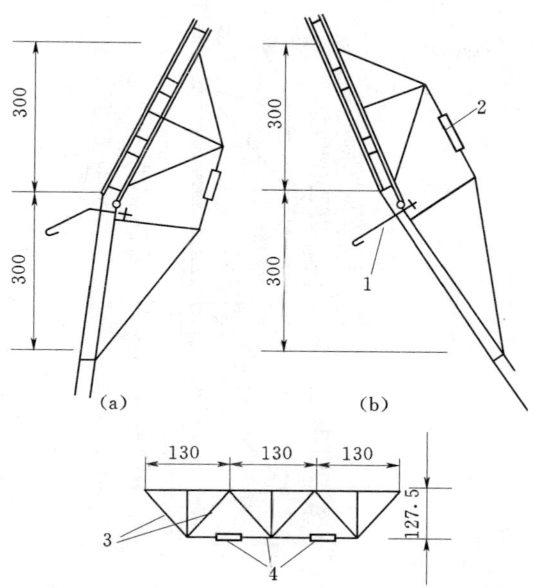

图 6-26　变曲率桁架悬臂模板（单位：mm）

（a）倒坡立模；（b）顺坡立模

1—锚栓；2—垂直调节杆；3—斜撑；4—水平调节杆

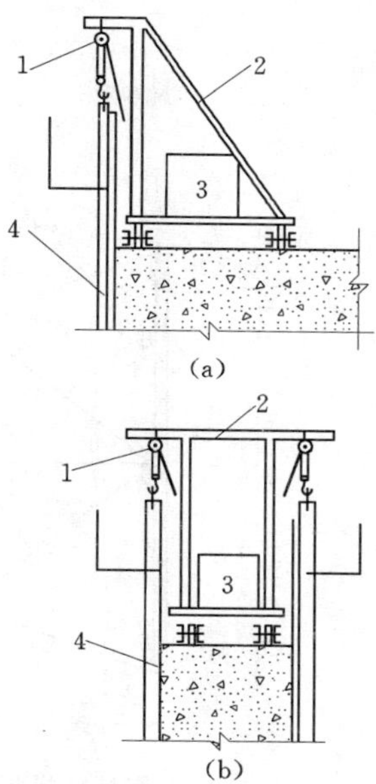

图 6-27　模板简易吊架

（a）单边式；（b）双边式

1—葫芦；2—简易吊架；3—压重；4—模板

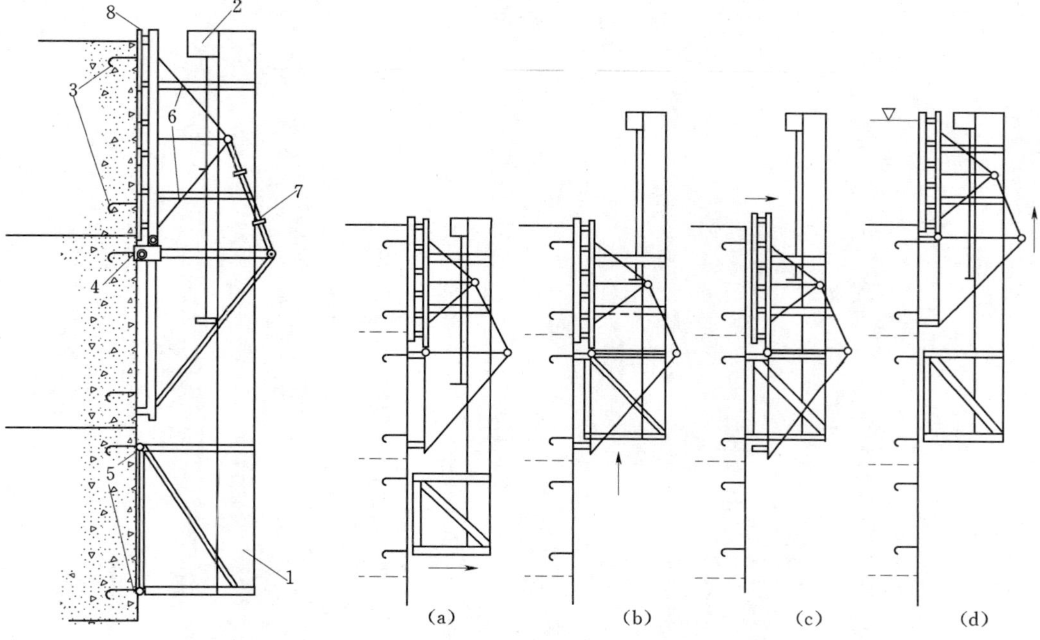

图 6-28　自升悬臂模板

1—提升柱；2—提升机械；3—预埋锚栓；4—模板锚固件；5—提升柱锚固件；6—柱、模板连接螺栓；7—调节丝杆；8—模板

图 6-29　自升悬臂模板工作原理

（a）提升架外移；（b）提升架提升；（c）模板外移；（d）模板提升

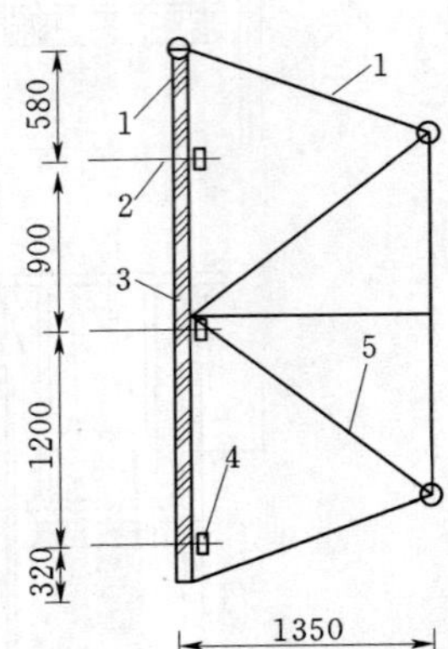

图 6-30 棉花滩大坝悬臂模板（单位：mm）
1—连续件；2—ϕ25mm 锚杆；3—锚面板；4—套筒螺栓；5—桁架

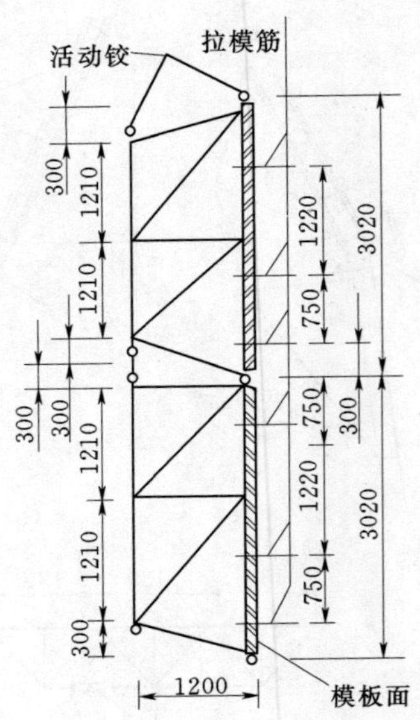

图 6-31 普定大坝连续上升可调式全悬臂模板（单位：mm）

第七章　永 久 性 模 板

永久性模板，亦称一次性消耗模板，是在结构构件混凝土浇筑后模板不拆除，并构成构件受力或非受力的组成部分。这种模板，一般应用于房屋建筑的现浇混凝土楼板工程，作为楼板的永久性模板。它具有施工工序简化、操作简便、改善劳动条件、不用或少用模板支撑、减少模板支拆量和加快施工进度等优点。目前，我国用在现浇楼板工程中作永久性模板的材料，一般有压型钢板和钢筋混凝土薄板两种，后者又分为预应力和非预应力混凝土薄板模板。永久性模板的采用，要结合工程任务情况、结构特点和施工条件合理选用。

第一节　预应力混凝土薄板模板

一、预应力混凝土薄板模板

预应力混凝土薄板，一般是在构件预制厂的台座上生产，通过施加预应力配筋制作成一种预应力混凝土薄板构件，如图 7－1 所示。这种薄板主要应用于现浇钢筋混凝土楼板

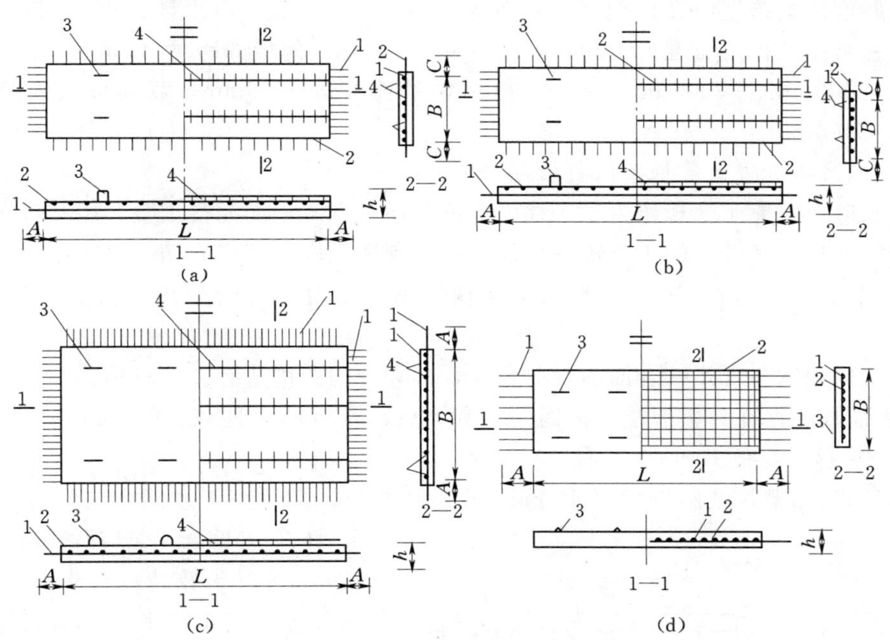

图 7－1　预应力混凝土薄板模板

(a) 有侧向伸出钢筋的单向单层预应力配筋混凝土薄板；(b) 有侧向伸出钢筋的单向双层预应力配筋混凝土薄板；(c) 双向单层预应力配筋混凝土薄板；(d) 无侧向伸出钢筋的单向单层预应力配筋混凝土薄板

1—预应力钢丝；2—分布钢筋；3—吊环（ϕ8mm）；4—板面抗剪焊接骨架；A—预应力钢丝伸出长度：当支座宽度为 160mm、180mm、200mm 时，≥300mm；当支座宽度为 250mm 时，≥350mm；当支座宽度为 300mm 时，≥400mm；当支座宽度为 350mm 时，≥450mm

工程，薄板本身既是现浇楼板的永久性模板；当与楼板的现浇混凝土叠合后，又是构成楼板的受力结构部分，与楼板组成组合板，或构成楼板的非受力结构部分，而只作永久性模板使用。

作为组合板的薄板，其预应力主筋就是叠合成现浇楼板后的主筋，使楼板具有与预应力全现浇楼板一样的刚度大、整体性强和抗裂性能好的特点。

预应力钢筋混凝土薄板，适用于抗震设防烈度为 7、8、9 度地震区和非地震区，跨度在 8m 以内的多层和高层房屋建筑的现浇楼板或屋面板工程。尤其适合于不设置吊顶的顶棚为一般装修标准的工程，可以大量减少顶棚抹灰作业。用于房屋的小跨间时，可做成整间式的双向预应力配筋混凝土薄板。对大跨间平面的楼板，目前只能做成一定宽度的单向预应力配筋薄板，与现浇混凝土层叠合后组成单向受力楼板。

（一）预应力混凝土薄板模板的材料及规格

1. 薄板材料

制作薄板采用的钢筋，其中预应力主筋为直径 5mm 的高强刻痕钢丝或中强冷拔低碳钢丝；分布钢筋为 ϕ^b4、ϕ^b5 冷拔低碳钢丝或 $\phi6$（HPB 235 级）钢筋；焊接骨架的架立钢筋，一般采用 ϕ^b4、ϕ^b5 冷拔低碳钢丝，其主筋为 $\phi8$ 或 $\phi10$HPB235 级钢筋；吊环为未经冷拉的 HPB 235 级热轧钢筋。混凝土强度等级为 C30～C40。

2. 薄板规格

薄板厚度依据跨度由设计确定，一般为 60～80mm；宽度由设计根据开间尺寸确定，一般单向板常用的标定宽度为 1200mm、1500mm 两种；薄板的跨度（mm），单向板分为 2700mm、3000mm、3300mm、…、8000mm，最长可达 9000mm，双向板最大跨间尺寸 5400mm×5400mm。

（二）预应力混凝土薄板模板的构造

（1）预应力混凝土薄板作为永久性模板，与面层现浇钢筋混凝土叠合层结合在一起组成的楼板结合色，其楼板的正弯矩钢筋设置在预制薄板内，预应力筋一般采用高强钢丝或冷拔低碳钢丝，支座负弯矩钢筋则设置在现浇钢筋混凝土叠合层内。其构造如图 7－2 所示。

（2）根据预制与现浇结合面的抗剪要求，其叠合面的构造有以下三种：

1）表面划毛。在薄板混凝土振捣密实刮平后，及时用工具对表面进行划毛，其划毛深度 4mm 左右，间距 100mm 左右。

2）表面刻凹槽。凡厚度大于 100mm 的预制薄板，在垂直于主筋方向的板的两端各预留 3 道凹槽，槽深 10mm、槽宽 80mm；对于较薄的预制薄板，待混凝土振捣密实刮平后，用简易工具刻梅花钉，其钉长和宽均为 40mm 左右，深度为 10～20mm，间距 150mm 左右。

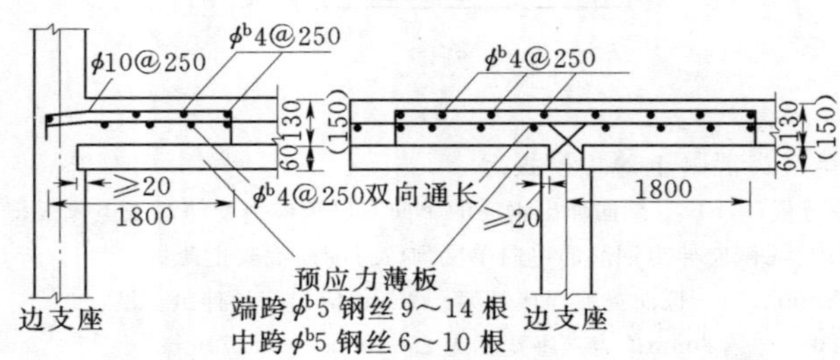

图 7－2 预应力混凝土薄板叠合楼板构造图

3）预留结构钢筋（或称钢筋小肋）。这种构造对现浇混凝土与预制薄板面的结合效果较好。同时能增加预制薄板平面以外的刚度，减少预制薄板出池、运输、堆放和安装过程中可能出现的裂缝，如图 7-3 所示。

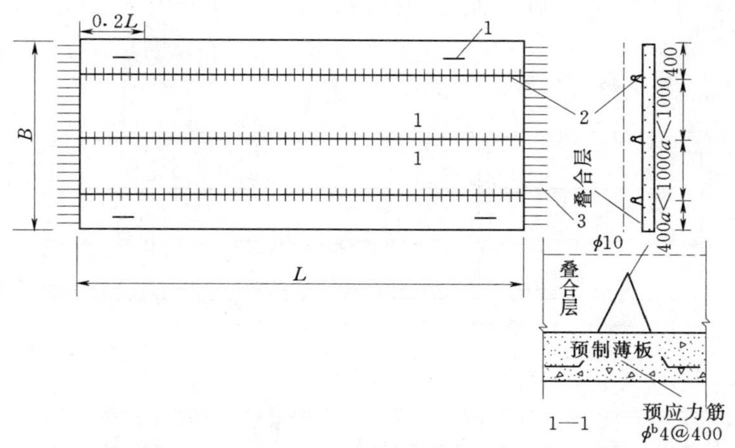

图 7-3　预应力混凝土薄板构造

1—吊环；2—预留钢筋小肋；3—预留预应力钢筋

（三）预应力混凝土薄板模板的安装

1. 安装准备

（1）单向板如出现纵向裂缝时，必须征得工程设计单位同意后方可使用。钢筋向上弯成 45°角，板表面的尘土、浮碴应清除干净。

（2）在支承薄板的墙或梁上，弹出薄板安装标高控制线，并分别划出安装位置线和注明板号。

（3）按硬架设计要求，安装好薄板的硬架支撑，检查硬架上龙骨的上表面是否平直和符合板底设计标高要求。

（4）将支承薄板的墙或梁面部伸出的钢筋调整好。检查墙、梁顶面是否符合安装标高要求（墙、梁顶面标高比板底设计标高低 20mm 为宜）。

（5）薄板硬架支撑。其龙骨一般可采用 100mm×100mm 方木，也可用 50mm×100mm×2.5mm 薄壁方钢管或其他轻钢龙骨、铝合金龙骨。其立柱宜采用可调节钢支柱，也可采用 100mm×100mm 木立柱。其拉杆可采用脚手架钢管或 50mm×100mm 方木。

（6）板缝模板。一个单位工程宜采用同一种尺寸的板缝宽度，或做成与板缝宽度相适应的几种规格木模。要使板缝凹进缝内 5～10mm 深（有吊顶的房间除外）。

2. 安装工艺

（1）安装顺序。在墙或梁上弹出薄板安装水平线并分别划出安装位置线→薄板硬架支撑安装→检查和调整硬架支承龙骨上口水平标高→薄板吊运、就位→板底平整度检查及偏差纠正处理→整理板端伸出钢筋→板缝模板安装→薄板上表面清理→绑扎叠合层钢筋→叠合层混凝土浇筑并达到要求强度后拆除硬架支撑。

（2）工艺技术要点。

1）硬架支撑安装。硬架支承龙骨上表面应保持平直，要与板底标高一致。龙骨及立柱的间距，要满足薄板在承受施工荷载和叠合层钢筋混凝土自重时，不产生裂缝和超出允许挠度的要求。一般情况，立柱及龙骨的间距以1200～1500mm为宜。立柱下支点要垫通板，如图7-4所示。

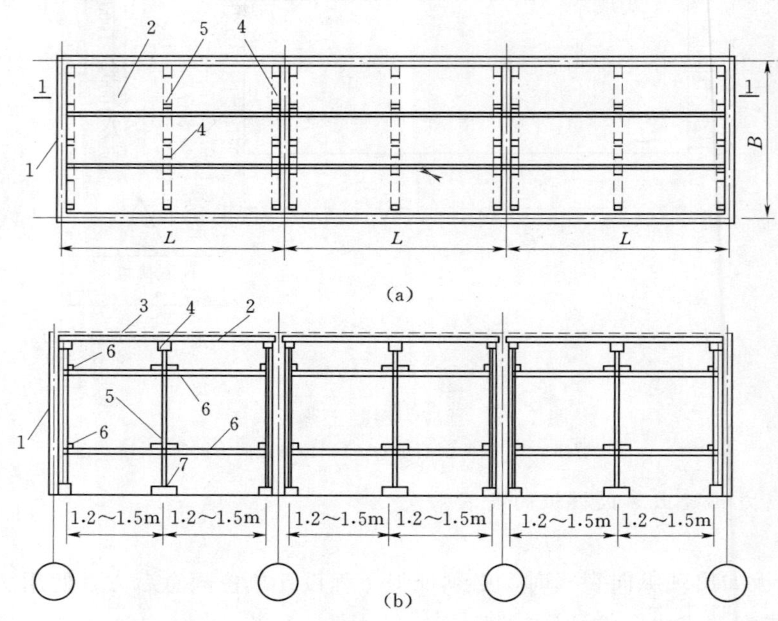

图7-4 薄板硬架支撑系统

（a）薄板支撑平面布置图；（b）1—1剖面图

1—薄板支撑墙体；2—预应力薄板；3—现浇混凝土叠合层；4—薄板支撑龙骨（100mm×100mm木方或50mm×10mm×2.5mm薄壁方钢管）；5—支柱（100mm×100mm木方或可调节的钢支柱，横距0.9～1m）；6—纵、横向水平拉杆（50mm×100mm木方或脚手架钢管）；7—支柱下端支垫（50mm厚通板）

当硬架的支柱高度超过3m时，支柱之间必须加设水平拉杆拉固。如采用钢管立柱时，连接立柱的水平拉杆必须使用钢管和卡扣与立柱卡牢，不得采用镀锌钢丝绑扎。硬架的高度在3m以下时，应根据具体情况确定是否拉结水平拉杆。在任何情况下，都必须保证硬架支撑的整体稳定性。

2）薄板吊装。吊装跨度在4m以内的条板时，可根据垂直运输机械起重能力及板重一次吊运多块。多块吊运时，应于紧靠板垛的垫木位置处，用钢丝绳兜住板垛的底面，将板垛吊运到楼层，先临时、平稳停放在指定加固好的硬架或楼板位置上，然后挂吊环单块安装就位。吊装跨度大于4m的条板或整间式的薄板，应采用6～8点吊挂的单块吊装方法。吊具可采用焊接式方钢框或双铁扁担式吊装架和游动式钢丝绳平衡索具，如图7-5和图7-6所示。

薄板起吊时，先吊离地面50cm停下，检查吊具的滑轮组、钢丝绳和吊钩的工作状况及薄板的平稳状态是否正常，然后再提升安装、就位。

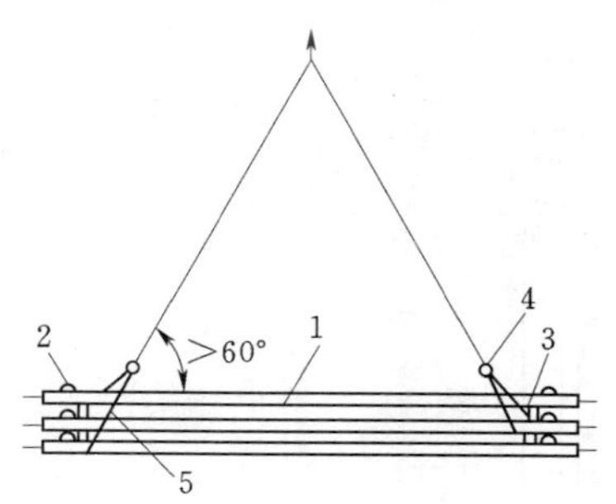

图 7-5　4m 长以内薄板多块吊装

1—预应力薄板；2—吊环；3—垫木；4—卡环；5—带橡胶管套兜索

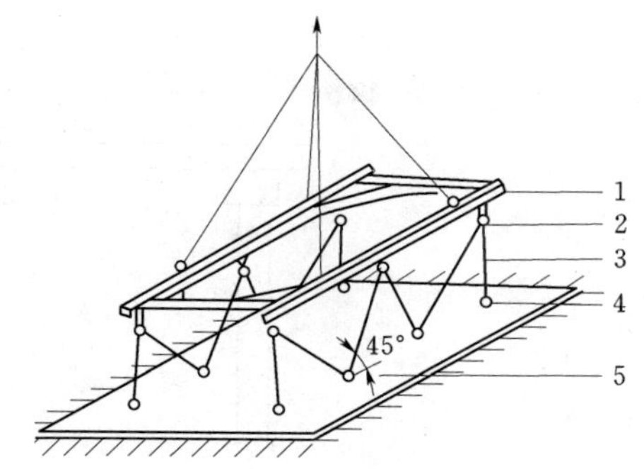

图 7-6　单块薄板八点吊装

1—方框式[12 双铁扁担吊装架；2—开口起重滑子；3—钢丝绳 6×19ϕ12.5mm；4—索具卸扣；5—薄板

3）薄板调整。采用撬棍拨动调整薄板的位置时，撬棍的支点要垫以木块，以避免损坏板的边角。

薄板位置调整好后，检查板底与龙骨的接触情况，如发现板底与龙骨上表面之间空隙较大时，可采用以下方法调整：如属龙骨上表面的标高有偏差时，可通过调整立柱丝扣或木立柱下脚的对头木楔纠正其偏差；如属板的变形（反弯曲或翘曲）所致，当变形发生在板端或板中部时，可用短粗钢筋棍与板缝成垂直方向贴住板的上表面，再用 8 号镀锌钢丝通过板缝将粗钢筋棍与棱底的支撑龙骨别紧，使板底与龙骨贴严，如图 7-7 所示；如变形只发生在板端部时，亦可用撬棍将板压下，使板底贴至龙骨上表面，然后用粗短钢筋棍的一端压住板面，另一端与墙（或梁）上钢筋焊牢固定，撤除撬棍后，使板底与龙骨接触严密，如图 7-8 所示。

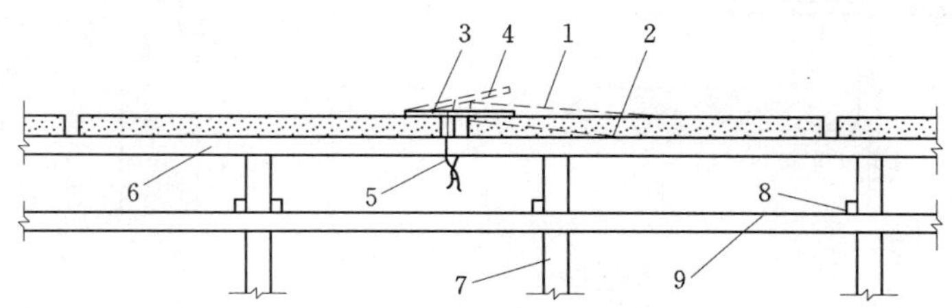

图 7-7　板端或板中变形的校正

1—板校正前的变形位置；2—板校正后的位置；3—L=400mm，ϕ25 以上钢筋用 8 号镀锌钢丝拧紧后的位置；4—钢筋在 8 号镀锌钢丝拧紧前的位置；5—8 号镀锌钢丝；6—薄板支承龙骨；7—立柱；8—纵向拉杆；9—横向拉杆

4）板端伸出钢筋的整理。薄板调整好后，将板端伸出钢筋调整到设计要求的角度，再理直伸入对头板的叠合层内。不得将伸出钢筋弯曲成 90°，或往回弯入板的自身叠合层内。

5）板缝模板安装。薄板底如作不设置吊顶的普通装修天棚时，板缝模宜做成具有凸缘或三角形截面并与板缝宽度相配套的条模，安装时可采用支撑式或吊挂式方法固定如图 7-9 所示。

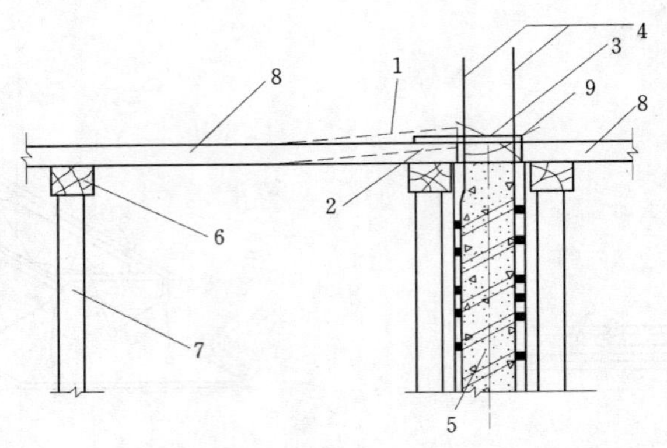

图 7-8 板端变形的校正

1—板端校正前的位置；2—板端校正后的位置；3—粗短钢筋头与墙体立筋焊牢压住板端；4—墙体立筋；5—墙体；6—薄板支承龙骨；7—立柱；8—混凝土薄板；9—板端伸出钢筋

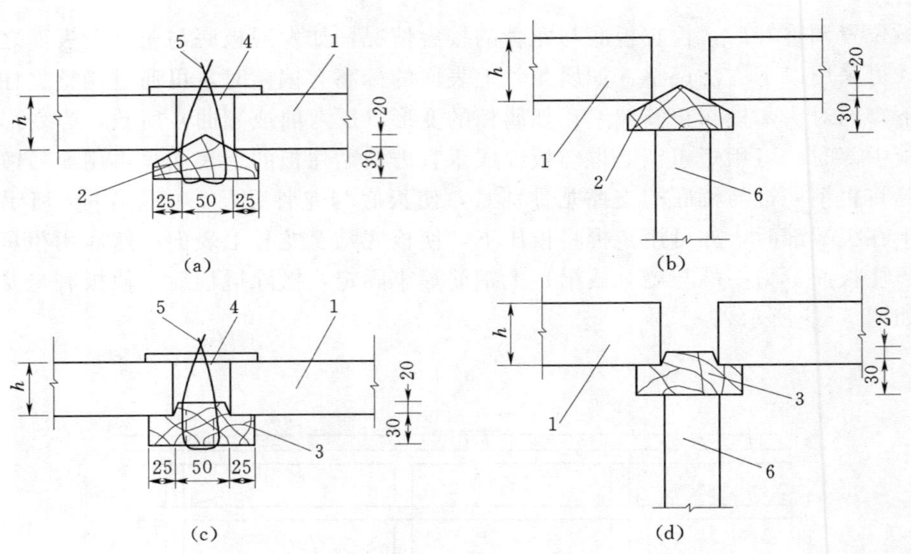

图 7-9 板缝模板的安装

(a) 吊挂式三角形截面的缝模；(b) 支撑式三角形截面板缝模；(c) 吊挂式带凸沿板缝模；(d) 支撑式带凸沿板缝模

1—混凝土薄板；2—三角形截面板缝模；3—带凸沿截面板缝模；4—$L'=100$mm，$\phi6\sim8$mm，钢筋别棍；5—14 号镀锌钢丝穿过模缝模 $\phi4$mm 孔与钢筋别棍拧紧；6—板缝模支撑（50mm×50mm 方木）；h—板厚，mm

（四）薄板安装质量要求

薄板表面处理在浇筑叠合层混凝土前，板面预留的剪力钢筋要修整好，板表面的浮浆、浮碴、起皮、尘土要处理干净，然后用水将板润透（冬期施工除外）。冬期施工薄板不能用水冲洗时应采取专门措施，保证叠合层混凝土与薄板结合成整体。

薄板安装的允许偏差见表 7-1。

表 7-1 薄板安装的允许偏差

序号	项目	允许偏差（mm）	检验方法
1	相邻两板底高差	高级≤2	安装后在底板与硬架龙骨上表面处用塞尺检验
		中级≤4	
		有吊顶或抹灰≤5	
2	板的支撑长度偏差	5	尺量
3	安装位置偏差	≤10	尺量

二、预制预应力混凝土薄板模板

（一）预制预应力混凝土薄板模板构造

1. 组合板的板面与连接构造

（1）组合板的板面构造。为保证薄板与现浇混凝土层组合后在叠合面的抗剪能力，在生产薄板时应对板面进行处理，其板面的构造如下：

1）当要求叠合面承受的抗剪能力较大时（剪应力大于 0.4MPa），薄板表面除要求粗糙、划毛外，还要增设抗剪钢筋，其规格和间距由设计计算确定。抗剪钢筋可做成单片的波纹或折线形状，或用点焊的片网弯折成具有三角形断面的肋筋，如图 7-10 所示。

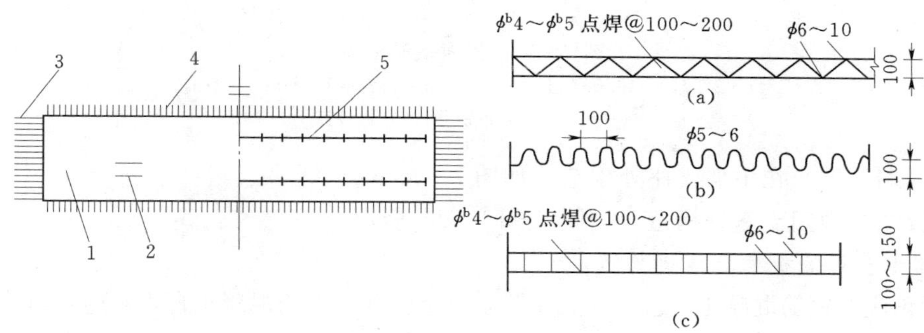

图 7-10 板面抗剪钢筋（单位：mm）

（a）折线形焊接片网；（b）波纹形片网；（c）三角形断面焊接骨架

1—预应力混凝土薄板；2—吊环；3—预应力钢筋；4—分布筋；5—抗剪钢筋

2）当要求叠合面承受的抗剪能力较小时，可在板的上表面加工成具有粗糙、划毛的表面；用辊筒辊压成小凹坑，凹坑的宽和长度一般在 50～80mm，深度在 6～10mm，间距在 150～300mm；用网状滚轮，辊压出深 4～6mm、成网状分布的压痕表面，如图 7-11 所示。

3）在薄板表面设有钢筋桁架，桁架除能提高叠合面上的抗剪能力外，还可用以加强薄板施工时的刚度，以减少薄板在安装时板底的临时支撑，如图 7-12 所示。

（2）组合板的连接构造。为了从构造上保证组合楼板在支座处受力的连续性和增强楼板横向的整体性，薄板之间一般采用以下几种连接构造：

1）板与板的侧面连接构造，如图 7-13（a）、（b）所示。

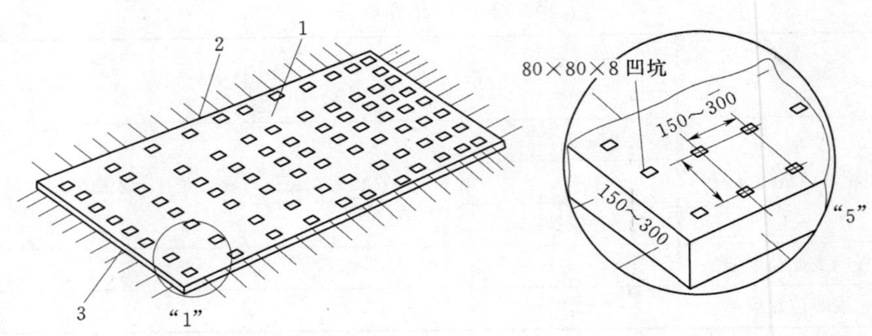

图 7-11 板面表面处理（单位：mm）
1—预应力钢筋混凝土薄板；2—横向分布钢筋；3—纵向预应力钢筋

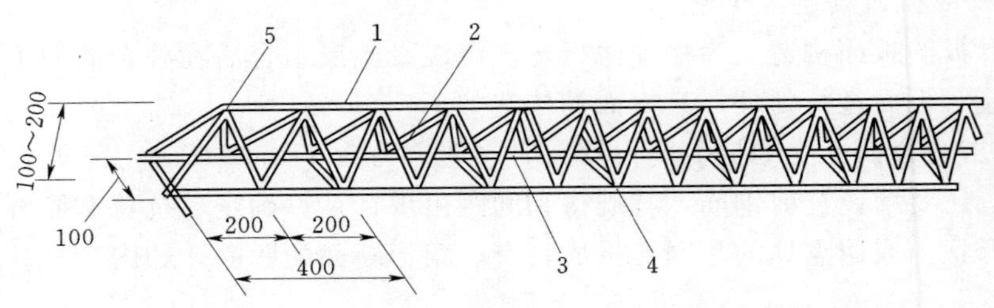

图 7-12 板面钢筋桁架
1—2（ϕ10～16mm）上铁；2—ϕ6mm 肋筋；3—ϕ8mm 下铁；
4—ϕ6@400 分布钢筋；5—焊接点

2）板端（侧）在山墙支座处构造，如图 7-13（c）所示。

3）板端在中间支座处构造，如图 7-13（d）所示。

2. 非组合板的板面与连接构造

此种预应力钢筋混凝土薄板，在施工阶段只承受现浇钢筋混凝土自重和施工荷载，与现浇混凝土层结合后，在使用阶段不承受使用荷载，而只作为现浇楼板的永久性模板使用。

为了保证薄板与楼板现浇混凝土层的可靠锚固和结合成整体，薄板可同时采用以下构造方法：

（1）制作薄板时，其板端预应力钢筋的伸出长度不少于 $40d$（d 为主筋直径）薄板安装后，将伸出钢筋向上弯起并伸入楼板现浇混凝土层内，如图 7-14 所示。

（2）绑扎现浇楼板的钢筋时，在纵横两个方向各用 1 根直径为 8mm 的通长钢筋穿过薄板板面上预留的吊环内，将薄板锚挂在楼板底部的钢筋上，与现浇混凝土层浇筑在一起。

（3）薄板制作时，将板的上表面加工成具有拉毛或压痕的表面，以增加其与现浇层混凝土的结合能力。

（二）预制预应力混凝土薄板模板安装

1. 组合板安装

（1）作业条件准备。

1）在支撑薄板的墙或梁上，弹出薄板安装标高控制线，并分别划出安装位置线和注

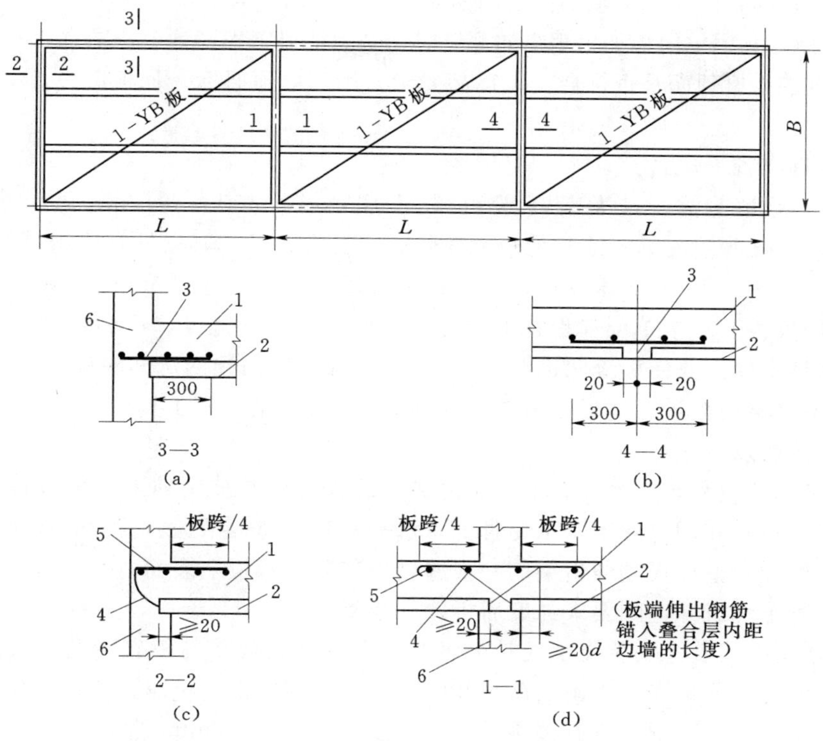

图 7-13 薄板的构造连接

(a) 板侧尽端处构造连接；(b) 板侧面构造连接；(c) 端支座处构造连接；(d) 中间支座处构造连接

1—现浇混凝土叠合层；2—预应力钢筋混凝土薄板；3—构造连接钢筋 ϕ^b5@200mm（双向）；4—板端伸出钢筋；5—支座处构造钢筋；6—混凝土墙或梁（当为砖墙时，板伸入支座长≥40mm）

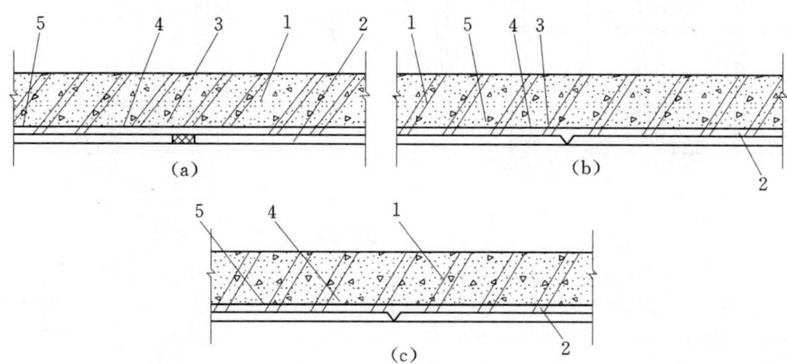

图 7-14 非组合薄板与叠合现浇层的连接构造

(a) 板端的连接；(b) 板端与板侧面连接；(c) 板侧间的连接

1—现浇混凝土层；2—预应力薄板；3—伸出钢筋；4—穿吊环锚固筋；5—钢筋

明板号。

2）按硬架设计要求，安装好薄板的硬架支撑，检查硬架上龙骨的上表面是否平直和符合板底设计标高要求。

3）将支撑薄板的墙或梁顶部伸出的钢筋调整好。钢筋向上弯成45°，板上表面的尘土、浮碴清除干净。其中单向板如出现纵向裂缝时，必须征得工程设计单位同意后方可使用。

4）检查墙、梁顶面是否符合安装标高要求（墙、梁顶面标高比板底设计标高低20mm为宜）。

（2）料具准备工作。

1）薄板硬架支撑。其龙骨一般可采用100mm×100mm方木，也可用50mm×100mm×2.5mm薄壁方钢管或其他轻钢龙骨、铝合金龙骨。其立柱宜采用可调节钢支柱，亦可采用100mm× 100mm木立柱，其拉杆可采用脚手架钢管或50mm×100mm方木。

2）板缝模板。一个单位工程宜采用同一种尺寸的板缝宽度，或做成与板缝宽度相适应的几种规格木模。要使板缝凹进缝内5～10mm深（有吊顶的房间除外）。

3）配备好钢筋扳子、撬棍、吊具、卡具、8号镀锌钢丝等工具。

（3）工艺要点。

1）安装工艺流程。在墙或梁上弹出薄板安装水平线并分别划出安装位置线一薄板硬架支撑安装一检查和调整硬架支承龙骨上口水平标高一薄板吊运、就位一板底平整度检查及偏差纠正处理一整理板端伸出钢筋一板缝模板安装一薄板上表面清理一绑扎叠合层钢筋一叠合层混凝土浇筑并达到要求强度后拆除硬架支撑。

2）硬架支撑安装。硬架支承龙骨上表面应保持平直，要与板底标高一致。龙骨及立柱的间距，要满足薄板在承受施工荷载和叠合层钢筋混凝土自重时，不产生裂缝和超出允许挠度的要求。一般情况，立柱及龙骨的间距以1200～1500mm为宜。立柱下支点要垫通板，如图7-15所示。

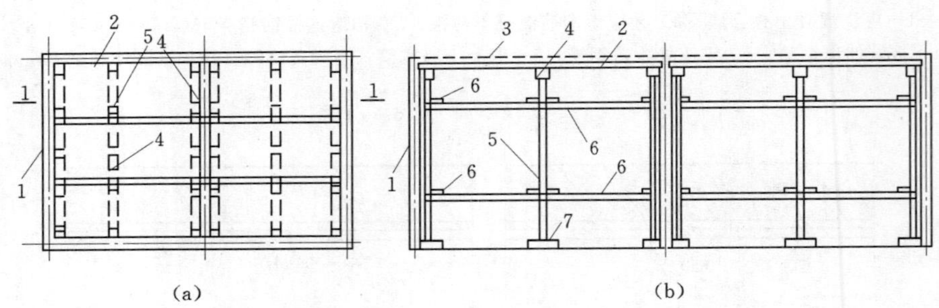

图7-15 硬架支撑系统

（a）组合板支撑平面布置图；（b）1—1剖面图

1—支撑墙体；2—预应力组合板；3—现浇混凝土叠合层；4—支撑龙骨（100mm×100mm木方或50mm×100mm×2.5mm薄壁方钢管）；5—支柱（100mm×100mm木方或可调节的钢支柱，横距0.9～1m）；6—纵、横向水平拉杆（50mm×100mm木方或脚手架钢管）；7—支柱下端支垫（50mm厚通板）

当硬架的支柱高度超过3m时，支柱之间必须加设水平拉杆拉固。如采用钢管立柱时，连接立柱的水平拉杆必须使用钢管和卡扣与立柱卡牢，不得采用镀锌钢丝绑扎。硬架的高度在3m以下时，应根据具体情况确定是否拉结水平拉杆。在任何情况下，都必须保证硬架支撑的整体稳定性。

3）组合板吊装。吊装跨度在4m以内的组合板时，可根据垂直运输机械起重能力及板重一次吊运多块。

吊装跨度大于4m的组合板，应采用6～8点吊挂的单块吊装方法。吊具可采用焊接式方钢框或双铁扁担式吊装架和游动式钢丝绳平衡索具，如图7-16和图7-17所示。

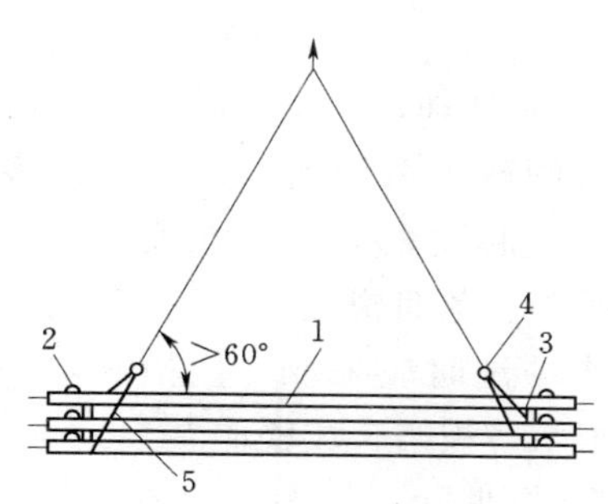

图7-16 4m长以内组合板多块吊装

1—预应力组合板；2—吊环；3—垫木；4—卡环；5—兜索

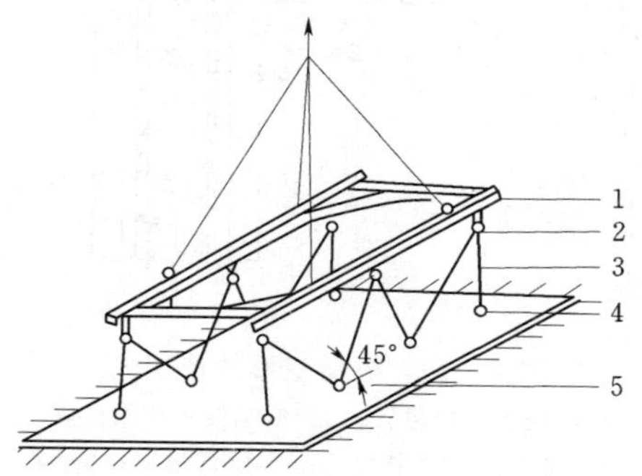

图7-17 单块组合板八点吊装

1—方框式铁扁担吊装架；2—开口起重滑子；3—钢丝绳；4—索具卸扣；5—组合板

薄板起吊时，先吊离地面50cm停下，检查吊具的滑轮组、钢丝绳和吊钩的工作状况及薄板的平稳状态是否正常，然后再提升安装、就位。

4）薄板调整。采用撬棍拨动调整薄板的位置时，撬棍的支点要垫以木块，以避免损坏板的边角。

薄板位置调整好后，检查板底与龙骨的接触情况，如发现板底与龙骨上表面之间空隙较大时，如属于龙骨上表面的标高有偏差时，可通过调整立柱螺纹或木立柱下脚的对头木楔纠正其偏差；如属于板的变形（反弯曲或翘曲）所致，当变形发生在板端或板中部时，可用短粗钢筋棍与板缝成垂直方向贴住板的上表面，再用8号镀锌钢丝通过板缝将粗钢筋棍与板底的支撑龙骨别紧，使板底与龙骨贴严，如图7-18所示。

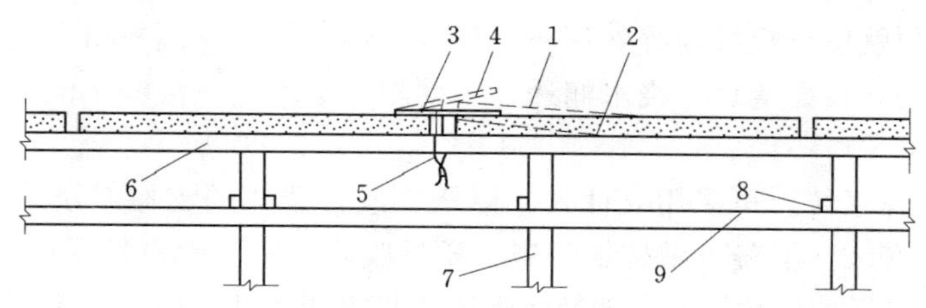

图7-18 板中变形的校正

1—板校正前的变形位置；2—板校正后的位置；3—$\phi25$以上钢筋用8号镀锌钢丝拧紧后的位置；4—钢筋在8号镀锌钢丝拧紧前的位置；5—8号镀锌钢丝；6—支承龙骨；7—立柱；8—纵向拉杆；9—横向拉杆

如变形只发生在板端部时，亦可用撬棍将板压下，使板底贴至龙骨上表面，然后用粗短钢筋棍的一端压住板面，另一端与梁（或墙）上的钢筋焊牢固后，撤除撬棍后，使底板与龙骨接触严密，如图7-19所示。

5）板端伸出钢筋的整理。薄板调整好后，将板端伸出钢筋调整到设计要求的角度，再理直伸入对头板的叠合层内。不得将伸出钢筋弯曲成90°，或往回弯入板的自身叠合层内。

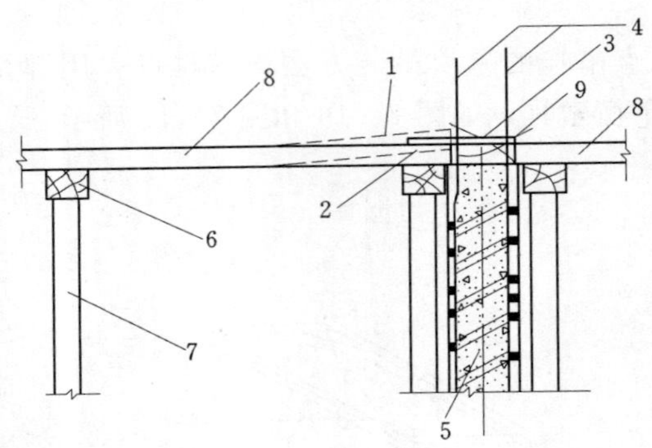

图 7-19 板端变形的校正

1—板端校正前的位置；2—板端校正后的位置；3—粗短钢筋头与梁体立筋焊牢压住板端；4—梁体立筋；5—梁体；6—支撑龙骨；7—立柱；8—混凝土组合板；9—板端伸出钢筋

6）板缝模板安装。薄板底如作不设置吊顶的普通装修顶棚时，板缝模宜做成具有凸沿或三角形截面并与板缝宽度相配套的条模，安装时可采用支撑或吊挂式方法固定，如图 7-19 所示。

7）薄板表面处理。在浇筑叠合层混凝土前，板面预留的剪力钢筋要修整好，板表面的浮浆、浮碴、起皮、尘土要处理干净，然后用水将板润透（冬期施工除外）。冬期施工薄板不能用水冲洗时应采取专门措施，保证叠合层混凝土与薄板结合成整体。

8）硬架支撑拆除。如无设计要求时，必须待叠合层混凝土强度达到设计强度标准值的 75%后，方可拆除硬架支撑。

2. 非组合板安装

（1）作业条件准备。

1）安装好薄板支撑系统，检查支撑薄板的龙骨上表面是否平直和符合板底的设计标高要求。在直接支撑薄板的龙骨上，分别划出薄板安装位置线、标注出板的型号。

2）检查薄板是否有裂缝、掉角、翘曲等缺陷，对有缺陷者需处理后方可使用。

3）去掉板的四边飞刺，板两端伸出钢筋向上弯起 60°角，板表面尘土和浮渣清除干净。

4）按板的规格、型号和吊装顺序将板分垛码放好。

（2）安装工艺要点。

1）安装工艺流程如下：薄板支撑系统安装→薄板的支撑龙骨上表面的水平及标高校核→在龙骨上划出薄板安装位置线、标注出板的型号→板垛吊运、搁置在安装地点→薄板人工抬运、铺放和就位→板缝勾缝处理→整理板端伸出钢筋→薄板吊环的锚固筋铺设和绑扎→绑叠合层钢筋→板面清理、浇水润透（冬期施工除外）→混凝土浇筑、养护至设计强度后拆除支撑系统。

2）薄板的支撑系统，可采用立柱式、桁架式或台架式的支撑系统。支撑系统的设计应按 GB 50204—2002《混凝土结构工程施工质量验收规范》中模板设计有关规定执行。

3）薄板一次吊运的块数，除考虑吊装机械的起重能力外，尚应考虑薄板采用人工码垛及拆垛、安装的方便。对板垛临时停放在支撑系统的龙骨上或已安装好的薄板上，要注意板垛停放处的支撑系统是否超载，防止该处的支撑龙骨或薄板发生断裂，造成板垛坍落事故。

4）薄板堆放的铺底支垫，必须采用通长的垫木（板），板的支垫要靠近吊环位置。其存放场地要平整、夯实和有良好的排水措施。

5）薄板采用人工逐块拆垛、安装时，操作人员的动作要协调一致，防止板垛发生倾翻事故。

6）薄板铺设和调整好后，应检查其板底与龙骨的搭接面及板侧的对接缝是否严密，如有缝隙时可用水泥砂浆钩严，以防止在浇筑混凝土时产生漏浆现象。

7）板端伸出钢筋要按构造要求伸入现浇混凝土层内。穿过薄板吊环内的纵、横锚固筋，必须置于现浇楼板底部钢筋之上。

其他安装工艺要点及安装质量允许偏差，与组合板要求相同。

第二节　非预应力钢筋混凝土薄板模板

一、双钢筋混凝土薄板模板

（一）双钢筋混凝土薄板模板的特点

双钢筋混凝土薄板模板，是用冷拔低碳钢丝，按特定构造尺寸焊接成梯格钢筋骨架作为配筋，预制成的钢筋混凝土薄板构件，如图 7-20 所示。这种薄板主要应用于现浇钢筋混凝土楼板或屋面板工程。薄板本身既是现浇楼板的永久性模板；当与楼板的现浇混凝土层叠合后，又是构成楼板的受力结构部分，与楼板组成组合板（薄板的双钢筋主筋就是楼板的主筋）。由于双钢筋在混凝土内有较大的锚固力（三个梯格的锚固，就能保证钢筋被拉断而不出现滑移和混凝土劈裂），当与现浇混凝土层叠合后，能有效地提高楼板的承载力、刚度和抗裂性。同时，可由多块薄板进行拼接，在拼接缝内通过对板侧伸出的双钢筋进行较简单的连接，与现浇混凝土层叠合后，可组合成大跨间双向受力楼板。

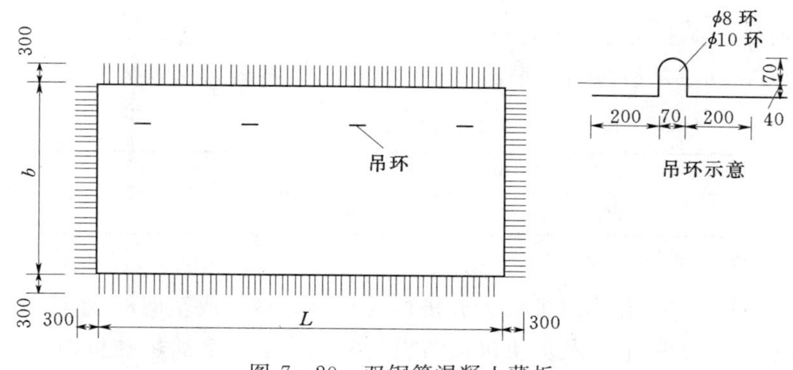

图 7-20　双钢筋混凝土薄板

（二）适用范围

预制双钢筋混凝土薄板，适用于抗震设防烈度为 7 度、8 度地震区和非地震区，跨度在 8m 以内的多层和高层建筑的双向受力现浇钢筋混凝土楼板工程，尤其适用于大跨间、板底不设吊顶的一般装修标准的现浇楼板或屋面板工程。

（三）材料规格

制作双钢筋的纵筋，宜采用普通低碳热轧 Q235 钢、直径为 8mm 的盘条，经冷拔成直径为 5mm 的甲级冷拔钢丝。

制作双钢筋的横筋，宜采用含碳量小于纵筋的同等材料、直径为 6.5mm 的盘条，经冷拔制成直径为 4mm 或 3.5mm 的乙级钢丝。

薄板的吊环钢筋，应采用未经冷加工的 HPB235 级热轧钢筋。板的配筋分为两级，一级为 5 号（ϕ^b5 梯格钢筋）间距 200mm 双向；二级为 5 号间距 100mm 双向。

薄板的混凝土强度等级以不小于 C30 为宜。

制作双钢筋混凝土薄板的材料有以下几种。

1. 混凝土材料

(1) 薄板的混凝土强度等级以不小于C30为宜。

(2) 配制混凝土所用的水泥，同预应力混凝土薄板。

(3) 配制混凝土所用的砂、石，与预应力混凝土薄板相同。

(4) 混凝土中掺用的外加剂应符合有关标准并经试验合格后方可使用。不得掺用对钢筋有锈蚀作用的外加剂。

2. 冷拔钢丝材料

制作双钢筋的冷拔钢丝，应符合下列质量要求：

(1) 冷拔钢丝表面不得有锈蚀、裂纹、油污和机械损伤。

(2) 冷拔钢丝直径允许偏差应符合表7-2的规定。

表 7-2　冷拔钢丝直径允许偏差

项　目	冷拔钢丝直径（mm）	直径允许偏差	备　注
1	$\phi^b 3.5$	±0.06	检验时应同时测量冷拔丝两个垂直方向的直径
2	$\phi^b 4.0$	±0.08	
3	$\phi^b 5.0$	±0.10	

（四）双钢筋混凝土薄板模板的构造

薄板厚为63mm，单板规格（平面尺寸）可分为9种板，见表7-3。

表 7-3　钢筋混凝土薄板规格　单位：mm

L	4080	4380	4980	5280	5580	5880	6180	6480	6780	7080
b	1390、1690、2000、2300、2600、2900、3200、3500、3800									

注　表中板宽（*b*）适用于各种板长（*L*）。

板的拼接，可按三拼板、四拼板、五拼板几种形式拼接成整间的双向受力现浇叠合楼板的底板，如图7-21所示。经多块拼接与现浇混凝土层叠合后，楼板的最大跨间尺寸可达7500mm×9000mm。

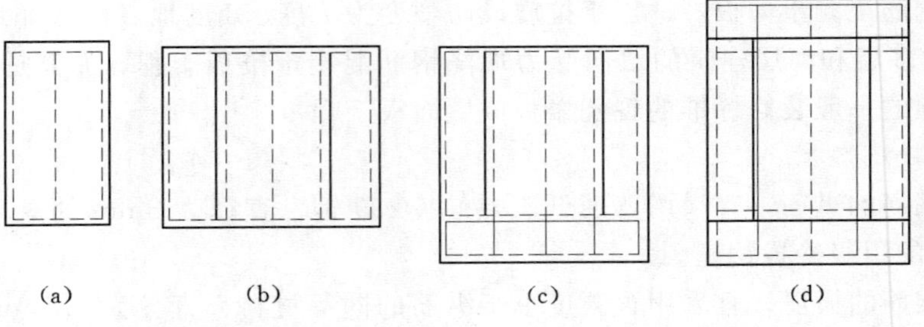

图 7-21　双钢筋混凝土薄板组拼图

(a) 单板；(b) 3板；(c) 4板；(d) 5板

薄板之间的拼接缝宽度一般为100mm，如排板需要时可在70～80mm变动，但大于100mm的拼缝，应置于接近楼板支承边的一侧。拼接缝的布置如图7-22所示。

薄板上表面的抗剪构造。为保证薄板与现浇混凝土层叠合后在叠合面的抗剪能力，板面可根据其对抗剪能力的不同要求作如下构造处理：

（1）当要求叠合面承受的抗剪能力较小时，可在板的上表面加工成具有粗糙、划毛的表面，且辊筒辊压成小凹坑，亦可预留出在横向具有凹槽的表面，凹槽的宽度一般为50～100mm，深度为10～20mm，凹槽的间距为150～200mm，用网状滚轮辊压出深4～6mm成网状分布的压痕表面。

（2）当要求叠合面承受的抗剪能力较大时（剪应力大于0.4MPa），薄板上表面除要求粗糙、划毛外，还要增设抗剪钢筋，其规格和间距由设计计算确定。

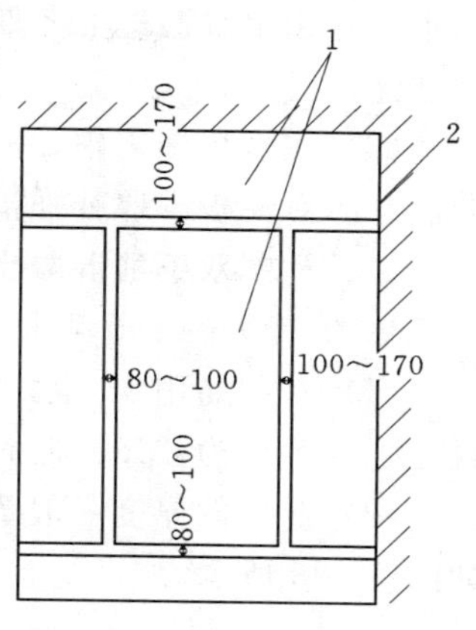

图7-22　薄板拼接缝布置图
1—双钢筋混凝土薄板；
2—连续边支座

（五）双钢筋混凝土薄板模板安装

1. 安装准备工作

双钢筋混凝土薄板模板安装准备工作同预应力混凝土薄板。

2. 安装顺序

在墙（梁）上弹出薄板安装水平线及分划出安装位置线→硬架支撑安装→检查、调整支撑龙骨上口水平标高→薄板吊运、就位→板底平整度检查、校正、处理→整理板端及板侧的伸出钢筋→板缝模板安装→绑扎板缝双钢筋及板面加固筋→薄板上表面清理及用水充分湿润（冬期施工除外）→叠合层混凝土浇筑并养护至拆模强度→拆除硬架支撑。

3. 工艺技术要点

（1）硬架的支撑安装与预应力混凝土薄板模板相同。

（2）硬架支撑的水平拉杆设置。当房间开间为单拼板或三拼板的组合情况，硬架的支柱高度超过3m时，支柱之间必须加设水平拉杆；支柱高度在3m以下时，应根据情况确定是否拉结。当房间开间为四拼板或五拼板的组合情况时，支柱必须加设纵、横贯通的水平拉杆。在任何情况下，都必须保证硬架支撑的整体稳定性。

（3）薄板吊装，应钩挂预留地吊环用8点平衡吊挂的单块吊装方法。薄板起吊方法与预应力混凝土薄板模板相同。

（4）薄板调整。与预应力混凝土薄板模板相同。

（5）板伸出钢筋的处理。薄板调整好后，将板端和板侧伸出的钢筋调整到设计要求的角度，并伸入相邻板的叠合层混凝土内。

（6）板缝模板安装。与预应力混凝土薄板模板相同。

（7）薄板表面清理。与预应力混凝土薄板模板相同。

（8）硬架支撑必须待叠合层混凝土强度达到设计强度的100%后方可拆除。

4. 安装质量要求

（1）薄板的端头及侧面伸出的双钢筋，严禁上弯90°或压在板下，必须按设计要求将其弯入相邻板的叠合层内。

（2）板缝的宽度尺寸及其双钢筋绑扎的位置要正确，板侧面附着的浮渣、杂物等要清除干净并用水湿润透（冬期施工除外）。板缝混凝土振捣要密实，以保证板缝双向传递的承载能力。

（3）在楼板施工中，薄板如需要开凿管道等设备孔洞，应征得工程设计单位同意，开洞后并应对薄板采取补强措施。开洞时不得擅自扩大孔洞面积和切断板的钢筋。

二、预制双钢筋混凝土薄板模板

1. 预制双钢筋混凝土薄板模板构造

（1）双钢筋用 $\phi 5$ 冷拔低碳钢丝平焊成型，吊环用未经冷加工的 I～PB235 级钢筋。混凝土强度等级为 C35。板的配筋分为中 $\phi 5$@200 双向和 $\phi 5$@100 双向两类。

（2）薄板的厚度一般为 63mm，单板规格有多种，可组拼成三拼、四拼、五拼板型，如图 7－23 所示。

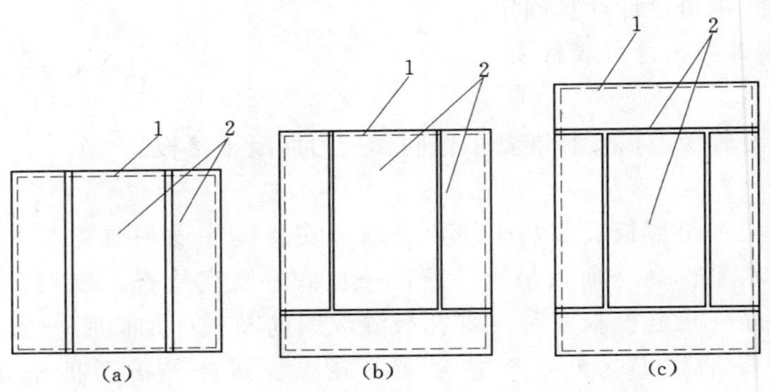

图 7－23 薄板的拼接形式

（a）三拼板；（b）四拼板；（c）五拼板

1—薄板搁置的周边支座；2—双钢筋混凝土薄板

拼板之间的板缝可在 80～170mm 变动，一般为 100mm。大于 100mm 的拼缝，应置于连接边的一侧，如图 7－24 所示。

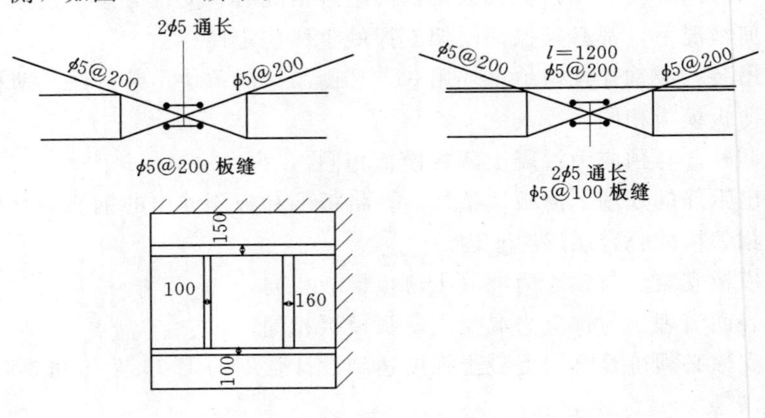

图 7－24 薄板组拼接缝处理

2. 预制双钢筋混凝土薄板模板安装

（1）薄板应按 8 个吊环同步起吊，运输、堆放的支点位置应在吊点位置。

(2) 堆放场地应平整夯实。不同板号应分别码垛，不允许不同板号重叠堆放。堆放高度不得大于6层。

(3) 薄板安装前应事先作好现场临时支架，如图7-25所示，并抄平、找正后方能安装就位，与支架直交的板缝可以使用吊模。

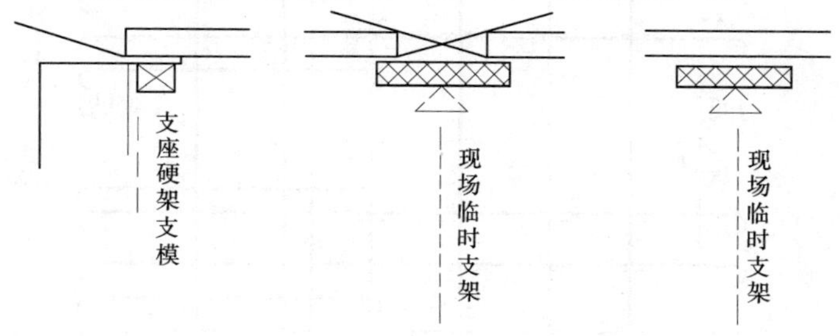

图7-25 临时支架示意图

硬架支撑的水平拉杆设置。当房间开间为单拼板或三拼板的组合情况，硬架的支柱高度超过3m时，支柱之间必须加设水平拉杆；支柱高度在3m以下时，应根据情况确定是否拉结。当房间开间为四拼板或五拼板的组合情况时，支柱必须加设纵、横贯通的水平拉杆。在任何情况下，都必须保证硬架支撑的整体稳定性。

(4) 板侧伸出的双钢筋长度和板端伸入支座内的双钢筋的长度不少于300mm。薄板在支座上的搁置长度一般为+20mm，如排板需要时亦可在−50～+30mm之间变动（但简支边的搁置长度应大于0mm），若必须小于−50mm时，应增加板端伸出钢筋的长度，或在现场另行加筋（梯格双钢筋）与伸出钢筋搭接，以增加伸出钢筋的有效长度如图7-26所示。

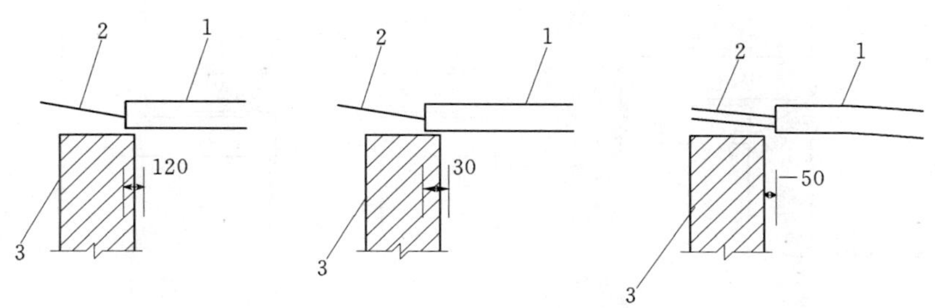

图7-26 薄板在支座上的搁置长度

1—薄板；2—伸出双钢筋≥300mm；3—支座（墙或者梁）

(5) 薄板的吊环构造连接。薄板拼接完后，沿吊环的两个方向用通长的ϕ8mm钢筋将吊环进行双向连接，钢筋端头伸入邻跨400mm并加弯钩。与吊环直交方向的钢筋穿越吊环，另一方向的钢筋置于直交钢筋下并与之绑扎，如图7-27所示。

(6) 薄板调整好后，将板端和板侧伸出的钢筋调整到设计要求的角度，并伸入相邻板的叠合层混凝土内，如图7-28所示。

(7) 在楼板叠合层预留孔洞、孔位周边，各侧加放双钢筋，如图7-29所示，筋长=孔径+600mm，浇筑在叠合层内。待叠合层浇筑养护后，再将薄板孔洞钻通。

(8) 待叠合层混凝土强度达到100%时，才能拆除下部支架。

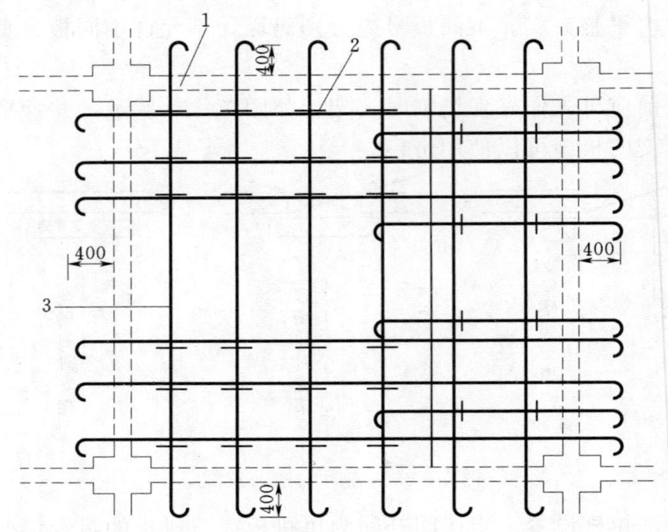

图 7-27 薄板的吊环连接构造（4 拼板或 5 拼板）

1—板的周边支座；2—吊环；3—纵、横向 ϕ8 连接钢筋

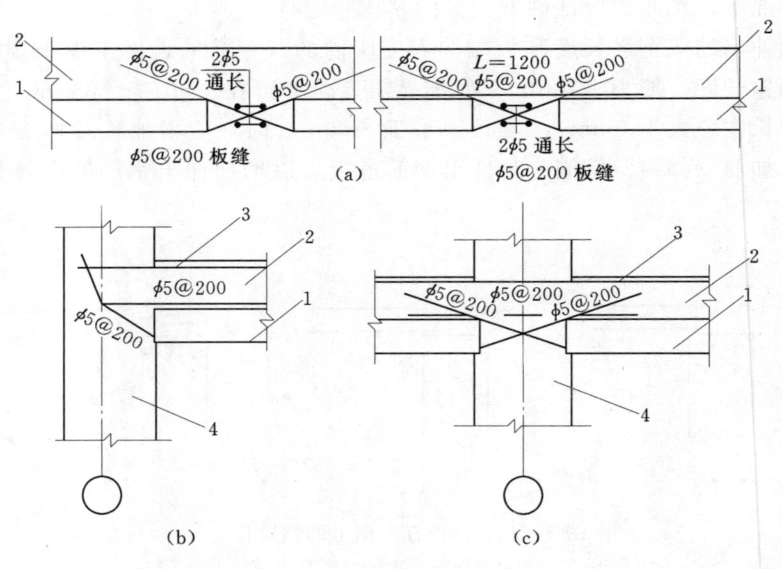

图 7-28 板伸出钢筋构造处理

(a) 板拼缝连接构造处理；(b) 山墙支座处连接构造处理；(c) 中间支座处板连接构造处理

1—双钢筋混凝土薄板；2—现浇混凝土叠合层；3—支座负筋；4—墙体

三、冷轧扭钢筋混凝土薄板模板

（一）冷轧扭钢筋混凝土薄板模板的特点

冷轧扭钢筋混凝土薄板，是通过在预制构件工厂或现场的生产台座，配以冷轧扭钢筋制作成的一种非预应力钢筋混凝土薄板构件，如图 7-30 所示。

构件内配置的冷轧扭钢筋，是采用直径 ϕ8～10mm 热轧圆盘条，经过冷拉、冷轧、冷扭成具有扁平螺旋状的钢筋，它不但具有较高的强度，而且与混凝土之间的握裹力有明显提高。冷轧扭钢筋混凝土薄板本身既是现浇楼板的永久性模板，当与现浇混凝土层叠合后便构成双向受力的组合楼板，薄板的冷轧扭钢筋就是组合楼板的主筋。这种组合板与普通非预应力楼板相比，不但改善了构件弹塑性阶段的性能，提高了构件的承载力和刚度，而且使钢筋的强度得到充分发挥。由于冷轧扭钢筋与混凝土有较强的握裹力，当将单块薄板横向伸出的冷轧扭钢筋，通过较简便的构造连接并与现浇混凝土层叠合后，可组成大跨间双向受力的组合楼板。

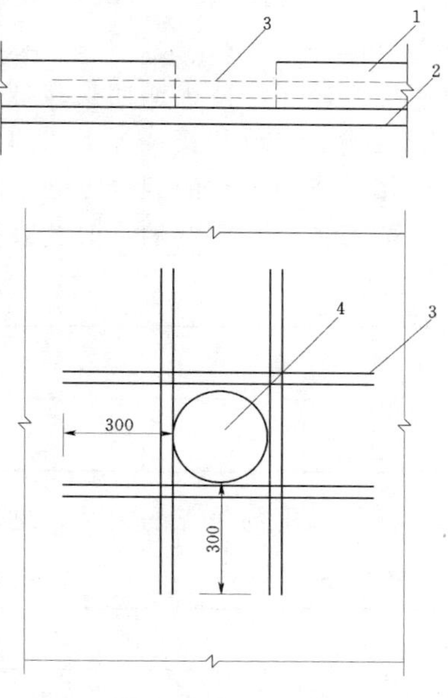

图 7-29 预留孔洞配筋位置示意图
1—叠合层；2—薄板；3—配筋；4—孔洞

冷轧扭钢筋混凝土薄板，适用于抗震设防烈度为7度、8度、9度地震区和非地震区，跨度在6m以内的多层和高层，承受静力荷载的现浇钢筋混凝土楼板或屋面板工程。尤其适用于顶棚不设置吊顶，为普通装修标准的现浇楼板工程，可以大大减少顶棚装修的抹灰作业。

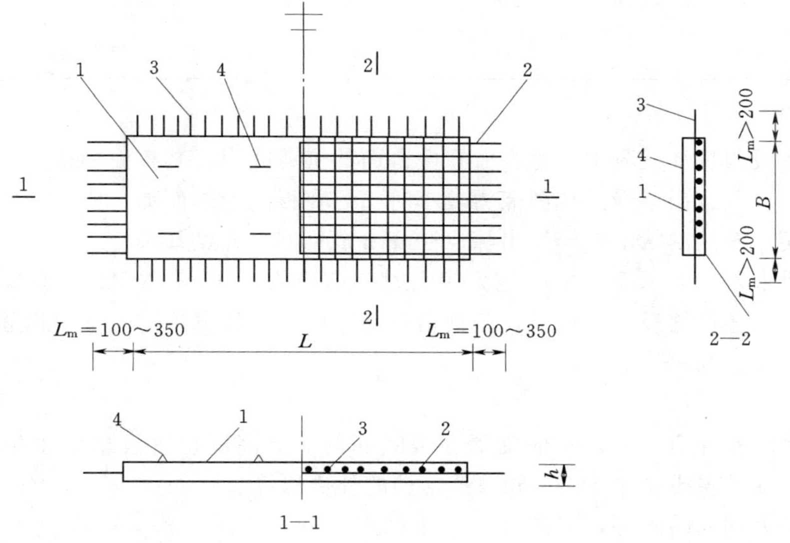

图 7-30 冷轧扭钢筋混凝土薄板
1—薄板；2—纵向冷扭主筋；3—横向冷扎主筋；4—吊环

（二）冷扎扭钢筋混凝土薄板模板构造

1. 薄板规格

（1）冷轧扭钢筋混凝土叠合楼板的经济跨度一般为4～6m。多块薄板经横向拼接后的最大跨间可达5400mm×6000mm。薄板的厚度，依据跨度由设计确定，在一般荷载下叠合后楼板的厚度取（1/35～1/40）L（L 为板的跨度）时，其薄板厚度取（L/100＋100）mm。

（2）由多块薄板横向拼接成双向叠合楼板，单块薄板宽度尺寸的确定，既要满足制作、运输、堆放和安装等工艺的要求，又要能使板的拼缝置于楼板受力最小的位置（一般置于楼板弯矩最小的四分点处）。

薄板长度与厚度的一般关系见表 7－4。

表 7－4　　薄板长度与厚度关系　　单位：mm

长　度	3000 以下	3300～4500	4800～5400
厚　度	50	60	70

薄板长度与吊点的关系，见表 7－5。

表 7－5　　薄板长度与吊点关系

简　　图	板长 L（mm）	吊　　点
吊点 400　L_2　400 L	＜3600 ＞3600	4 个（靠端点） 6 个（中间加吊点）

2. 板面构造

为保证薄板与现浇混凝土层组合后在叠合面的抗剪能力，其板面构造如下：

（1）当要求叠合面承受的抗剪能力较小时，可在板的上表面加工成具有粗糙、划毛或小凹坑的表面，或用网状滚轮辊压出深 4～6mm 成网状分布的压痕。

（2）当要求叠合面承受的抗剪能力较大时（剪应力大于 0.4MPa），薄板表面除要求粗糙、划毛外，还要增设抗剪钢筋，其规格和间距由设计计算确定。抗剪钢筋一般做成具有三角形断面的肋筋。

3. 配筋构造

板的纵横向冷轧扭主筋，一般配置在板断面的 1/2 高度位置或稍偏于板底方向的位置，其混凝土保护层不得少于 20mm（从钢筋的外边缘算起）。

冷轧扭受力钢筋的间距，当叠合后模板的厚度 $h \leqslant 150$mm 时，不应大于 200mm；当板厚 $h > 150$mm 时，不应大于 1.5h，且板的每米宽度亦不少于 3 根。

冷轧扭钢筋网片一律采用绑扎，不准焊接，凡交叉点应用钢丝绑牢。

冷轧扭钢筋接头一律为搭接接头，搭接长度末端不做弯钩。搭接长度见表 7－6。

受力钢筋的绑扎接头位置应互相错开，在任一 500mm 搭接长度区段内，绑扎接头钢筋截面积，不得超过受力钢筋总截面的 25%。

冷轧扭钢筋薄板混凝土的净保护层为 15mm。

薄板宽度与连接筋（钢筋小肋）的关系，如表 7－7 和图 7－31 所示。

表 7-6　钢筋接头搭接长度

规　　格	受拉工搭接长度 l (mm)	受压区搭接长度 l (mm)
$\phi^t6.5$	≥250	≥200
ϕ^t8	≥300	≥200
ϕ^t10	≥350	≥200

注　钢筋搭接处应在两端和中心用钢丝绑扎 3 个扣。

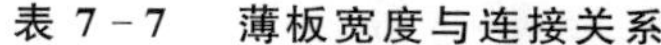

表 7-7　薄板宽度与连接关系

板宽 (mm)	设连接筋道数
<800	1
<1600	2
<2400	3
<3200	4
>2700 以上	双向连接筋（如图 7-31 所示）

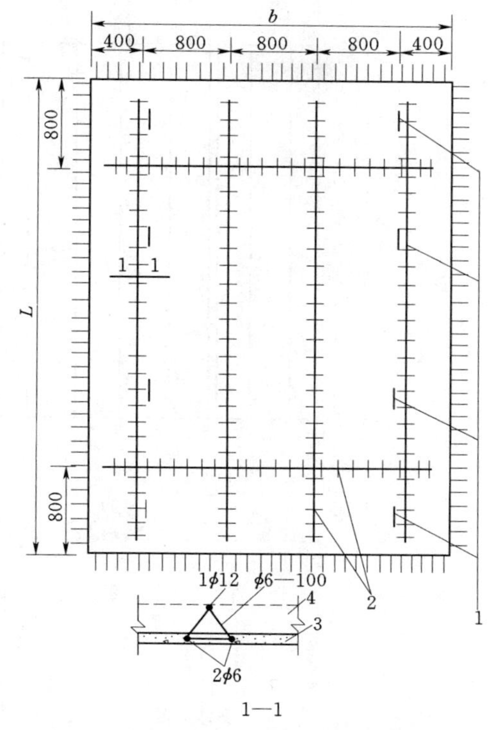

图 7-31　冷轧扭钢筋混凝土薄板构造
1—吊点；2—纵横向连接筋（钢筋小肋）；3—薄板；4—叠合层

4. 拼接构造

利用冷轧扭钢筋握裹力较强的特点，可以将单块预制薄板的横向冷轧扭钢筋的预留筋，按一定锚固长度搭接起来，使横向钢筋连续贯通，加上现浇叠合层，则可达到双向板受力的效果。做法如图 7-32 所示。

大块叠合楼板预制薄板拼接的原则及构造做法如下：

（1）预制薄板拼接缝的位置，原则上应选择在楼板受力较小的部位。对于单向叠合楼板薄板的拼缝位置，应设置在短跨上，如图 7-33 所示。

（2）对于双向叠合楼板拼缝位置应选择在长跨上，并布置在受力最小处，如图 7-34 所示。

（3）拼缝构造做法，如图 7-35 所示。

（三）冷轧扭钢筋混凝土薄板模板的材料

1. 制作薄板混凝土材料

（1）薄板的混凝土强度等级，以不小于 C30 为宜。

（2）配制混凝土的水泥，同预应力钢筋混凝土薄板。

（3）配制混凝土用的砂石与预应力钢筋混凝土薄板模板相同。

（4）混凝土中掺用的外加剂应符合有关规定和标准，并经试验合格后方中使用，不得掺用对钢筋有锈蚀作用的外加剂。

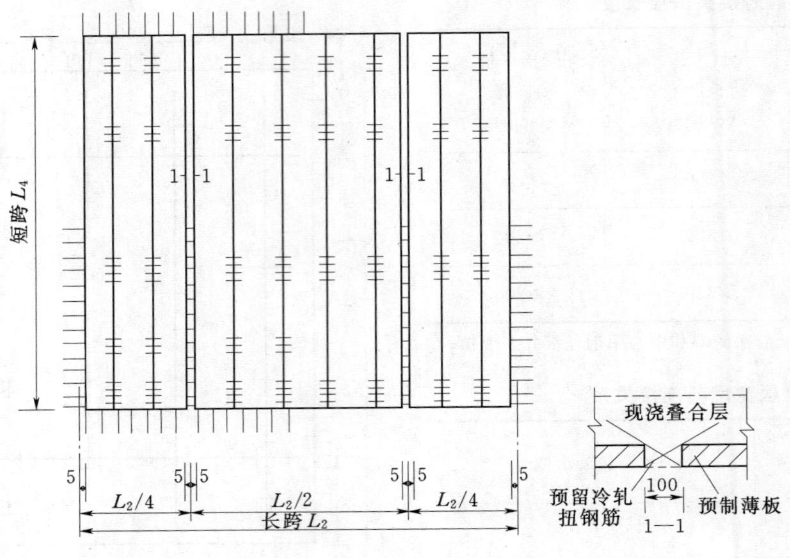

图 7-32 薄板的拼接

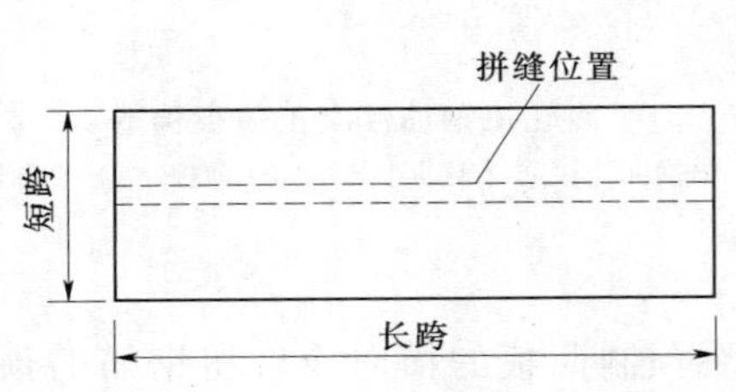

图 7-33 单向叠合楼板拼缝位置

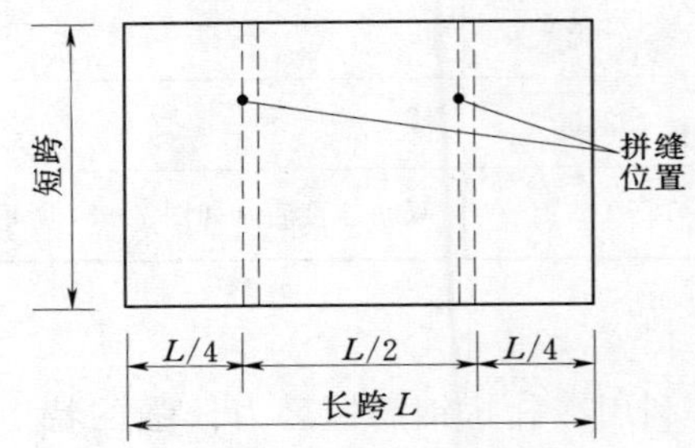

图 7-34 双向叠合楼板薄板拼缝位置

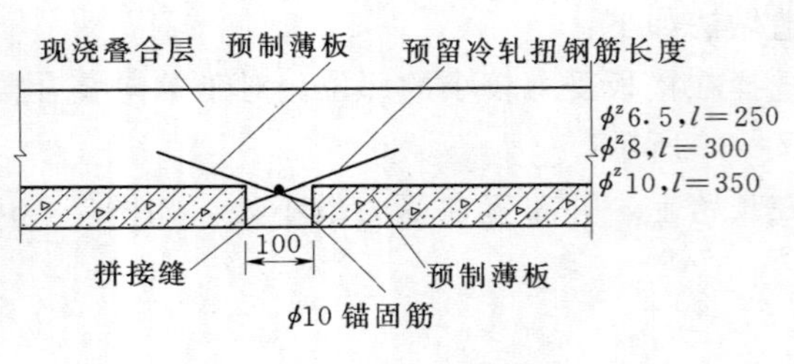

图 7-35 拼缝构造

2. 钢筋

(1) 冷轧扭钢筋，一般采用 $\phi^z 6.5$、$\phi^z 8$、$\phi^z 10$ 三种规格，其母材分别为 $\phi 6.5$、$\phi 8$、$\phi 10$HPB235 热轧盘条钢筋。母材的质量应符合 GB 1499.1—2008《钢筋混凝土用钢第 1 部分：热轧光圆钢筋》的规定。

(2) 圆盘条进场后，应按厂别、规格分批堆放，同时对每批盘条应根据不同厂别、规格，按 GB 50204—2002《混凝土结构工程施工质量验收规范》有关规定取样进行机械性能试验，合格后方可进行加工轧制。

(3) 制作薄板吊环的钢筋，应采用 HPB 235 级热轧钢筋，不得采用经冷加工的钢筋和力学性能。

(四) 冷轧扭钢筋混凝土薄板模板的规格

冷轧扭钢筋的规格和力学性能见表 7-8 和表 7-9。

表 7-8　**冷轧钢筋规格以及截面参数**

强度等级	型　号	标志直径 d (mm)	公称截面面积 A_s (mm^2)	理论质量 G (kg/m)
GTB550	Ⅰ	6.5	29.50	0.232
		8	45.30	0.356
		10	68.30	0.536
		12	96.14	0.755
	Ⅱ	6.5	29.20	0.229
		8	42.30	0.332
		10	66.10	0.519
		12	92.74	0.728
	Ⅲ	6.5	29.86	0.234
		8	45.24	0.355
		10	70.69	0.555
GTB650	Ⅲ	6.5	28.20	0.221
		8	42.73	0.335
		10	66.76	0.524

注　Ⅰ型为矩形截面；Ⅱ型为方形截面；Ⅲ型为圆形截面。

表 7-9　**冷轧扭钢筋的力学性能指标**

级别	型号	抗拉强度 σ_b (N/mm^2)	断后伸长率 δ (%)	180°弯曲（弯心直径）
CTB550	Ⅰ	≥550	Ⅰ	受弯曲部位钢筋表面不产生裂纹
	Ⅱ	≥550	Ⅱ	
	Ⅲ	≥550	Ⅲ	
CTB650	Ⅲ	≥650	Ⅲ	≥650

（五）冷轧扭钢筋混凝土薄板的制作

1. 冷轧扭钢筋制作

（1）制作工艺流程。圆盘钢筋从放盘架引出→钢筋调直、清除氧化皮→轧扁机将钢筋轧扁→轧扁钢筋通过扭转装置加工成具有连续螺纹曲面的麻花状钢筋→按预定使用长度切断。

（2）工艺技术要点。

1）制作冷轧扭钢筋的母材，要有出厂合格证或试验报告单。进场时应按炉罐（批）号及直径分批进行查对牌号和外观检查，并按有关标准抽样做机械性能试验，合格后方可进行冷轧扭加工。

2）冷轧扭钢筋应在专用设备 GQZl0A 钢筋冷轧扭机上进行加工，冷轧扭机应安装在室内使用，其正常使用的环境温度要保持在 0～40℃。

3）冷轧扭钢筋加工操作人员应充分了解设备的构造和性能，要熟悉操作和维护的方法，并应经培训考试合格后方能进行操作。

4）冷轧扭机工作前，应检查设备及信号装置，先空载运转，证明运转情况良好后方准正式工作。

5）冷轧扭机在运行中，如发生声音异常或堆钢等故障，应及时停机检查，消除故障后方可继续工作。

6）冷轧扭机工作电压的波动如超过规定值时，必须调整好后方能工作。在启动轧机的同时冷却系统应开始工作。设备在运转中应密切注意水量、水温及水的流向，发现供水不足或水温过高应及时加水。冷却用的介质为乳化液或自来水严禁使用各种油类物质。

7）冷轧扭钢筋外观要逐盘进行检查，表面不得有裂缝、刀痕、擦伤及沾上油污。

8）冷轧扭钢筋加工后易于生锈，应尽量早使用，其储存期不宜超过一个月。经检验合格后的钢筋应分类，分规格码放在室内。

2. 薄板制作

(1) 质量要求。

1）薄板出池、起吊的混凝土强度必须符合设计要求，如无设计要求时，均不得低于设计强度的75%。

2）薄板混凝土试件在标准养护条件下，其28天强度必须符合施工规范的规定。

3）外观要求与预应力钢筋混凝土薄板相同。

4）薄板制作允许尺寸偏差见表7-10。

表7-10　冷轧扭钢筋混凝土薄板制作的允许偏差

序号	项目	允许偏差	检测方法
1	板长度	+5 −2	尺检：5m或10m钢尺
2	板宽度	±5	尺检：2m钢尺
3	板厚度	+4 −2	尺检：2m钢尺
4	串角	±10	尺检：5m或10m钢尺
5	侧向弯曲	构件长/750且≤20	拉小线、钢板尺量
6	扭翘	构件长/750	拉小线、钢板尺量
7	表面平整度	±8	2m靠尺，楔形尺量
8	板底平整度	±2	2m靠尺，楔形尺量
9	主筋外伸长度	−5	尺量
10	主筋保护层	±5	钢板尺量
11	主筋的水平位置	±5	钢板尺量
12	主筋的竖向位置	（距板底）±2	钢板尺量
13	吊钩的相对位移	≤50	钢板尺量
14	预埋件位置	中心位置：10 平面高差：5	钢板尺量

（2）工艺流程。冷轧扭钢筋下料→清理底模及边、端模板→安装端、边模板→模板涂刷隔离剂→底模上放置隔油条一布置、绑扎冷轧扭钢筋及构造筋→垫置钢筋保护层垫块→抽出隔油条→薄板混凝土浇筑成型→薄板表面处理→覆盖养护罩→通蒸汽养护→降温→揭开养护罩→拆除端边模板一薄板出池、起吊、验收、存放。

3. 技术要点

（1）模板支模前、模具、台面要清理干净。台面要平整光滑，其平整度用 2m 靠尺检查不得超过 2mm。端边模板要与底模贴紧、安装牢固。检查模具是否弯曲、弯形。

（2）台面涂刷隔离剂要均匀。在钢筋入模前，每块板要设置不少于 3 条隔油条。

（3）冷轧扭钢筋在使用前要进行检查，对有弯曲的钢筋要以适当方法校直，不得使用铁锤敲击。

（4）冷轧扭钢筋全部交点均采用钢丝绑扎，不得采用焊接方法。

（5）冷轧扭钢筋应尽量按薄板的规格尺寸配套、定长断料，板中尽量避免搭接接头。

（6）冷扎扭钢筋的保护层厚度应符合设计要求，如设计无要求时，其厚度不得小于 15mm，钢筋底部采用水泥砂浆垫块，并成梅花形交错铺设，其间距不大于 500mm。

（7）薄板成形后随即要进行表面处理，其处理方法与双钢筋混凝土薄板相同。

（8）薄板面层处理完后，要立即覆盖养护。采用蒸汽养护的要求与预应力钢筋混凝土薄板相同。

（9）薄板采用平卧重叠生产时，下层薄板的混凝土强度必须达到 500N/cm^2 后，方可制作上层薄板，板面应有隔离措施，以防止板与板之间发生粘结。

（六）冷扎钢筋混凝土薄板模板安装

1. 安装准备工作

（1）薄板进场后，要核查其型号和规格、几何尺寸，具体要求与双钢筋混凝土薄板模板相同。

（2）将板四边的水泥飞刺去掉，板端及板侧伸出的钢筋向上弯成 90°（弯曲直径必须大于 20mm），板表面的尘土、浮渣清除干净。

2. 安装工艺

（1）安装顺序。与预应力混凝土薄板模板相同。

（2）工艺要点。

1）硬架支撑要求，与预应力混凝土薄板模板相同。

2）架支撑支柱高度超过 3m 时，支柱之间必须加设纵、横向水平拉杆系统。硬架支柱高度在 3m 以下时，与预应力混凝土薄板模板相同。

3）吊装薄板时，应钩挂薄板上预留的吊环，采用 8 点（或 6 点）平衡吊挂的单块吊装方法吊装。

4）薄板就位调整方法与预应力混凝土薄板相同。

5）薄板调整好后，将板端和板侧面伸出的冷轧扭钢筋调整到设计要求的角度，伸入到相邻板的混凝土叠合层内。伸出钢筋不得煨死弯，其弯曲直径不得大于 20mm。不得将伸出钢筋往回弯入板的自身混凝土叠合层内。薄板从出厂至就位的过程，伸出钢筋的重复弯曲次数不得超过 2 次。

(3) 安装质量要求。

1) 薄板端面和侧面的伸出钢筋，严禁切断或压在板底下，必须按设计要求将其弯入相邻板的叠合层内。

2) 有关板侧面附着的浮渣、杂物等的清除以及在薄板开凿管道等设备孔洞的要求，均与双钢筋混凝土薄板模板相同。

第三节 压型钢板模板

压型钢板模板，是采用镀锌或经防腐处理的薄钢板，经成型机冷轧成具有梯波形截面的槽型钢板或开口式方盒状钢壳的一种工程模板材料。多用于钢结构现浇混凝土楼板工程，亦可用于现浇混凝土结构。

一、压型钢板模板的特点

压型钢板一般应用在现浇密肋楼板工程。压型钢板安装后，在肋底内面铺设受拉钢筋，在肋的顶面焊接横向钢筋或在其上部受压区铺设网状钢筋，楼板混凝土浇筑后，压型钢板不再拆除，并成为密肋楼板结构的组成部分。如无吊顶设置要求时，压型钢板下表面便可直接喷、刷装饰涂层，可获得具有较好装饰效果的密肋式顶棚。压型钢板组合楼板系统如图 7-36 所示。压型钢板可做成开敞式和封闭式截面，如图 7-37 所示。

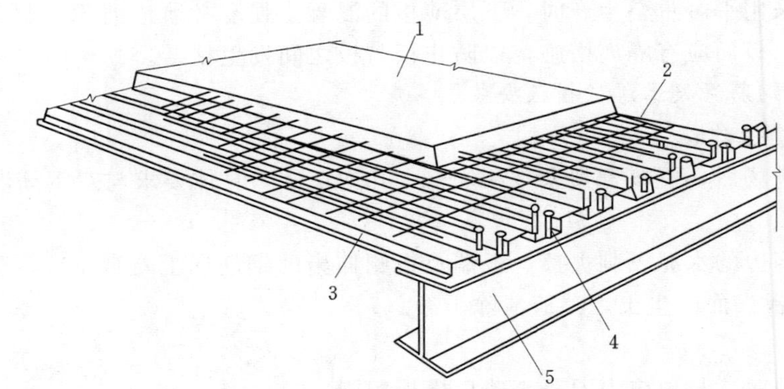

图 7-36 压型钢板组合楼板系统

1—现浇混凝土层；2—楼板配筋；3—压型钢板；4—锚固栓钉；5—钢梁

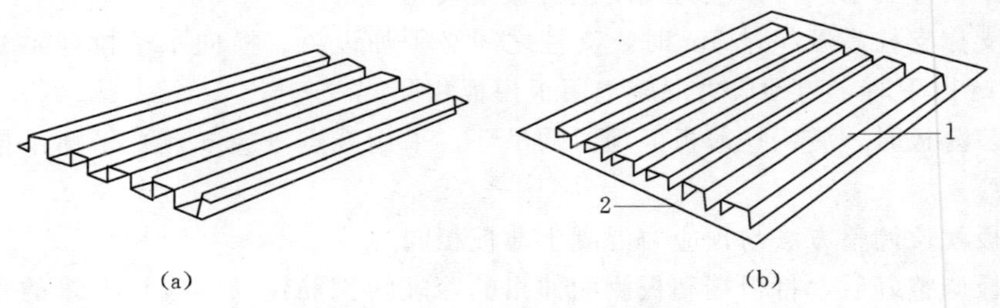

图 7-37 压型钢板模板

(a) 开敞式；(b) 封闭式

1—开敞式压型钢板；2—附加钢板

二、压型钢板模板的分类与构造

压型钢板模板的分类与构造见表7-11。

表7-11　压型钢板模板的分类与构造

序号	类型	特　征	构造说明
1	组合板的压型钢板	既是模板又是用作现浇楼板底面受拉钢筋。压型钢板，不但在施工阶段承受施工荷载和现浇层钢筋和混凝土的自重，而且在楼板使用阶段还承受使用荷载，从而构成受力组成部分	为保证与楼板现浇层组合后能共同承受使用荷载，一般做成以下两种抗剪连接构造： (1) 压型钢板的截面做成具有楔形肋的纵向波槽，如图7-38 (a) 所示； (2) 在压型钢板肋的2内侧和上、下表面，压成压痕、开小洞或冲成不闭合的痕，开小洞或冲成不闭合的孔眼，如图7-38 (b) 所示
2	非组合板的压型钢板	只作模板使用，即压型钢板在施工阶段，只承受施工荷载和现浇层的钢筋混凝土自重，而在楼板使用阶段不承受使用荷载，只构成楼板结构非受力的组成部分	(1) 可不需要做成抗剪连接构造； (2) 为防止楼板浇筑混凝土时，混凝土从压型钢板端部漏出，对压型钢板简支端的凸肋端头，要做成封端，如图7-39所示。封端可在工厂加工压型钢板时一并做好，也可以在施工现场，采用与压型钢板凸肋的截面尺寸相同的薄钢板，将其凸肋端头用电焊点焊封好

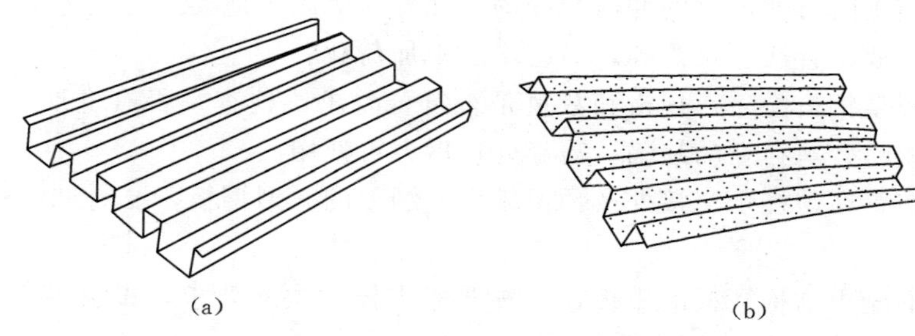

图7-38　楔形肋和带压痕压型钢板
(a) 楔形肋；(b) 带压痕

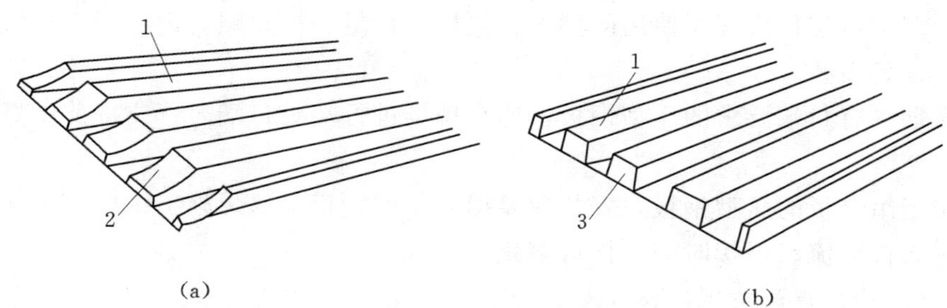

图7-39　压型钢板封端处理
(a) 坡型封端；(b) 直型封端
1—压型钢板；2—端部坡型封端板；3—直型封端板

三、压型钢板材料

(1) 压型钢板一般采用0.75～1.6mm厚的Q235薄钢板冷轧而成。用于组合板的压型钢板，其净厚度（不包括镀锌层或饰面层的厚度）不小于0.75mm。

（2）用于组合板和非组合板的压型钢板，均应采用镀锌钢板。用作组合板的压型钢板，其镀锌厚度尚应满足在使用期间不致锈蚀的要求。

（3）压型钢板与钢梁采用栓钉连接的栓钉钢材，一般与其连接的钢梁材质相同。

四、压型钢板规格

其截面一般为梯波形，其规格一般为：板厚0.75～1.6mm，最厚达3.2mm，板宽610～760mm，最宽达1200mm；板肋高35～120mm，最高达160mm，肋宽52～100mm；板的跨度从1500～4000mm，最经济的跨度为2000～3000mm，最大跨度达12000mm。板的重量9.6～38kg/m^2。

五、压型钢板模板安装

（一）安装准备

（1）组合板或非组合板的压型钢板，在施工阶段均须进行强度和变形验算。

压型钢板跨中变形应控制在$\delta=L/200\leqslant20$mm（L为板的跨度），如超出变形控制量时，应在铺设后于板底采取加设临时支撑措施。

在进行压型钢板的强度和变形验算时，应考虑以下荷载：

1）永久荷载：包括压型钢板、楼板钢筋和混凝土自重。

2）可变荷载：包括施工荷载和附加荷载。施工荷载系指施工操作人员和施工机具设备，并考虑到施工时可能产生的冲击与振动。此外尚应以工地实际荷载为依据，若有过量冲击、混凝土堆放、管线、泵荷等，尚应增加附加荷载。

（2）核对压型钢板型号、规格和数量是否符合要求，检查是否有变形、翘曲、压扁、裂纹和锈蚀等缺陷。对存在的缺陷，需经处理后方可使用。

（3）对于布置在与柱子交接处及预留较大孔洞处的异型钢板，要通过放样提前把缺角和洞口切割好。

（4）用于混凝土结构楼板的模板，应按普通支模方法和要求，设置模板的支撑系统。直接支撑压型钢板的龙骨宜采用木龙骨。

（5）绘制压型钢板平面布置图，并按平面布置图在钢梁或支撑压型钢板的龙骨上，划出压型钢板安装位置线和标注出其型号。

（6）压型钢板应按房间所使用的型号、规格、数量和吊装顺序进行配套，将其多块成垛码放好，以备吊装。

（7）对端头有封端要求的压型钢板，如在现场进行端头封端时，要提前做好端头封闭处理。

（8）用于组合板的压型钢板，安装前要编制压型钢板穿透焊施工工艺，按工艺要求选择和测定好焊接电流、焊接时间、栓钉熔化长度参数。

（二）钢结构楼板压型钢板模版安装

1. 安装工艺顺序

在钢梁上分化出钢板安装位置线→压型钢板成捆吊运搁置在钢梁上→钢板拆捆、人工铺设→调整安装偏差和校正→板端与钢梁电焊（点焊）固定→钢板底面支撑加固→将钢板纵向搭接边点焊成整体→栓钉焊接锚固（如为组合楼板压型钢板时）→钢板表面清理。

2. 安装工艺要点

钢结构楼板压型钢板模板安装应符合下列要求：

(1) 压型钢板应多块叠垛成捆，采用扁担式专用吊具，由垂直运输机具吊运至待安装的钢梁上，然后由人工抬运、铺设。

(2) 压型钢板宜采用“前推法”铺设。在等截面钢梁上铺设时，从一端开始向前铺设至另一端。在变截面梁上铺设时，由梁中开始向两端方向铺设。

(3) 铺设压型钢板时，相邻跨钢板端头的波梯形槽口要贯通对齐。

(4) 压型钢板要随铺设、随调整和校正位置，随将其端头与钢梁点焊固定，以防止在安装过程中钢板发生松动和滑落。

(5) 钢板与钢梁搭接长度不少于50mm。板端头与钢梁采用点焊固定时，如无设计规定，焊点的直径一般为12mm，焊点间距一般为200～300mm。

(6) 在连续板的中间支座处，板端的搭接长度不少于50mm。板的搭接端头先点焊成整体，然后与钢梁再进行栓钉锚固，如图7-40所示。如为非组合板的压型钢板时，先在板端的搭接范围内，将板钻出直径为8mm、间距为200～300mm的圆孔，然后通过圆孔将搭接叠置的钢板与钢梁满焊固定，如图7-41所示。

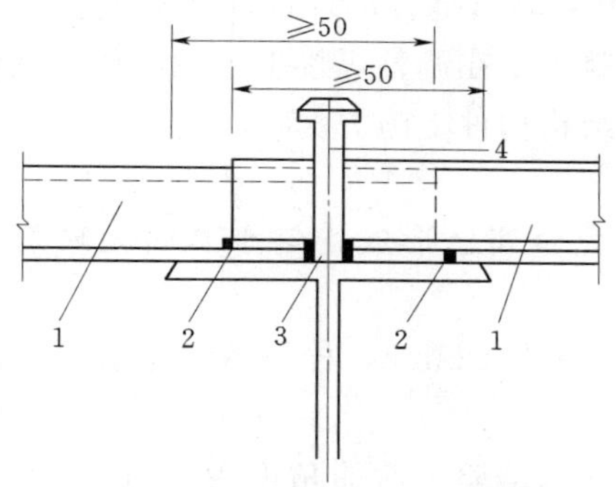

图7-40　中间支座处组合板的压型钢板连接固定

1—压型钢板；2—点焊固定；3—钢梁；4—栓钉锚固

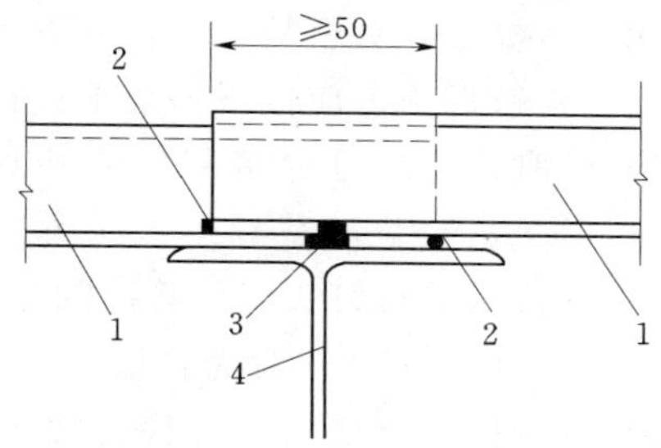

图7-41　中间支座处非组合板的压型钢板连接固定

1—压型钢板；2—板端点焊固定；3—压型钢板钻孔后与钢梁焊接；4—钢梁

(7) 直接支撑钢板的龙骨要垂直于板跨方向布置。支撑系统的设置，按压型钢板在施工阶段变形控制量的要求及现行GB 50204—2002《混凝土结构工程施工质量验收规范》的有关规定确定。

压型钢板支撑，需待楼板混凝土达到施工要求的拆模强度后方可拆除。如各层间楼板连续施工时，还应考虑多层支撑连续设置的层数，以共同承受上层传来的施工荷载。

3. 组合板的压型钢板与钢梁栓钉焊连接

(1) 栓钉焊的栓钉，其规格、型号和焊接的位置按设计要求确定。但穿透压型钢板焊接于钢梁上的栓钉直径不宜大于19mm，焊后栓钉高度应大于压型钢板波高加30mm。

(2) 栓钉焊接前，按放出的栓钉焊接位置线，将栓钉焊点处的压型钢板和钢梁表面用砂轮打磨处理，把表面的油污、锈蚀、油漆和镀锌面层打磨干净，以防止焊缝产生脆性。

(3) 栓钉及配套的焊接药座（也称焊接保护圈）、焊接参数可参照表 7－12 选用。

表 7－12　　栓钉、药座和焊接参数表

项　目			参　数			
栓钉直径（mm）			13～16		19～22	
焊接药座	标准型		YN—13FS	YN—16FS	YN—19FS	YN—22FS
	药座直径（mm）		23	28.5	34	38
	药座高度（mm）		10	12.5	14.5	16.5
焊接参数	标准条件（下面焊接）	焊接电流（A）	900～1100	1030～1270	1350～1650	1470～1800
		弧光时间（s）	0.7	0.9	1.1	1.4
		熔化量（mm）	2.0	2.5	3.0	3.5
	电容量（kVA）		>90	>90	>100	>120

(4) 栓钉焊应在构件置于水平位置状态施焊，其接入电源应与其他电源分开，其工作区应远离磁场或采取避免磁场对焊接影响的防护措施。

(5) 在正式施焊前，应先在试验钢板上按预定的焊接参数焊两个栓钉，待其冷却后进行弯曲、敲击试验检查。敲弯角度达 45°后，检查焊接部位是否出现损坏或裂缝。如施焊的两个栓钉中，有一个焊接部位出现损坏或裂缝，就需要在调整焊接工艺后，重新做焊接试验和焊后检查，直至检验合格后方可正式开始在结构构件上施焊。

(6) 栓钉焊毕，应按下列要求进行质量检查：

1) 目测检查栓钉焊接部位的外观，四周的熔化金属已形成均匀小圈而无缺陷者为合格。

2) 焊接后，自钉头表面算起的栓钉高度 L 的公差为 ±2mm，栓钉偏离垂直方向的倾斜角 $\theta \leqslant 5°$（图 7－42）者为合格。

3) 目测检查合格后，对栓钉按规定进行冲力弯曲试验，弯曲角度为 15°时，焊接面上不得有任何缺陷。

4) 经冲力弯曲试验合格后的栓钉，可在弯曲状态下使用。不合格的栓钉，应进行更换并进行弯曲试验检验。

（三）混凝土结构现浇楼板压型钢板模板安装

1. 安装顺序

在混凝土梁上或支撑钢板的龙骨上放出安装位置线→用吊车把成捆的压型钢板吊运在支撑龙骨上→人工拆捆、抬运、铺放钢板→调整、校正钢板位置→将钢板与支撑龙骨钉牢→将钢板的顺边搭接用电焊点焊连接→钢板清理。

2. 安装工艺和技术要点

(1) 压型钢板模板，可采用支柱式、门架或桁架式支撑系统支撑，直接支撑钢板的水平龙骨宜采用木龙骨。压型钢板支撑系统的设置，应按钢板在施工阶段的变形量控制要求和 GB 50204—2002《混凝土结构工程施工质量验收规范》的有关规定确定。

(2) 直接支撑压型钢板的木龙骨，应垂直于钢板的跨度方向布置。钢板端部搭接处，要设置在龙骨位置上或采取增加附加龙骨措施，钢板端部不得有悬臂现象。

（3）压型钢板安装，应在搁置的支撑龙骨上，由人工拆捆、单块抬运和铺设。

（4）钢板随铺放就位、随调整校正、随用钉子将钢板与木龙骨钉牢，然后沿着板的相邻搭接边点焊牢固，把板连接成整体，如图 7-42～图 7-45 所示。

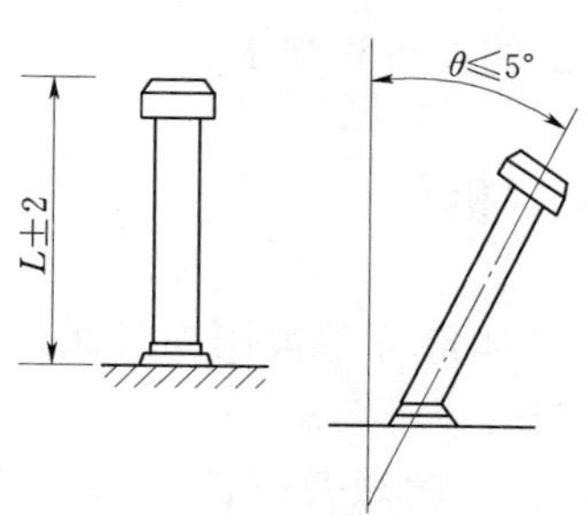

图 7-42　栓钉焊接允许偏差

L—栓钉长度；θ—偏斜角

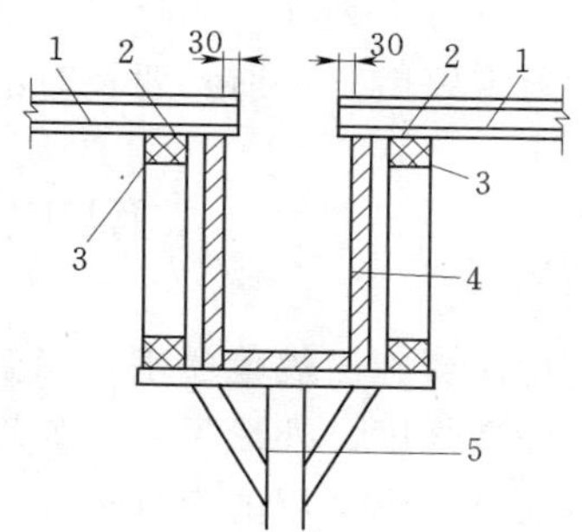

图 7-43　压型钢板与现浇梁连接构造

1—压型钢板；2—压型钢板与支撑龙骨钉子固定；3—支撑压型钢板龙骨；4—现浇梁模；5—模板支撑架

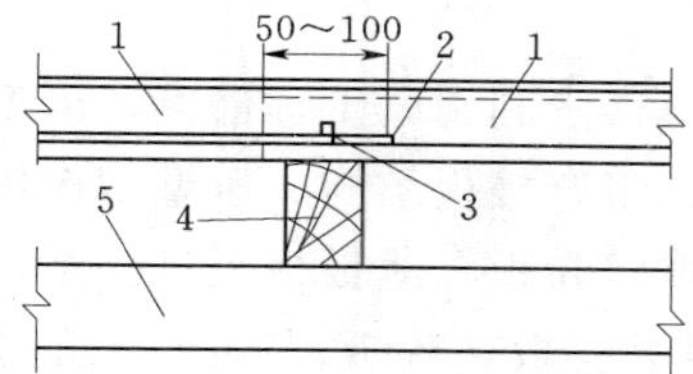

图 7-44　压型钢板与现浇梁连接构造

1—压型钢板；2—压型钢板与端头点焊连接；3—压型钢板与木龙骨钉子固定；4—支撑压型钢板次龙骨；5—主龙骨

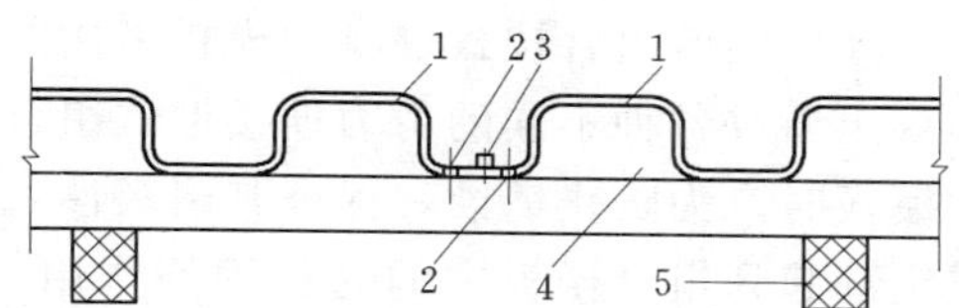

图 7-45　压型钢板与现浇梁连接构造

1—压型钢板；2—压型钢板与龙骨钉子固定；3—压型钢板点焊连接；4—次龙骨；5—主龙骨

六、压型钢板模板安装安全技术要求

（1）压型钢板安装后需要开设较大孔洞时，开洞前必须于板底采取相应的支撑加固措施，方可进行切割开洞。开洞后板面洞口四周应加设防护措施。

（2）安装工作如遇中途停歇，对已经拆捆但未安装完的钢板，不得架空搁置，要与结构物或支撑系统临时绑牢。每个开间的钢板，必须待全部连接固定好并经检查后，方可进入下道工序。

（3）安装压型钢板用的施工照明、动力设备的电线应采用绝缘线，并用绝缘支撑物使电线与压型钢板分隔开。要经常检查线路的完好，防止绝缘损坏发生漏电。

（4）施工用临时照明灯的电压，一般不得超过 36V，在潮湿环境不得超过 12V。

（5）钢板应随铺设，随调整、校正，其两端应与钢梁焊牢固定或与支撑木龙骨钉牢，以防止发生钢板滑落及人身坠落事故。

（6）施工中，要避免压型钢板承受冲击荷载。在已支撑加固好的压型钢板上，堆放的材料、机具及操作人员等施工荷载，如无设计规定时，一般不得超过 2500N/m^2。

（7）压型钢板吊运，应多块叠置、绑扎成捆后采用扁担式的专用平衡吊具，吊挂压型钢板的吊索与压型钢板应呈 90°夹角。

(8) 压型钢板楼板各层间连续施工时，上、下层钢板支撑加固的支柱，应安装在一条竖向直线上，或采取措施使上层支柱荷载传递到工程的竖向结构上。

(9) 遇有恶劣天气，如降雨、下雪、大雾及六级以上大风等情况，应停止压型钢板高空作业。雨雪停后复工前，要及时清除作业场地和钢板上的冰雪和积水。

第四节 金属模板

按现行模板施工规范要求，当金属模板成为结构的整体部分并被用作承久性模板时，其形状、标准高度、外形尺寸、物理性能和表面处理应符合设计要求。

水利水电工程常用的金属永久模板包括尾水管、蜗壳、闸墩及闸门槽附近等体型复杂、高速水流部位的钢衬。必须对其进行可靠的支撑和加固，使其能够承受浇筑混凝土时的各项荷载。金属模板与混凝土的结合采用锚钩方式。浇筑混凝土时要采取排气、排水的措施，防止金属模板与混凝土之间脱空。一旦发生脱空，可在脱空部位钻孔、灌浆，灌浆压力要经过计算确定并严格控制，避免由于灌浆压力过大而使金属模板产生过大变形甚至破坏。金属模板外露表面按设计要求进行防腐处理。

高层建筑组合楼板混凝土模板采用的压型钢板，值得水利水电工程借鉴。压型钢板与混凝土通过各种不同的剪力连接形式组合在一起，形成组合楼板结构。压型钢板用作永久性模板时，为防止锈蚀，保证其耐久性，采用连续热镀锌卷板。薄板板经过压型，可部分或全部起到组合楼板中的受拉钢筋作用。采用压型钢板模板，楼板混凝土浇筑可独立进行，上、下楼层间无制约关系，不需要满堂支撑，不需拆模，施工速度快，但造价高。

第八章　爬升模板及其他模板

第一节　爬　升　模　板

爬升模板是综合大模板与滑升模板工艺和特点的一种模板工艺，具有大模板和滑升模板共同的优点。

它与滑升模板一样，在结构施工阶段依附在建筑结构上，随着结构施工逐层上升，这样模板可以不占用施工场地，也不用其他垂直运输设备。另外，它装有操作脚手架，施工时有可靠的安全围护，故可不需搭设外脚手架。

它与大模板一样，是逐层分块安装，故其垂直度和平整度易于调整和控制，避免施工误差的积累。也不会出现墙面被拉裂的现象。

爬升模板适用于在较小的场地上建造高层建筑、水电站厂房、桥梁高墩、进水塔、冷却塔、烟囱等工程的施工。

一、有架爬模

（一）工艺原理

有架爬模即模板与爬架互爬，其工艺原理是：以建筑物的混凝土墙体为支撑主体，通过附着于已完成的混凝土墙体上的爬升支架或大模板，利用连接爬升支架与大模板的爬升设备，使一方固定，另一方作相对运动，交替向上爬升，以完成模板的爬升、下降、就位和校正等工作。其施工程序如图 8-1 所示。

（二）组成与构造

爬升模板由大模板、爬升支架和爬升设备三部分组成，如图 8-2 所示。

1. 大模板

与一般大模板相同，由面板、横肋、竖肋、对销螺栓等组成。面板用组合钢模板或薄钢板，也可用木（竹）胶合板。横肋用[6.3 槽钢。竖向大肋用[8 或[10 槽钢。横、竖肋的间距按计算确定。

（1）模板的高度一般为建筑标准层高 100～300mm（属于模板与下层已浇筑墙体的搭度，用于模板下端的定位和固定）。模板下端增加橡胶衬垫，以防止漏浆。

（2）模板的宽度可根据一扇墙的宽度和施工段的划分确定，可以是一个开间、一片墙或一个施工段的宽度。其分块要与爬升设备能力相适应。

（3）模板的吊点，根据爬升模板的工艺要求，应设置 2 套吊点，一套吊点（一般为吊环）用于分块制作和吊运时用，在制作时焊在横肋或竖肋上；另一套吊点用于模板爬升，设在每个爬架位置，要求与爬架吊点位置相对应，一般在模板拼装时进行安装和焊接。

（4）模板附有以下装置：

1）爬升装置。模板上的爬升装置是用于安装和固定爬升设备。常用的爬升设备为倒

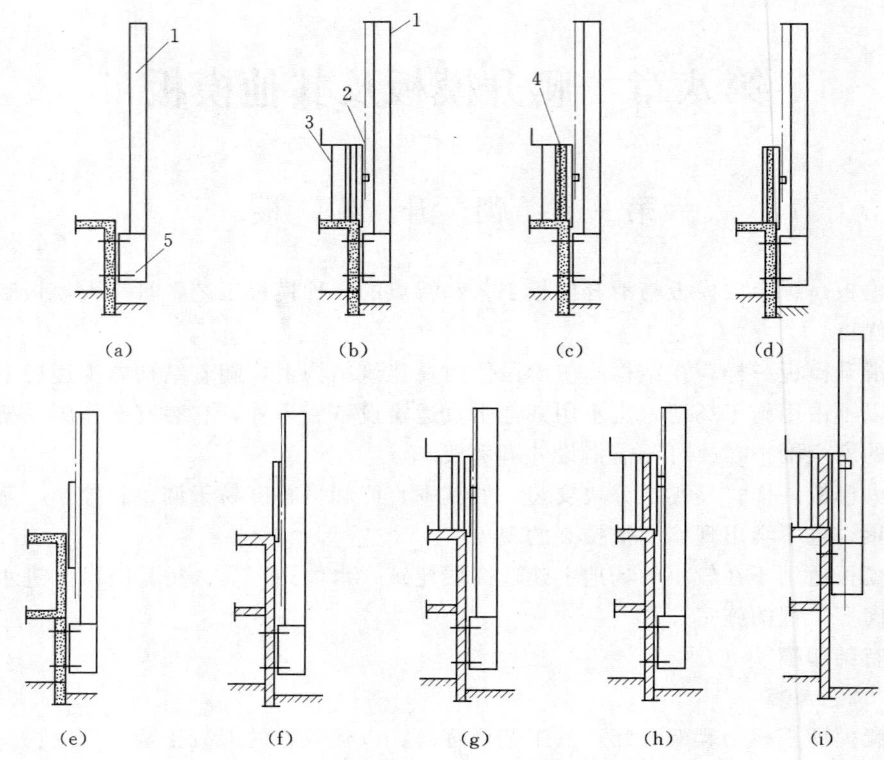

图 8-1 爬升模板施工程序图

(a) 头层墙完成后安装爬支架；(b) 安装外模板悬挂于爬架上，绑扎钢筋，悬挂内模；(c) 浇筑第 2 层墙体混凝土；(d) 拆除内模板；(e) 第 3 层楼板施工；(f) 爬升外模板并校正，固定于上一层；(g) 绑扎第 3 层墙体钢筋，安装内模板；(h) 浇筑第 3 层墙体混凝土；(i) 爬升底座，将底座固定于第 2 层墙体

1—爬升支架；2—外模板；3—内模板；4—墙体混凝土；5—底座

链和单作用液压千斤顶。采用倒链时，模板上的爬升装置为吊环，其中用于模板爬升的吊环，设在模板中部的重心附近，为向上的吊环；用于爬架爬升的吊环设在模板上端，由支架挑出，位置与爬架重心相符，为向下的吊环。采用单作用液压千斤顶时，模板爬升装置分别为千斤顶座（用于模板爬升）和爬杆支座架（用于爬架爬升），如图 8-3 所示。模板背面安装千斤顶的装置尺寸应与千斤顶底座尺寸相对应。模板爬升装置为安装千斤顶的铁板，位置在模板的重心附近。用于爬架爬升的装置是爬杆的固定支架，安装在模板的顶端。同时，要注意模板的爬升装置与爬架爬升设备的装置，要处在同一条竖直线上。

2）外附脚手和悬挂脚手。外附脚手架和悬挂脚手设在模板外侧，如图 8-3 所示，供模板的拆模、爬升、安装就位、校正固定、穿墙螺栓安装与拆除、墙面清理和嵌塞穿墙螺栓等操作使用。脚手的宽度为 600～900mm，每步高度为 1800mm。

大模板如采用多块模板拼接，由于在模板爬升时，模板拼接处会产生弯曲和剪切应力，所以在拼接节点处应比一般大模板加强，可采用规格相同的短型钢跨越拼接缝，以保证竖向和水平方向传递内力的连接性。

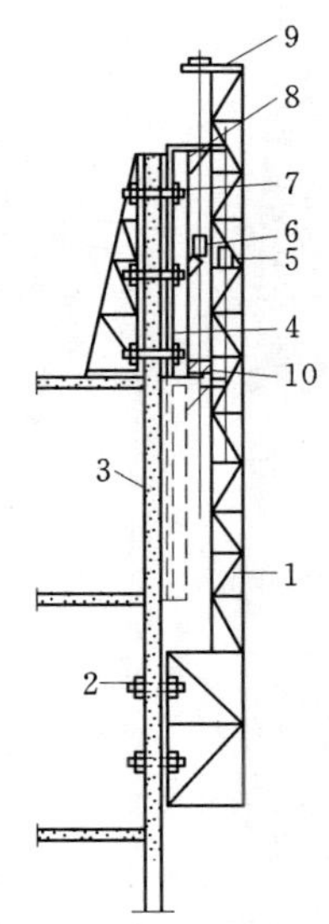

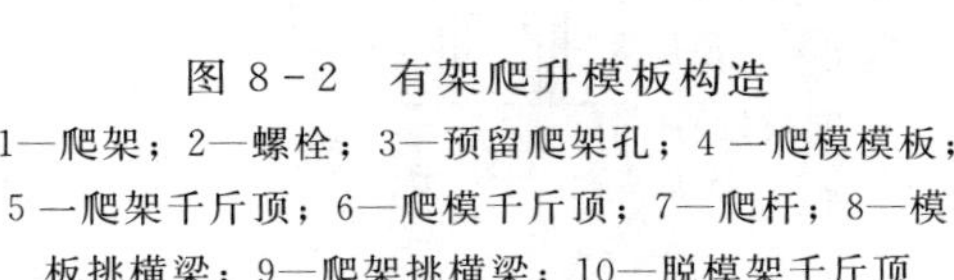

图 8-2 有架爬升模板构造
1—爬架；2—螺栓；3—预留爬架孔；4—爬模模板；5—爬架千斤顶；6—爬模千斤顶；7—爬杆；8—模板挑横梁；9—爬架挑横梁；10—脱模架千斤顶

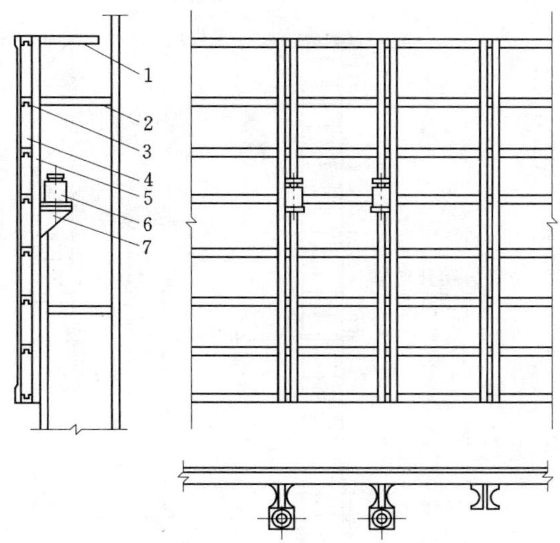

图 8-3 模板构造图
1—爬架千斤顶爬杆的支撑架；2—脚手（立面图和平面图为主）；3—横肋；4—面板；5—竖向大肋；6—爬模用千斤顶；7—千斤顶底座

2. 爬架（爬升支架）

爬升支架由立柱和底座组成。立柱用作悬挂和提升大模板，结构必须牢靠，一般由角钢焊成方形桁架标准节，节与节用法兰螺栓连接。最低一节底端与底座也用法兰螺栓连接。底座（附墙架）承受整个爬升模板荷载，通过穿墙螺栓传送给下层已达到规定强度的混凝土墙体上，如图 8-4 所示。

爬升支架是承重结构，主要依靠底座固定在下层已有一定强度的钢筋混凝土墙体上，并随着施工层的上升而升高。其下部有水平起模支承横梁，中部有千斤顶座，上有挑梁和吊模扁担，主要起到悬挂模板、爬升模板和固定模板的作用。因此，要具有一定的承载力、刚度和稳定性。

爬升支架的构造应满足以下要求：

(1) 爬升支架顶端高度，一般要超出上一层楼层高度 0.8～1.0m，以保证模板能爬升到待施工层位置的高度。

(2) 爬升支架的总高度（包括附墙架），一般应为 3～3.5 个楼层高度，如层高为 2.8m 时，爬升支架的总高度约为 9.3～10m（到支架顶端高度）。其中附墙架应设置在待拆模板层的下一层。

(3) 为了便于运输和装拆，爬升支架具有通用性和互换性，宜采取分段（标准节）组合，用法兰盘连接为宜。为了便于操作人员在支撑架内上下，支撑架的尺寸不应小于 650mm×650mm，底座底部应设有操作平台，周围应设置防护设施，防止工具、螺栓等物件坠落。

(4) 底座应采用不少于 4 只连接螺栓与墙体连接，螺栓的间距和位置尽可能与模板的

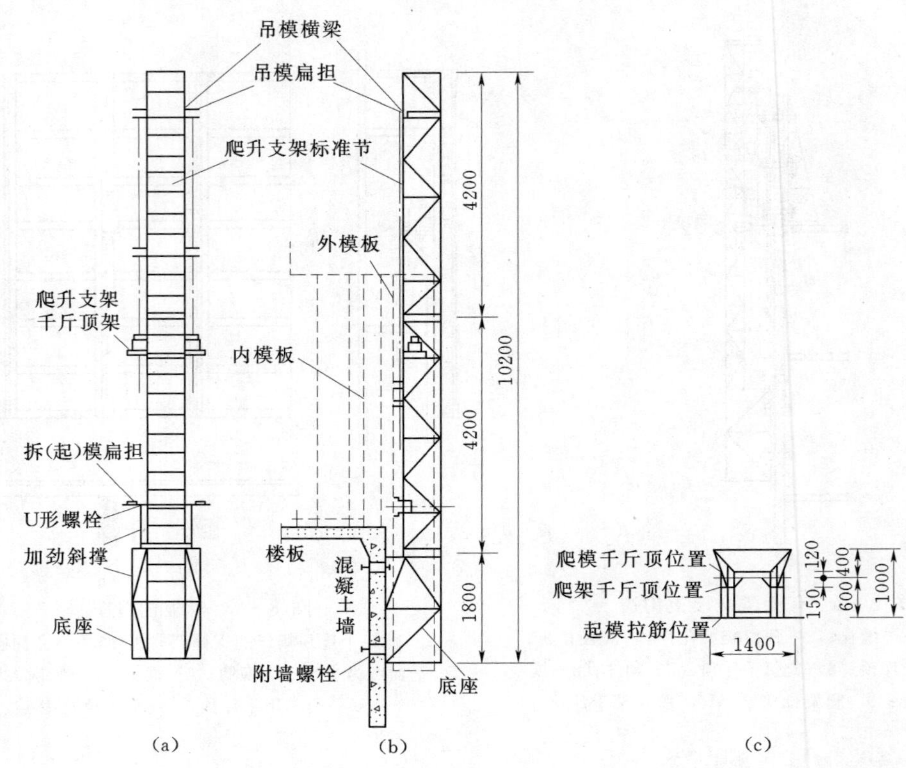

图 8-4 爬升支架构造示意图（单位：mm）
(a) 正立面；(b) 侧立面；(c) 平面

穿墙螺栓孔相符，以便用该孔作为底座的固定连接孔。

(5) 底座的位置如果在窗口处，亦可利用窗台作支撑。但底座的位置安装必须准确，防止模板安装时产生偏差。

(6) 为了确保模板紧贴墙面，爬升支架的支架部分要离墙面 0.4～0.5m，使模板在拆模、爬升和安装时，有一定的活动余地。

(7) 吊模扁担、千斤顶架（或吊环）的位置，要与模板上的相应装置处在同一竖线上，以提高模板安装精度，使模板或爬升支架能竖直向上爬升。

3. 爬升设备

爬升的动力设备，可以因地制宜地选用。常用的爬升设备有电动葫芦、倒链、液压千斤顶、爬杠等，其起重能力一般要求为计算值的 2 倍以上。

(1) 倒链。又称环链手拉葫芦。选用倒链时，除了起重能力应比设计计算值大 1 倍以外，还要使其起升高度比实际需要起升高度大 0.5～1m，以便于模板或爬升支架爬升到就位高度时，尚有一定长度的起重倒链可以摆动，便于就位和校正固定。常用的倒链规格见表 8-1。

(2) 千斤顶。单作用液压千斤顶即滑模施工用的滚珠式或卡块式穿心液压千斤顶。它能同步爬升、动作平稳、操作人员少，但爬升模板和爬升爬架各需一套液压千斤顶，且每爬升 1 个楼层后需抽、插 1 次爬杆。千斤顶的底盘与模板或爬架的连接底座，用 4 只 ϕ4～16mm 螺栓固定。插入千斤顶内的爬杆上端用螺钉与挑架固定，安装后的千斤顶和爬杆应呈垂直状态。

表 8-1 **常用倒链规格**

起重（t）	0.5	1.0	2.0	3.0	5.0
起升高度（m）	2.5～6	2.5～6	3～6	3～6	3～6

注 起升高度亦可按用户需要向厂家提出要求。

双作用液压千斤顶中各有一套向上和向下动作的卡具，既能沿爬杆向上爬升，又能使爬杆向上提升，因此用一套双作用液压千斤顶，在其爬杆上下端分别固定模板和爬架，在油路控制下就能分别完成爬升模板和爬升爬架的工作。

专用爬模千斤顶是一种长行程千斤顶。活塞端连接模板，缸体端连接附墙架，不用爬杆和支撑架，进油时活塞将模板举高 1 个楼层高度，待墙体混凝土达到一定强度，模板作为支撑，拆去附墙架螺栓，千斤顶回油，活塞回程将缸体连同附墙架爬升 1 个楼层高度。

（3）爬杆。采用 Q235 钢，其直径为 ϕ25mm（按千斤顶规格选用），长度根据楼层层高或模板一次要求升高的高度决定，一般爬升模板用的爬杆长度为 4～5m。

4. 油路和电路

（1）油路。爬模爬升 1 个楼层高度需要千斤顶进行 100 多个冲程，且是连续进行，因此要求油泵车的速度较快，要按照爬升模板的特点设计制造。图 8-5 是油泵和千斤顶连接油路图。

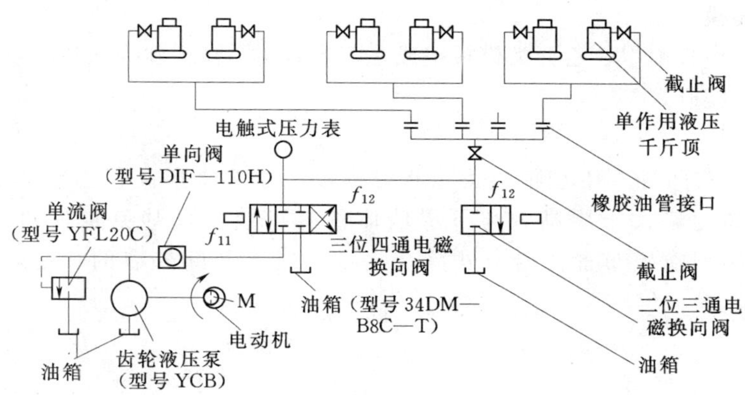

图 8-5 单作用液压千斤顶油泵车油路图

注 当 f_{11} 电磁线圈通电时，向右吸动阀体杆，打通阀的进、出嘴的通路，工作油进入千斤顶，即可发动向上爬升。当 f_{12} 电磁线圈通电时，向左吸动阀体杆，打通阀排、出嘴的通路，千斤顶排油；在中位时，进、排油嘴形成通路，油直接回油箱。

（2）电路。由于爬升一个层高的高度，千斤顶需进、排油 100 多次，为了减少千斤顶的升差，使进、回油时间最短，使每个千斤顶（特别是负荷最大、线路最远处的千斤顶）进油时的冲程和排油的回程都充分，为此在爬模所用电路中，需要装置一套自动控制线路，如图 8-6 所示。

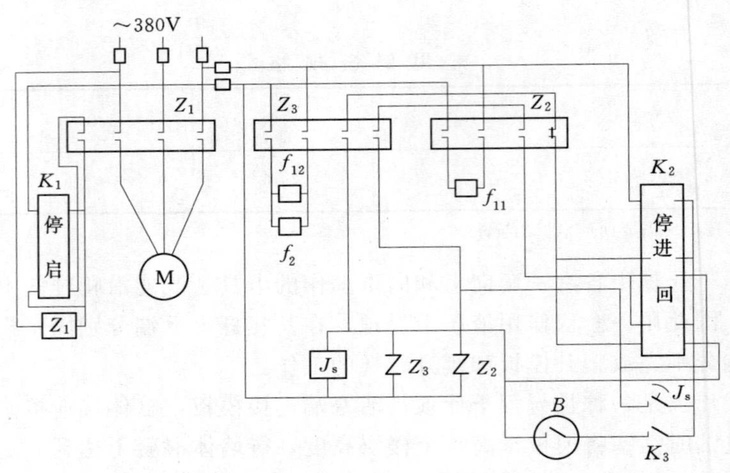

图 8-6 单作用液压千斤顶自动控制线路图

K_1—油泵电动机启停开关；K_2—电磁换向阀控制开关；K_3—自动线路断开接通开关；Z_1—油泵电动机接触器；Z_2—电磁阀进油接触器；Z_3—电磁阀回油接触器；J_s—时间继电器；B—电触式压力表

注 当第一次由手工启动 K_2，千斤顶负载爬升，冲程终了时油压再次上升，B 触点接通启动排油，J_s 进入计时（检查最远处千斤顶回程是否终了，予以调整），进入千斤顶自动进油、排油程序，当需要中止或停止时，断开 K_3，恢复手控程序。

二、无架爬模

无架爬模的模板由甲、乙两类模板组成，爬升时两类模板互为依托，用提升设备使两类相邻模板交替爬升。

（一）模板

模板分甲、乙两种，甲型模板为窄板，高度大于 2 个层高；乙型模板按建筑物外墙尺寸配制，高度略大于层高，与下层墙体稍有搭接，以避免漏浆和错台。两类模板交替布置，甲型模板布置在内、外墙交接处，或大开间外墙的中部，如图 8-7 和图 8-8 所示。

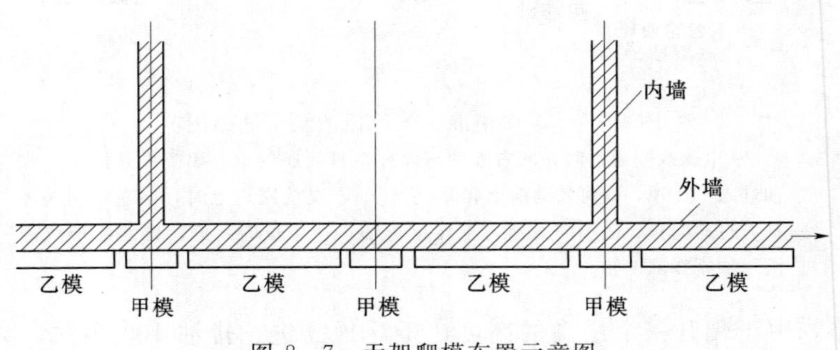

图 8-7 无架爬模布置示意图

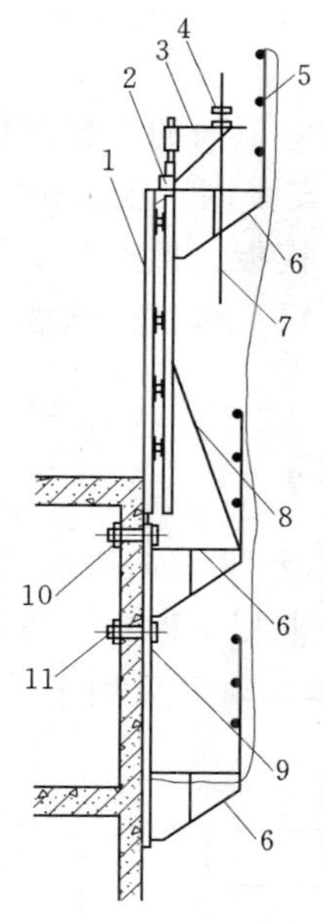

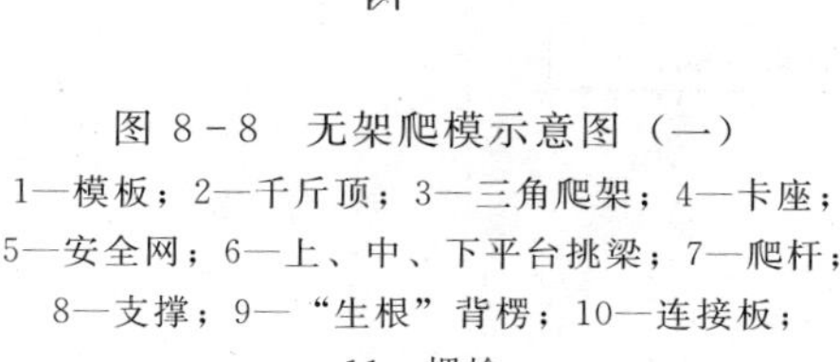
图 8-8 无架爬模示意图（一）
1—模板；2—千斤顶；3—三角爬架；4—卡座；
5—安全网；6—上、中、下平台挑梁；7—爬杆；
8—支撑；9—“生根”背楞；10—连接板；
11—螺栓

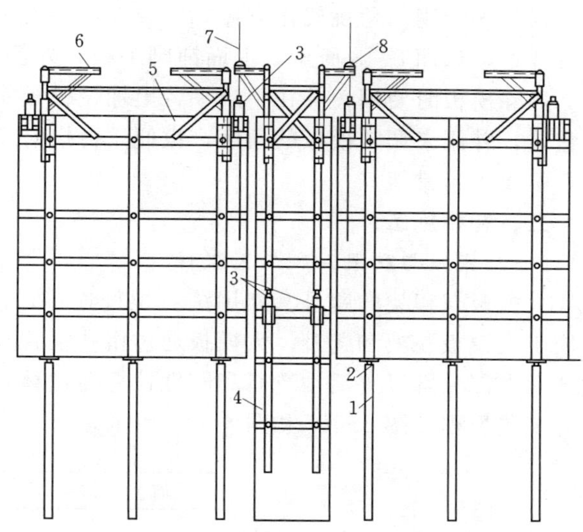

图 8-9 无架爬模示意图（二）
1—生根背楞；2—连接板；3—千斤顶；
4—甲型模板；5—乙型模板；6—三角
爬架；7 一爬杆；8 一卡座

每块模板的左右两侧均拼接有调节板缝的钢板以调整板缝，并使模板两侧形成轨槽以利模板爬升。模板背面设有竖向背楞，作为模板爬升的依托，并加强模板刚度。内、外模板用 ϕ16mm 穿墙螺栓拉结固定。模板爬升时，利用相邻模板与墙体的拉结来抵抗爬升时的外张力，所以模板要有足够的刚度。

在乙型模板的下面用竖向背楞作生根处理。背楞紧贴于墙面，并用 ϕ22mm 螺栓固定在下层墙体上。背楞上端设连接板，用以支撑上面的模板，并解决模板和生根背楞的连接，同时也用以调节生根背楞的水平标高，使背楞螺孔与穿墙螺孔的位置能吻合。连接板与模板和生根背楞均用螺栓连接，以便于调整模板的垂直度。甲型模板下端则不放生根背楞，如图 8-9 所示。

（二）爬升装置

爬升装置由三角爬架、爬杆、卡座和液压千斤顶组成，如图 8-8 和图 8-9 所示。

三角爬架插在模板上口两端套筒内，套筒用 U 形螺栓与竖向背楞连接。三角爬架可以自由回转，其作用是支撑卡座和爬杆。

爬杆用直径 25mm 的圆钢制成，长 303cm，上端用卡座固定，支撑在三角爬架上，爬升时处于受拉状态。

每块模板安装 2 台液压千斤顶，最大起重量为 3.5t，甲型模板的千斤顶安装在模板中间偏下处，乙型模板安装在模板上口两端。供油系统采用齿轮泵（额定压力 10MPa，排油量 48L/min)，用高压胶管作油管。

(三) 操作平台挑架

操作平台用三角挑架作支撑，安装在乙型模板竖向背楞和它下面的生根背楞上，上下放置 3 道，如图 8-8 所示。上面铺脚手板，外侧设护身栏和安全网。上、中层平台供安装、拆除模板时使用，并在中层平台上加设模板支撑一道，使模板、挑架和支撑形成稳固的整体，并用来调整模板的角度，也便于拆模时松动模板；下层平台供修理墙面用。甲型模板不设平台挑架。

三、爬模施工

(一) 模板与爬架互爬工艺流程

大模板与爬架的爬升套架用法兰螺杆连接，使大模板能沿水平方向平移 50～80mm，以便于大模板脱模和爬升。大模板通过留孔钢管及对拉螺栓与混凝土墙作靠连接，爬架的底部和中部分别设置活动靴脚和刚性拉杆与墙体连接。相互爬升动力采用手动起重葫芦，爬升工艺流程如图 8-10 和图 8-11 所示。

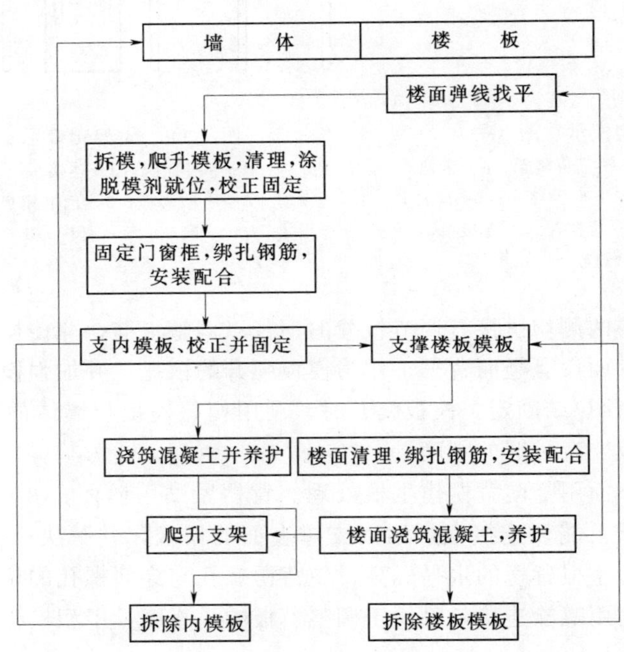

图 8-10 爬模施工工艺流程图

(二) 无架爬模工艺流程

1. 无架爬模爬升程序

外墙外侧模板分成 A 型和 B 型两种。施工时两者交替布置，如图 8-12 所示。

A 型和 B 型模板均由组合钢模板组拼而成，每块模板左右两端均设调节缝以调整拼缝，并使板端形成轨槽，方便爬升。

2. 无架爬模施工工艺流程

无架爬升的工艺流程如图 8-13 所示。

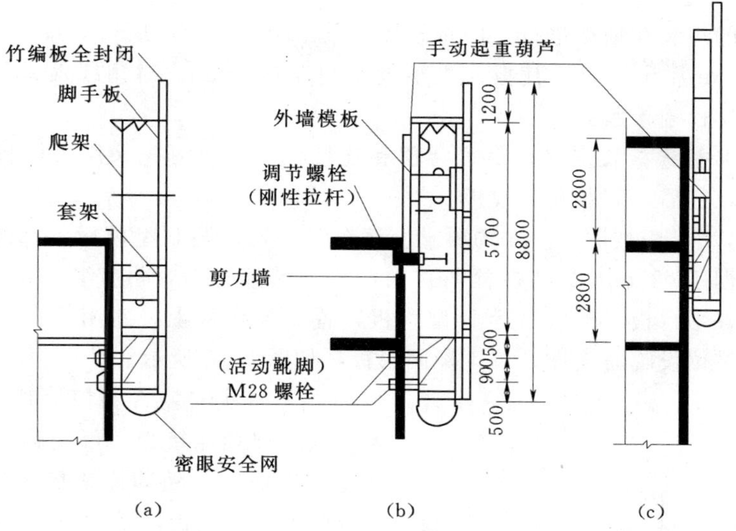

图 8-11 爬模施工流程示意图
(a) 模板；(b) 爬架固定，模板上升；(c) 模板固定，架体上升

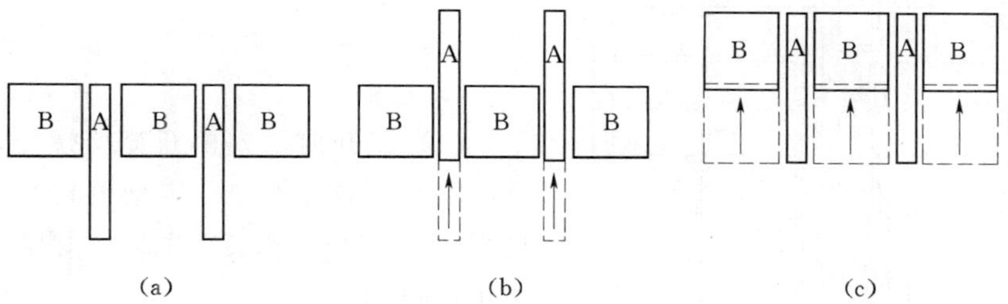

图 8-12 无架爬模施工爬升程序
(a) 模板就位，浇筑混凝土；(b) A 型模板爬升；(c) B 型模板爬升就位浇筑混凝土

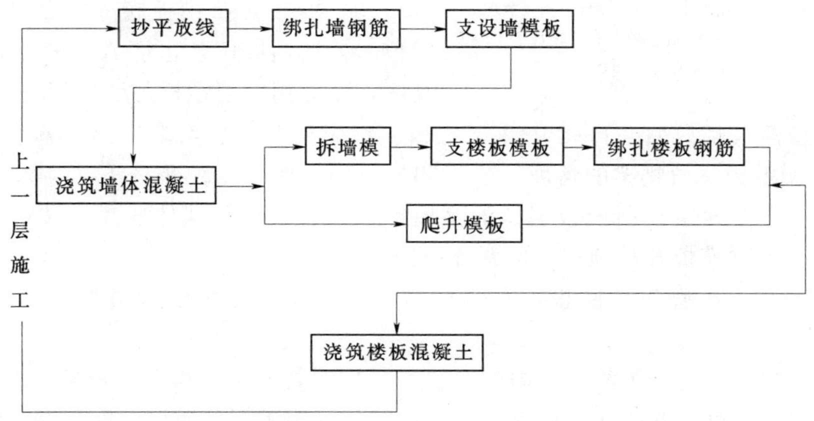

图 8-13 无架爬升的工艺流程

3. 无架爬模施工工序

(1) 爬模的组装在地面进行，即将模板、三角爬架、千斤顶等一并在地面组装好。组装好的模板用2m靠尺检查，其板面平整度不得超过2mm，对角线偏差不得超过3mm，要求各部位的螺栓连接紧固。

(2) 由于B型模板要支设在生根背楞和连接板上，故可先采用大模板常规施工方法完成首层结构，然后再安装爬升模板。

(3) A、B型模板按图8-14的要求交替布置。先安设B型模板下部的生根背楞和连接板。生根背楞用ϕ22mm穿墙螺栓与首层已浇筑墙体拉结，再安装中间一道平台挑架，加设支撑，铺好平台板。然后吊运B型模板，置于连接板上，并用螺栓连接。同时利用中间一道平台挑梁设临时支撑，校正稳固模板，如图8-8所示。

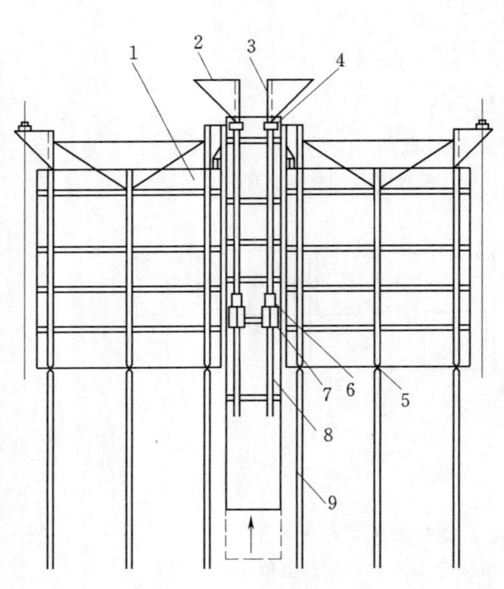

图8-14 爬升装置立面

1—B型模板；2—三角爬架；3—爬杆；4—卡座；5—连接板；6—千斤顶；7—千斤顶座；8—A型模板；9—背楞

(4) 首次安装A型模板时，由于模板下端无生根背楞和连接板，可用临木支托，用临时支撑校正稳固，随即涂刷脱模剂和绑扎钢筋，安装门窗洞口模板。

(5) 外墙内侧模板吊运就位后，即用穿墙螺栓将内、外侧模板紧固，并校正垂直度。

(6) 最后安装上、下两道平台挑架，铺放平台板，挂好安全网即可浇筑混凝土。

4. 安装要点

(1) 爬升前，先松开穿墙螺栓，拆除内模板，并使外墙外侧A、B型模板与混凝土墙体脱离。然后将B型模板上口的穿墙螺栓重新装入并紧固。

(2) 调整B型模板三角爬架的角度，装上爬杆，用卡座卡紧。爬杆的下端穿入A型模板中部的千斤顶中。

(3) 拆除A型模板底部的穿墙螺栓，装好限位卡，启动液压泵，将A型模板爬升至预定高度，随即用穿墙螺栓与墙体固定。

(4) A型模板爬升后，再爬升B型模板。首先松开卡座，取出B型模板上的爬杆。然后调整A型模板三角爬架的角度，装上爬杆，用卡座卡紧。爬杆下端穿入B型模板上端的千斤顶中，再拆除B型模板上口的穿墙螺栓，使模板与墙体脱离，装好限位卡，启动液压泵，将B型模板升至预定高度并加以固定。

(5) 校正A、B型两种模板，安装好内模板，装好穿墙螺栓并紧固，即可浇筑混凝土。

(6) 施工时，应使每个流水段内的B型模板同时爬升，不得单块模板爬升。

模板的爬升，可以安排在楼板支模、绑钢筋的同时进行。所以这种爬升方法不占用施工工期，有利于加快工程进度。

（三）电梯井筒内模互爬

电梯井筒内模采用无架液压爬模互爬施工方法。

井筒内模分A、B、C型三种类型，由4块大模板（A型和B型各2块）和4块小角模组成用4排$\phi16$mm穿墙螺栓与外侧一般大模板固定。模板布置如图8－15所示。

在A、B型内模竖肋之下设背楞，用$\phi22$mm穿墙螺栓固定在混凝土上，通过连接板支托上部模板。爬升装置如图8－16所示。

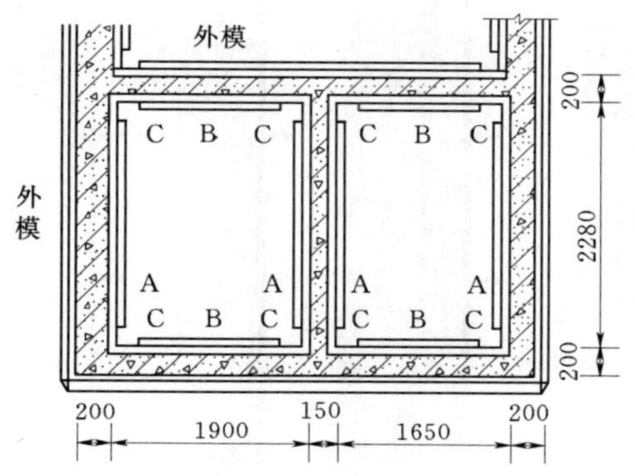

图8－15 模板布置图

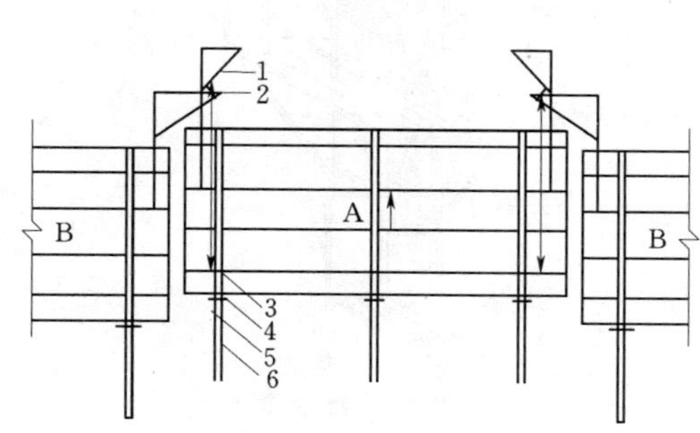

图8－16 爬升装置

1—三角爬架；2—卡座；3—千斤顶；4—连接板；5—爬杆；6—背楞

爬升前，先松动A型和B型穿墙螺栓，使模板与混凝土脱离，再将B型模板上口的一排穿墙螺栓重新拧紧。调整B型模板上的三角爬架角度，装上爬杆，用卡座卡紧，爬杆的下端穿入A型模板下端的千斤顶内。拆除A型模板的穿墙螺栓及与A型模板之间的连接件，吊出外模，装限位卡，接通电源，启动液压泵，爬升A型模板至规定标高。装入A型模板下部背楞的穿墙螺栓，初步固定A型模板。

B型模板的爬升与A型模板相同。

C型角模以A、B型大模板为依托，采用手动倒链提升。此外，可将C型角模与A、B型大模板悬挂柔性连接，在爬升A、B型模板的同时，将C型模板提升到规定标高。

（四）爬架与爬架互爬

爬架与爬架互爬工艺，可分为外墙外侧模板随同爬架提升和外墙内外侧模板随同爬架提升两种。

1. 外墙外侧模板随同爬架提升

其主要工作原理是：以固定在混凝土外表面的爬升挂靴为支点，以摆线针轮减速机为动力，通过内外爬架的相对运动，使外墙内外侧模板随同外架相应爬升。爬模由爬模架、平台、传动装置和模板组成，如图8－17所示，其工艺流程如图8－18所示。

2. 外墙内外侧模板随同爬升提升

该工艺又称单机双爬，是以摆线针轮减速机作动力，通过螺杆传动，使大爬架与

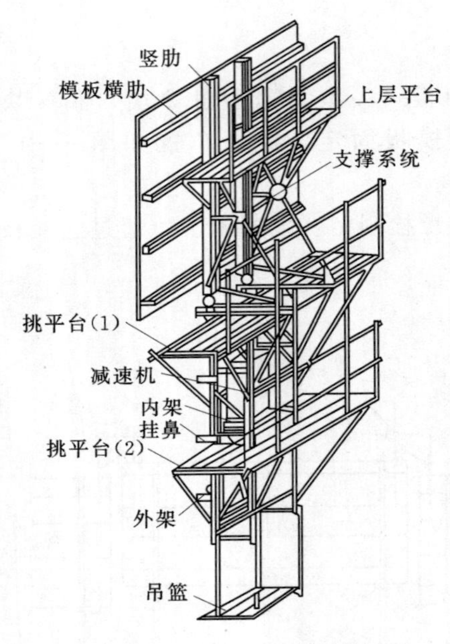

图 8-17 爬模组装示意图

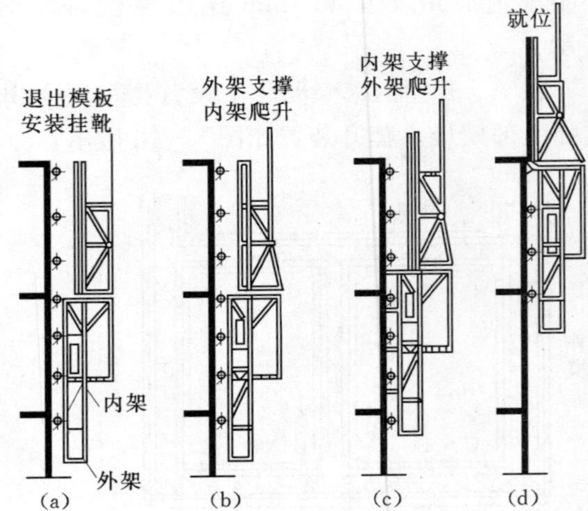

图 8-18 爬模工艺流程

小爬架交替爬升，从而使固定在大爬架的大模板支架上升到规定的高度，再松开 U 形螺栓，用水平丝杆并借助滑轮推动外侧大模板就位。内侧大模板通过模板支架上的悬挂架与外侧大模板同步提升。每层需 3 次爬升，每次约上升 1m。其构造如图 8-19 所示。

（五）整体爬升模板工艺

整体爬升模板施工，必须着重解决楼板水平构件影响模板爬升的问题。

整体爬模主要由内、外爬架和内、外模板组成。内爬架置于墙角，通过楼板孔洞，立在短横扁担上，并用穿墙螺栓传力于下层的混凝土墙体；外爬架传力于下层混凝土外墙体；形成内、外爬架与内、外模板相互依靠、交替爬升的施工过程。整体爬模如图 8-20 所示。

1. 手动提升整体爬模施工

该工法是以倒链提升为主的整体爬模施工。

（1）主要设备。

1）内爬架。由角钢和缀板焊成方形立柱、附角模板和顶架组成。主要用于提升内模，总高度以 2 个标准层加 2m 为宜，用 M25 穿墙螺栓固定在每个房间的墙角上，如图 8-21 所示。

2）外爬架。主要用于提升外模，总高度以 3 个标准层高加 1.2m 为宜，用 M25 穿墙螺栓固定在混凝土外墙上，支撑强度应在 10MPa 以上。

3）内、外模板。按照标准层开间、进深、层高的基本尺寸、设计标准模板和调配模板，调配模板宽度符合 30cm 模数。

4）设备。以 $500m^2$ 标准层面积为准的整体爬模装置及机具设备见表 8-2。

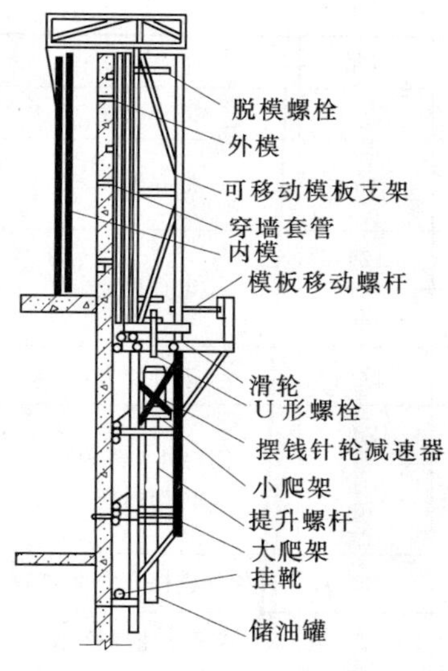

图 8-19 单机双爬示意图

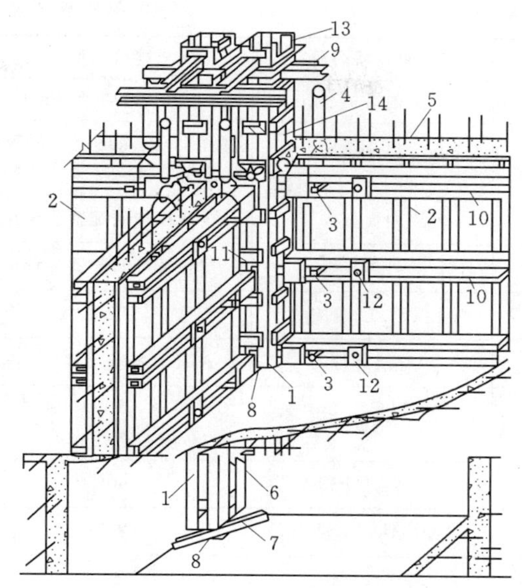

图 8-20 整体爬模示意图

1—内爬架；2—内模架；3—固定插销（安全销）；4—提升动力机构；5—混凝土；6—穿墙螺栓；7—短横扁担；8—内爬架通道口；9—顶架；10—横肋；11—缀板；12—垫板；13—外爬架；14—外模架

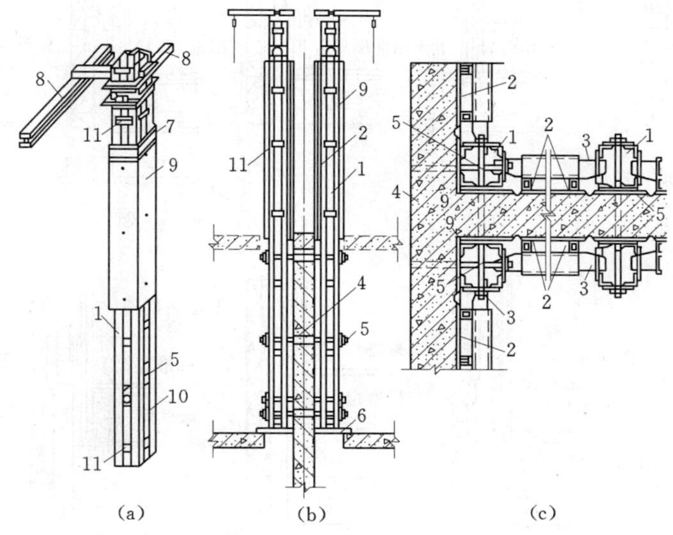

图 8-21 内爬架

(a) 透视图；(b) 剖面图；(c) 俯视图

1—内爬架；2—内模架；3—固定插销（安全销）；4—混凝土；5—穿墙螺栓；6—短横扁担；7—顶架；8—横肋；9—缀板；10—垫板；11—外模架

表 8-2 整体爬模装置及机具设备

序号	机具设备名称	规格、型号	单位	数量	备注
1	内爬架钢格架（mm）	180×180×8000	个	140	提升内模
2	外爬架钢格架（mm）	底座 936（536）×960×1800 标准节 572×572×3900，2 节	个	40	提升外模
3	内模板	按各标准间配置各种尺寸	块	129	组合拼装
4	外模板	按各标准间配置各种尺寸	块	28	
5	手拉葫芦（倒链）	HS—2A	只	178	提升动力
6	穿墙螺栓	M25×各种尺寸（长度）	只/层	1200	固定外架外模、内架内模
7	垫板	8×100×100 中心有孔 ϕ26mm	块	2400	
8	组合型升降脚手	602 型	榀	82	外架外模提升安全脚手
9	冲击钻（电钻）	ZIC2—22	台	2	修整穿墙螺栓孔
10	塔式起重机	Z—80	台	1	吊运钢筋、混凝土等材料
11	人货电梯	RH801	台	1	施工人员、工具运输

（2）工艺流程。整体爬升工艺流程如图 8-22 所示。

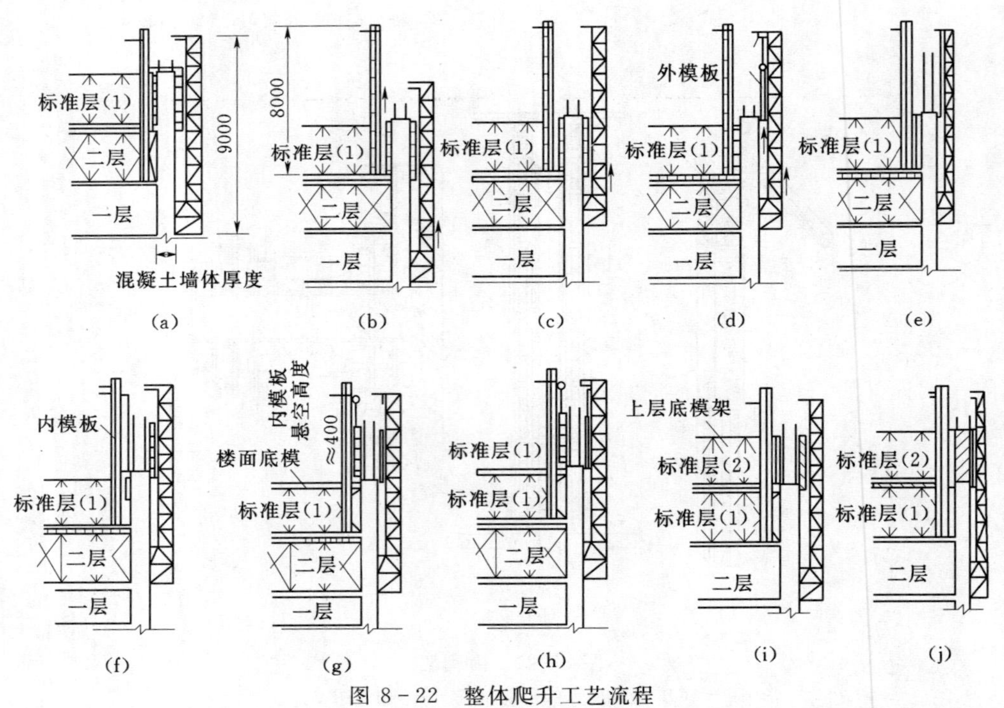

图 8-22 整体爬升工艺流程

（a）弹现浇导墙；（b）升内架（外墙边）；（c）升外架；（d）升外模；（e）扎筋；（f）升内模；（g）铺楼面底模；（h）绑扎楼板钢筋浇楼板混凝土；（i）校正内外模搭台模架；（j）浇上层混凝土

（3）施工要点。

1）第一层墙体混凝土的浇筑，仍采用大模板工程一般常规施工方法进行。待一层外墙拆模后，即可进行外爬架和外墙外侧模板的组装。待一层楼顶板浇筑混凝土后，即可安装内爬架及外墙内侧模板和内墙模板。

2）内爬架的安装，应先将控制轴线引测到楼层，并按偏心法放出 50cm 通长控制轴线，然后按开间尺寸划分弹出墙体中心线，才能作内爬架限位。

3）由于内爬架带有角模，因此内爬架支设位置的正确和垂直，是确保模板工程质量的关键。必须经质量检查人员复验无误后，才能进行下一道支模工序。

4）水平标高的控制，可采取在每根内爬架上画出 50cm 高的红色标记；另外，当一层墙体混凝土浇筑完毕拆除内模两侧角铁后，立即将下一层墙体上的水平线引到上一层墙体上，亦作好红色标记，作为内爬架红色标记对齐的依据。当内墙模板和外墙内侧模板提升后，据此用墨线弹出整个房间的水平线，作为支撑楼板模板控制标高的依据。

5）爬架的提升，应先提升靠外墙的内爬架，作为以后提升内、外模板的连接依靠。内爬架提升到位后，应立即作好临时固定，并在其底部加小横扁担搭在楼板上作安全支撑，同时用楔子校正其垂直度。内墙的内爬架，可根据施工要求穿插提升。

6）外爬架提升方法与“外墙爬升模板施工”基本相同。

7）整体爬升模板的支模工作，主要是使模板紧靠内爬架上的内模，其他可按常规操作施工。

8）为了施工安全和便于绑扎外墙钢筋，当外爬架提升后应立即提升外墙外侧模板。并在模板到位后立即用螺栓与内爬架连接，随即清理模板和涂刷脱模剂。

9）当墙体钢筋绑扎完毕，内爬架全部就位后，即可提升内墙模板和外墙内侧模板，并立即由专人清理模板和涂刷脱模剂，做好就位校正固定工作。

10）外爬架应均匀布置，并应尽量避开窗口。高层建筑首层主立面的进出口处，往往设有大雨篷或悬挑结构，外爬架的布置要尽量避开此处，或从第 2 层开始布置。

11）由于内爬架的设置，每个房间楼板四角预留了内爬架通道孔洞，在完成本层结构施工内爬架提升后，应在做地面时加钢筋网片补平。

12）每层墙体混凝土施工缝应错开留设，楼板应整块浇筑混凝土。

2. 液压整体爬模施工

液压整体爬模板由大模板、支撑立柱与操作平台、液压整体提升三大系统组成。操作平台覆盖全楼层，平台钢架通过导向架搁置在由串心式千斤顶、支撑杆、支撑立柱所组成的承载体上，大模板用手动倒链吊挂在平台钢架下面。立柱对称布置，通过楼板孔洞支承于下一层楼板上。启动液压动力装置使平台钢架、大模板、吊脚手等分组间隔交替整体提升，如图 8-23 所示。

（1）机具设备及液压提升装置。液压整体爬模典型工程机具设备及液压提升装置见表 8-3 和表 8-4（以 200m^2 混凝土平台面积为准）。

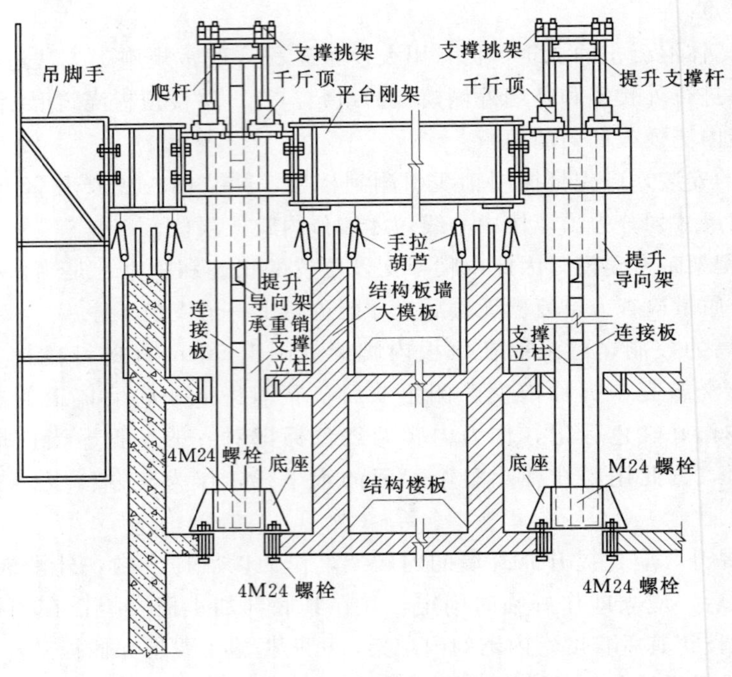

图 8-23 液压整体爬模系统

表 8-3 机具设备表

序号	机具设备名称	规格型号	单位	数量	备 注
1	塔式起重机	70HC	台	1	吊运钢材等材料
2	人货电梯	ALIMAK	台	1	施工人员、工具运输
3	混凝土布料机	BL 手动	台	1	混凝土平面布料
4	混凝土输送泵	B5516E	台	1	混凝土垂直运输
5	支撑立柱	AL70×6 组成 200×200 格构	根	20	高度 2.6m（层高）
6	内模板	按标准间配置各种尺寸	块		组合拼装
7	外模板	按标准间配置各种尺寸	块		组合拼装
8	手拉葫芦	HS—ZA	只	80	
9	振动器	高频插入式	台	4	配置振动棒若干根
10	吊脚手	按电梯井扣除操作间隙	只	7	
11	操作平台	剪力墙范围建筑面积加操作宽度			按建筑物平面形状布置

表 8-4 典型液压提升装置设备

序号	名 称	规 格	单 位	数 量
1	液压控制台	70～100L/min	台	1
2	千斤顶	HR—3.5	台	96
3	高压	C16	根（每根 5m）	10
4		C8	根	96

续表

序号	名　称	规　格	单　位	数　量
5	针形阀	1in (25.4mm)	只	5
6	液压分配器	C100	只	5
7		C10	只	24
8	针形阀	0.5in (12.7mm)	只	96

(2) 构造组成。

1) 工具式钢立柱。工具式钢立柱是基本承载与传力构件，每根立柱由 4 根角钢与缀板焊成，长度相当 3 个楼层的高度，必须有足够的强度和刚度，截面 20cm×20cm，长 11.2m 左右，自重 220～300kg。立柱的底座由钢板焊成，用 4 根 M24 螺栓固定在楼板上，立柱插入其中后用钢销固定。立柱顶设挑梁，由槽钢焊成，留 4 孔悬挂千斤顶爬杆。如图 8-24 所示。

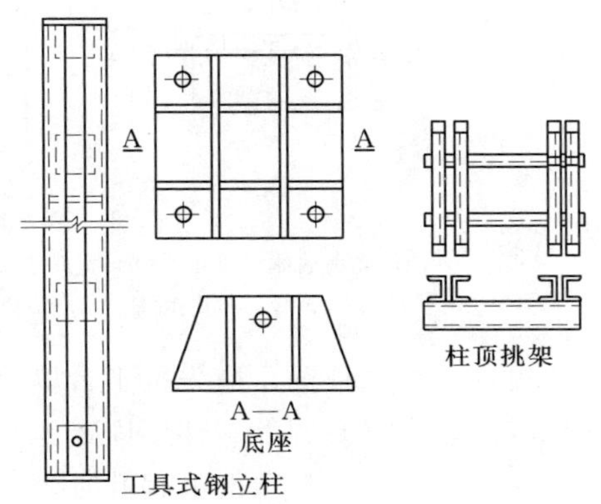

图 8-24 工具式钢立柱及其底座、柱顶挑梁

除固定于楼板上的立柱外，还可以采用附墙式立柱，在立柱下端设钢牛腿，与墙锚固。支撑立柱的混凝土强度，均应作荷载验算，不得低于 C15。

操作平台平面根据标准层平面布置，由型钢构成，满铺脚手板，保证整体刚度和操作安全。平台外围挂有 3～4 排角钢制成的吊脚手，用于外墙模板的操作与竖向钢筋等施工。

立柱与平台之间用导向架连接，内装导向轮，使平台轻便提升，定位准确。导向架上面留有 4 组固定 4 台千斤顶用的螺栓孔。如图 8-25 所示。

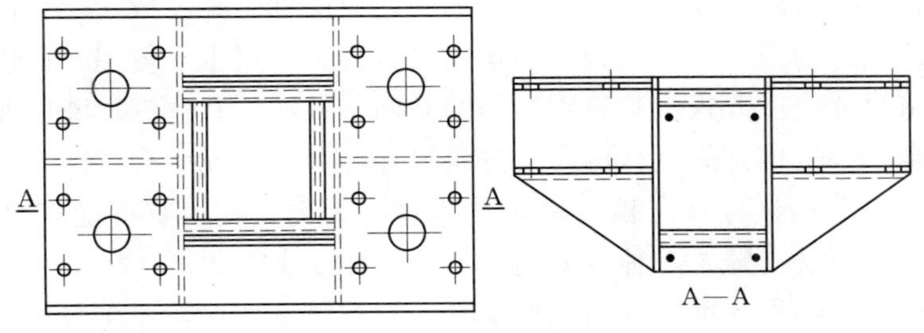

图 8-25 导向架

2) 大模板。尽可能设计通用大模板，钢模宽度一般为 4～6m，高度一般在 3m 左右。根据工程特点配置辅助模板。

3) 液压提升系统。支撑挑架均匀支撑 4 根爬杆（ϕ25mm 圆钢筋或 ϕ48mm 钢管）及 4 个串心式液压千斤顶（30kN 或 60kN）组成液压提升系统。爬杆上端与挑架采用螺栓连接；下端为自由端，方便爬杆安装、调换。爬杆按拉应力设计。

(3) 工艺流程。艺流程如图 8-26 所示。

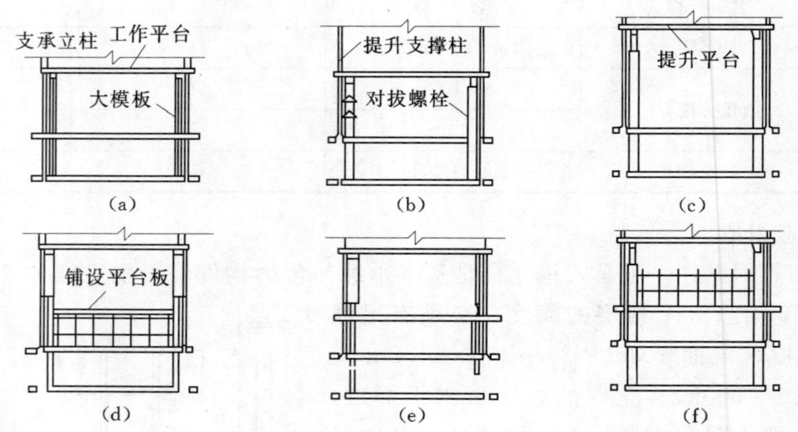

图 8-26 液压整体爬模施工 T 艺流程

(a) 浇捣墙体混凝土；(b) 提升支撑立柱；(c) 提升平台、模板、绑扎钢筋；(d) 楼板、模板、支模、绑扎钢筋；(e) 浇捣楼板混凝土；(f) 墙体模板就位固定、浇捣混凝土

提升支撑立柱前，应先按平台单元分组间隔，将底座螺栓松开，启动液压千斤顶，将立柱连同底座提升到上一楼层固定。

底座固定，千斤顶向上爬升时，平台及大模板随之提升。当平台到位后，将承重销搁在导向架下面的立柱缀板上，使平台稳固在承担施工荷载，并通过导向架和承重销传递到支撑立柱和楼板、墙体上。

第二节 其 他 模 板

一、飞（台）模

飞模是一种大型工具式模板，因其外形如桌，故又称为桌模或台模。因为该模板是借助其中机械从已浇好的混凝土的楼板下吊运飞出转移到上层重复使用，所以称为飞模。

飞模的规格尺寸，主要根据建筑物结构的开间（柱网）和进深尺寸以及起重机械的吊运模能力来确定，一般按开间（柱网）×进深尺寸设置一台或多台。

飞模按其支撑方式分为有支腿式和无支腿式两大类，其中有支腿式又分为分离支腿式、伸缩支腿式和折叠支腿式三种。采用较多的是伸缩支腿式。

现浇混凝土板柱结构标准层采用飞模施工，具有以下特点：一次组装、整支整拆、重复使用，可节约支拆用工，加快施工速度；飞模借助起重机械从浇筑完的楼盖中飞出，立即转移到上一层或移动到同一楼层另一流水施工段施工，模板不落地，可减少临时堆放模板场地，特别适于用地紧张的闹市区施工。

（一）飞模的构造

飞模主要由平台板、支撑系数（包括梁、支架、支撑、支腿等）和其他配件（如升降和行走机构等）组成。适用于大开间、大柱网、大进深的现浇钢筋混凝土楼盖施工，尤其适用于现浇板柱结构（无柱帽）楼盖的施工。

（二）飞模的种类

1. 钢管组合式飞模

（1）钢管组合式飞模。如图 8-27 所示。

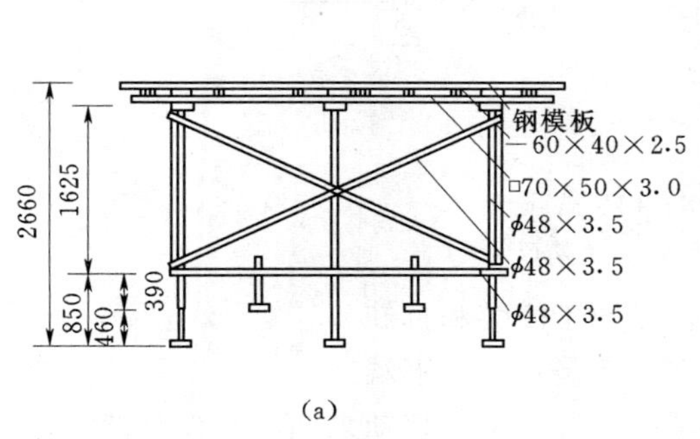

(a)

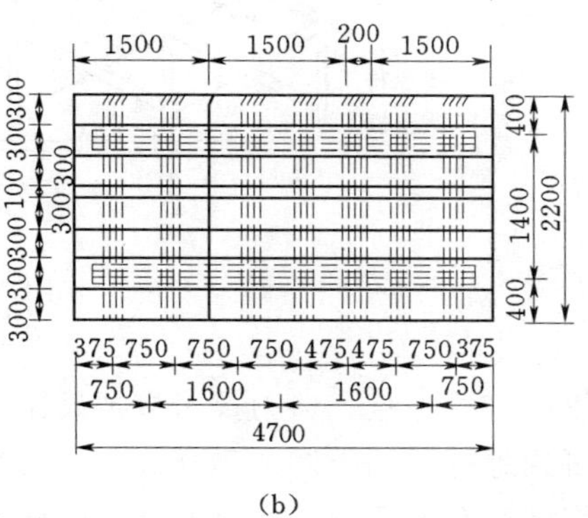

(b)

图 8-27 钢管组合式飞模

(a) 侧视图；(b) 平面图

钢管组合式飞模的面板，一般采用组合钢模板，亦可采用钢框木（竹）胶合板模板、木（竹）胶合板；主、次梁一般采用型钢；立柱多采用普遍钢管，并做成可伸缩式，其调节幅度最大约 800mm。

面板：由组合钢模板组拼。为了减少缝隙，尽量采用大规格模板。

次梁：可采用 60mm×40mm×2.5mm 矩形钢管或 ϕ8mm×3.5mm 钢管，用钩头螺栓和蝶形扣件与面板连接。

主梁：可采用 70mm×50mm×3.0mm 矩形钢管，主、次梁采用紧固螺栓和蝶形扣件连接。

立柱：由柱头、柱脚和柱体三部分组成。一般采用 ϕ48mm×3.5mm 钢管或无缝管 ϕ38mm×4mm。

立柱顶座与主梁可用长螺栓和蝶形扣件连接。

为了适应楼层在一定范围内可变动的要求，立柱伸缩支腿设有一排孔眼，用于高低的调节。水平支撑和斜支撑：一般采用 ϕ8mm×3.5mm 的焊接钢管，与立柱用扣件连接。立柱的下端，可加上柱脚或垫板。

（2）构架式飞模。如图 8-28 所示。

构架式飞模主要由构架、主梁、搁栅（次梁）、面板及可调螺杆等组成。每榀构架的宽度在 1～1.4mm，构架的高度与建筑物层高接近。其构造如下。

面板：采用木（竹）胶合板，板面经覆膜防水处理。

梁：主梁采用铝合金型材制成，搁栅（次梁）采用方木，以便于面板的铺钉。搁栅间距的大小，由面板材料和荷载选定。

构架：采用薄壁钢管。竖杆一般采用 ϕ42mm×2.5mm，杆和斜杆的直径可小些。

竖杆上加焊钢碗扣型连接件，以便与水平杆和斜杆连接剪刀撑：每两榀构架间采用两

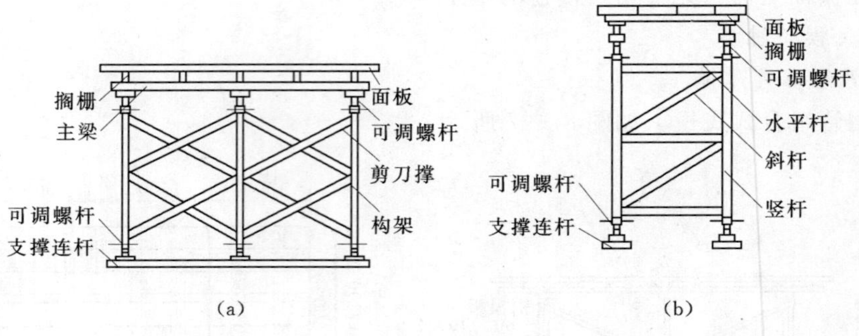

图 8-28 构架式飞模
(a) 正视图;(b) 侧视图

对钢管剪刀撑连接。剪刀撑可制成装配式，以便于安装和拆卸。

可调螺杆：用于调节飞模高低，安装在构架竖杆上、下端。

螺杆配有方牙丝和螺母旋杆，可随着螺母旋杆的上下移动来调节构架高低。上下可调螺杆的调节幅度相同，总调节量上下可以叠加。

支撑连杆：安放在各构架底部，可以采用钢材或木材，但其底面要求平整光滑。支撑连杆的作用主要起整体连接作用，也便于采用地滚轮滑移飞模。

(3) 门架式飞模。如图 8-29 所示。

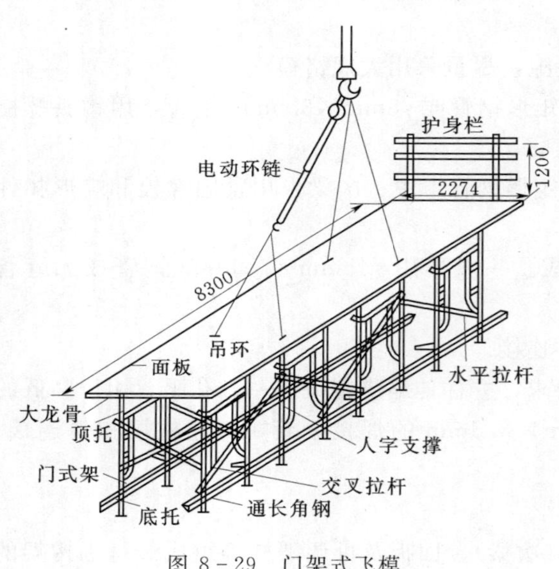

图 8-29 门架式飞模

门式架飞模，是利用多功能门式脚手架做支撑架，根据建筑物的开间（柱网）、进深尺寸拼装成的飞模，由面板和升降移动设备等组成。

1) 在多功能门架上部，用两根 45mm×80mm×3mm 的薄壁方钢管做大龙骨，大龙骨用蝶形扣件连接固定在门式架顶托；下部外侧用 50mm×50mm×4mm 角钢通长连接，组成一个整体桁架，使板面荷载通过门式架支腿传递到底托并传到楼板上。为了加强飞模桁架的整体刚度，用 ϕ48mm×3.5mm 钢管在门式架之间进行支撑拉结。

2) 大龙骨上架设 45mm×80mm×3mm 薄壁方钢管和 50mm×100mm 木方各 1 根，共同组成小龙骨（次梁）。小龙骨的间距以 1m 左右为宜。

3) 小龙骨上钉铺飞模面板，面板材料可以用覆膜木（竹）胶合板；也可以用 20mm 厚木板加铺一层 2～3mm 厚的薄钢板。

4) 门式架的下端插入可调式底托上。

5) 在飞模横向相对的两榀门式架之间，设交叉拉杆，把支撑飞模的门式架组成一个整体。拉杆可采用 ϕ48mm×3.5mm 钢管，用扣件连接。

2. 桁架式飞模

(1) 竹铝桁架式飞模。如图 8-30 所示。

1) 面板。采用竹塑板，即表面为木片，中间为竹片，板材表面经防水处理。板材的规格为 900mm × 2100mm 或 1200mm × 2400mm，厚度为 8～12mm。板的厚度按板面荷载大小选用。根据计算，在龙骨间距为 500mm、混凝土板厚 220mm 时，可选用 12mm 厚竹塑板。

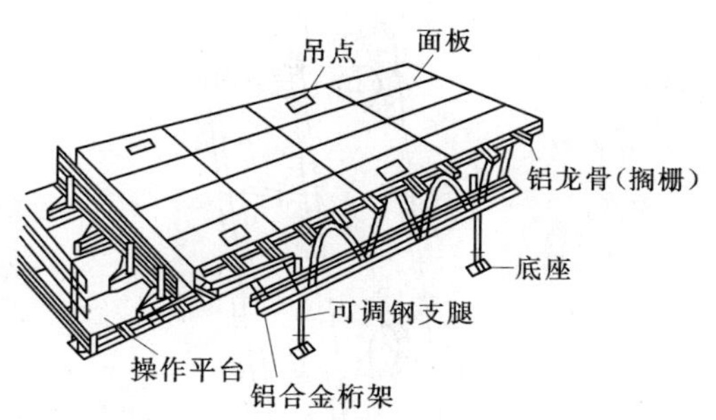

图 8-30 竹铝桁架式飞模

2) 铝合金桅架。选用国产铝合金型材，其屈服强度为 240MPa，弹性模量为 $E=7.1\times10^4$ MPa。铝合金桁架结构的上弦、下弦都由高 165mm 的槽铝组成。上弦分别由 2 根长度为 3m 和 4.5m 的槽铝组成，下弦由 4 根 3m 长槽铝组成。腹杆使用 76mm× 76mm×5mm 的方铝管。挑梁由 2 根[165 槽铝组成，通过螺栓与腹杆和上弦连接。

3) 可调钢支腿。由套管座、套管及调管底座组成，套管用 63mm×63mm×5mm 方钢管制作，长度与桁架高度相同。如图 8-31 所示。

4) 边梁模板、操作平台及护身栏。边梁模板、操作平台及护身栏均安装在挑架上，通过挑梁与飞模的桁架连接，构成悬挑结构。在挑梁上布置工字铝龙骨，上铺 50mm×100mm 木龙骨。边梁模板可用胶合板或小钢模等其他模板。操作平台与梁底可在同一标高，铺 2cm 厚木板。护身栏立柱与挑梁用螺栓连接，外挂安全网。在悬挑结构的下端设附加支撑，支撑间距一般经计算决定，但一般不大于 1.5m。如图 8-32 所示。

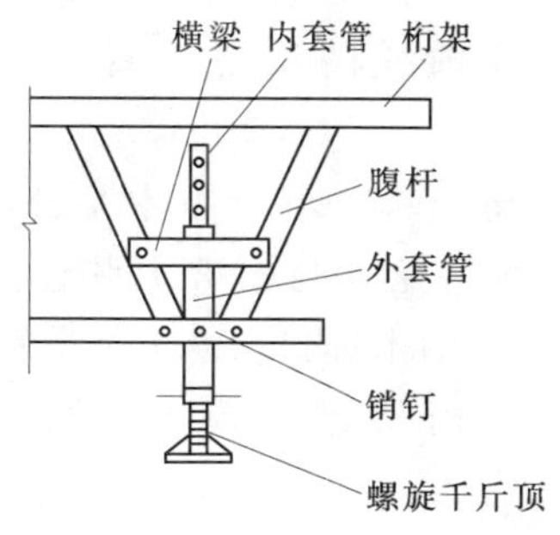

图 8-31 可调钢支腿示意图

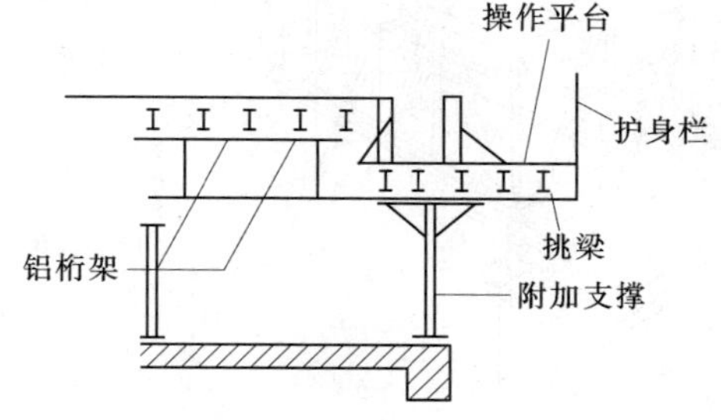

图 8-32 附加支撑

5) 吊装盒、剪刀撑。每台飞模有 4 个吊点，设在飞模重心两边对称布置的桁架节点上。4 个吊点设有钢吊装盒，与桁架上弦用螺栓连接。在面板的吊点位置，留出 300mm ×200mm 的活动盖板。为了加强飞模整体的稳定性，桁架之间设有剪刀撑。剪刀撑采用大小两种规格的铝合金方管组成，均在相同的间距上打孔，组装时将小管插入大管，调整好安装尺寸，然后将方管两端与桁架腹杆用螺栓固定，再将两种规格管子用螺栓固定。另外，当支腿高度较高时，也要加设腿间的纵向剪刀撑。如图 8-33 所示。

(2) 钢管组合桁架式飞模。如图 8-34 所示。

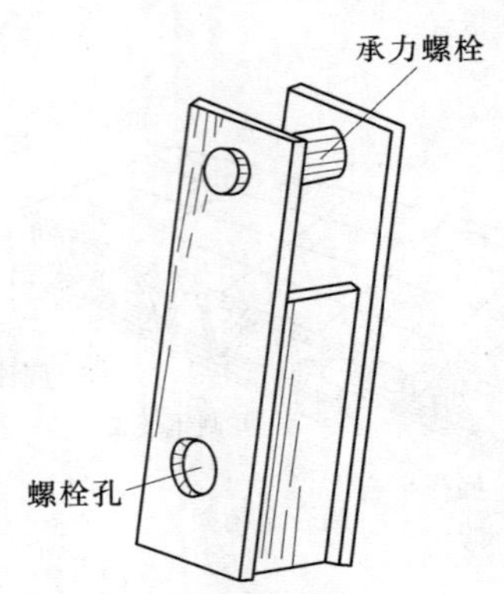

图 8-33 吊装盒

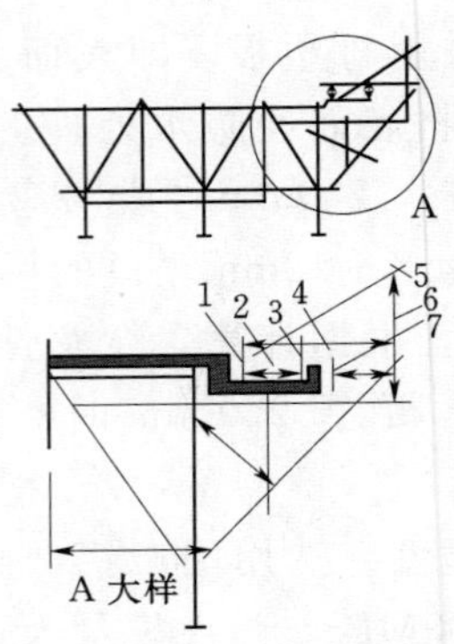

图 8-34 桁架挑檐部分

1～4—支撑挑檐模板杆件；5～7—杆件 1～4 的依托杆件（其中 6 杆件可兼作护栏立柱）

钢管组合桁架式飞模，是用脚手架钢管组合成的桁架式支承飞模，每间使用一座飞模，整体吊运，其平面尺寸为 3.6m×7.56m。这种飞模的特点与立柱式钢管脚手架飞模相同。

飞模支承系统由三榀平面桁架组成，杆件采用 ϕ48mm×3.5mm 脚手架钢管，并用扣件连接。平面桁架间距为 1.4m，用剪刀撑和水平拉杆作横向连接。材料均为 ϕ48mm×3.5mm 脚手架钢管。当桁架用于阳台支模的挑檐部位时，其构造自成体系。如图 8-34 所示。

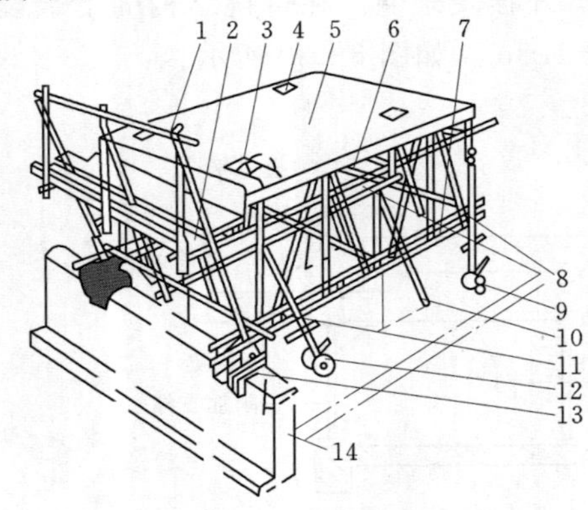

图 8-35 跨越式飞模

1—平台栏杆（挂安全网）；2—操作平台；3—固定吊环；4—开启式吊环孔；5—板面；6—钢管组合桁架；7—管导轨；8—后撑脚（已装上升降行走杆）；9—后升降行走杆；10—中间撑脚（正作收脚动作）；11—前撑脚（正作拆卸升降行走杆动作）；12—前升降行走杆；13—窗台滑轮（钢管导轨已进入滑轮）；14—窗边梁

每榀桁架设 3 条支腿。组装时，中部桁架上弦起拱 15mm，边部桁架上弦起拱 10mm。桁架腹杆轴线与上、下弦连杆轴线的交点，离开的距离为 200mm。

桁架上弦铺设 50mm×100mm 方木龙骨，间距 350mm，用 U 形铁件将龙骨与桁架上弦连接。采用厢 18mm 厚胶合板，用木螺钉与木方龙骨固定。

(3) 跨越式钢管桁架式飞模。如图 8-35 所示。

跨越式钢管桁架式飞模，是一种适用于有反梁现浇楼盖施工的工具式飞模。其特点与钢管组合式飞模相同。

1) 钢管组合桁架。采用 ϕ48mm×3.5mm 钢管用扣件相连。每台飞模由 3 榀桁架拼接而成。两边的桁架下弦焊有导轨钢管，导轨至模板面高按实际情况决定。

2）龙骨和面板。桁架上弦铺放 50mm×100mm 木龙骨，用 U 形螺栓将龙骨与桁架上弦钢管连接。木龙骨上铺放 18mm 厚胶合板拼成的面板，其顶面覆盖 0.5mm 厚的铁皮，板面设 4 个开启式吊环孔。

3）前后撑脚和中间撑脚。每榀桁架设前后撑脚和中间撑脚各 1 根，均采用 ϕ48mm×3.5mm 钢管。它们的作用是承受飞模自重和施工荷载，且将飞模支撑到设计标高。撑脚上端用旋转扣件与桁架连接。当飞模安装就位后，在撑脚中部用十字扣件与桁架紧固；当飞模跨越反梁时，松开十字扣件，将撑脚移离楼面向后旋转收起，并用铁丝临时固定在桁架的导轨上方。

4）窗台滑轮。将飞模送出窗口边梁的专用工具。由滑轮和角钢组成。吊运飞模时，将窗台滑轮角钢架子卡固在窗边梁上，当飞模导轨前端进入滑轮槽后，即可将飞模平移推出楼外。窗台滑轮可以周转使用，无需每台飞模均配置。

（三）飞模施工工艺

1. 钢管组合式飞模施工要点

（1）组装。钢管组合式飞模的组装方法分正装和反装两种。

1）正装法。根据飞模设计图纸的规格尺寸分以下几步组装：

a. 拼装支架片。将立柱、主梁及水平支撑组装成支架件。其顺序是：先将主梁与立柱用螺栓连接，再将水平支撑与立柱用扣件连接，然后再将斜撑与立柱用扣件连接。

b. 拼装骨架。将拼装好的两片支架片用水平支撑采用扣件与支架立柱连接，再用斜撑将支架片采用扣件连接。然后校正已经成形的骨架尺寸，当符合要求后，再用紧固螺栓在主梁上安装次梁。

拼装时一般可以将水平支撑安设在立柱内侧，斜撑安设在立柱外侧。各连接点应尽量相互靠近。

c. 拼装面板。按飞模设计面板排列图，将面板直接铺设在次梁上，面板之间用 U 形卡连接，面板与次梁用钩头螺栓连接。

2）反装法。反装法的组装顺序正好与正装法相反，其步骤如下：

a. 拼装面板。按面板排列图将面板铺设在操作平台上。拼缝应错开，一般仅允许负偏差。面板之间用 U 形卡连接。

b. 拼装主、次梁。按设计要求放置次梁，并用钩头螺栓与面板和蝶形扣件连接，使次梁与面板形成整体。

主梁在次梁安放后按设计要求放置，主、次梁之间用蝶形扣件和紧固螺栓连接。

c. 单独拼装支架片。先将柱顶座和立柱脚分别插入立柱钢管两端，并用螺栓连接；然后按正装法拼装支架片的方法组装水平支撑和斜撑，如图 8－36 所示。

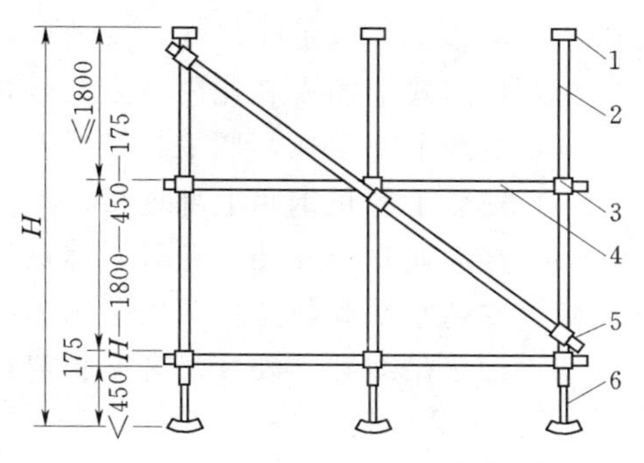

图 8－36 支架片

1—立柱顶座；2—立柱；3—扣件；4—水平支撑；5—斜撑；6—立柱脚

d. 拼装整体飞模。将支架片吊装就位，使柱顶座与主梁贴紧，校正后用螺栓和蝶形扣件相互连接。然后安装第二片支架，两片支架间用水平支撑和斜撑相互连接，如此即可完成飞模的整体拼装。再用起重机将整体飞模翻转180°，使台面向上，以备使用。

(2) 吊装就位。

1) 先在楼（地）面上弹出飞模支设的边线，并在墨线相交处分别标出标高，并标出标高的误差值。

2) 飞模应按预先编好的序号顺序就位。为了保证位置相对正确，一般应由楼层中部形成“十”(地) 面上弹出飞模支设的边线，并在墨线相交处分别测出标高，字形向四面扩展就位。

3) 飞模就位后，即将面板调节至设计标高，然后垫上垫块，并用木楔楔紧。当整个楼层标高调整一致后，再用U形卡将相邻飞模连接。

4) 飞模就位工序经验收合格后，方可进行下道工序。

(3) 脱模。

1) 当浇筑的楼层混凝土强度达到设计强度的75%时脱模。

2) 脱模前，先将飞模之间的连接件拆除，然后将升降运输车推至飞模水平支撑下部合适位置，拔出伸缩臂架，并用伸缩臂架上的钩头螺栓与飞模水平支撑临时固定。

3) 退出支垫木楔，拔出立柱伸缩腿插销，同时下降升降运输车，使飞模脱模并降低到最低高度。如果飞模面板局部被混凝土粘住，可用撬棍撬动。

4) 脱模时，一般应由6～8人操作，并应由专人统一指挥，使各道工序顺序同步进行。

(4) 飞模转移。

1) 飞模由升降运输车用人力推动，运至楼层出口处。

2) 飞模出口处可根据需要安设外挑操作平台。

3) 当飞模运抵外挑操作平台上时，可利用起重机械将飞模吊至下一流水段就位，同时撤出升降运输车。

2. 门架式飞模施工要点工艺

(1) 组装。

1) 平整场地，按飞模设计图纸核对所用材料尺寸。

2) 铺垫板，放足线尺寸，安放底托。

3) 将门式架插入底托内，安装连接件和交叉拉杆。

4) 安装上部顶托，调平找正后安装大龙骨。

5) 安装下部角钢和上部连接件。

6) 在大龙骨上安装小龙骨，然后铺放木板，刨平后在其上安装钢面板。

7) 安装水平和斜拉杆，安装剪刀撑。

8) 加工吊装孔，安装吊环及护身栏。

(2) 吊装就位。

1) 飞模在楼（地）面吊装就位前，应先在楼（地）面上准备好4个已调好高度的底托，换下飞模上的4个底托。待飞模在楼（地）面上落实后，再放下其他底托。

2) 一般一个开间采用两吊飞模，这样形成一个中缝和两个边缝。边缝考虑柱子的影响，可将面板设计成折叠式。较大的缝隙（100mm 以内），在缝上盖以 5mm 厚、宽 150mm 的钢板，钢板锚固在边龙骨下面。较小缝隙（60mm 以内），可用麻绳堵严，再用砂浆抹平，以防止漏浆而影响脱模。

3）飞模应按照事先在楼层上弹出的位置线就位，就位后再进行找平、调直、顶实等工序。找平应用水准仪检查板面标高。调整标高应同步进行。门架支腿垂直偏差应小于 8mm。另外，边角缝隙、板面之间及孔洞四周要严密。

4）在调直的同时，安装水暖立管的预留洞，即将加工好的圆形铁筒拧在板面的螺钉上，待混凝土浇筑后及时拔出。

（3）脱模和转移。待浇筑的楼层混凝土强度达到设计强度的 75%时方可脱模。其脱模和转移工序如下：

1）拆除飞模外侧护身栏和安全网。

2）每架飞模除留 4 个底托不动外，松开其他底托，拆除或升起锁牢在固定部位。

3）在留下的 4 个底托处，安装 4 个升降装置，并放好地滚轮。

4）用升降装置勾住飞模的下角钢，但不要拉得太紧。开动升降装置，上升到顶住飞模。

5）松开 4 个底托，使飞模面板脱离混凝土楼板底面，开动升降机构，使飞模降落在地滚轮上。

6）将飞模向建筑物外推到能挂外部（前）一对吊点处，将吊钩挂好前吊点。

7）在将飞模继续推出的过程中，安装电动环链，直到能挂好后吊点。然后启动电动环链，使飞模平衡。

8）飞模完全推出建筑物后，调整飞模平衡，塔式起重机起臂，将飞模吊往下一个施工部位。

二、拱坝模板

拱坝大体积混凝土模板一般采用悬臂模板。

二滩拱坝悬臂模板如图 8－37（a）所示。面板为厚 21mm 的木压合板，其表面覆盖一层釉质防水层，使面板平整、光滑而不吸水，不致因混凝土泌水的浸泡而发生脱层。压合板四周用钢条加固，保护边角。面板的加强格栅采用型钢。模板的支撑系统采用三角形桁架，由型钢制成。面板的倾角通过调节可变支杆的长度来控制，面板的水平和铅直调整分别通过设置在下部刚体三角形的横梁和竖梁内的水平和铅直调节装置来完成。下部刚体三角形可单独作为其他模板的支撑使用。

模板面板高 3.15m，宽度有 4.8m、3.6m 和 0.6m 三种，其中宽 3.6m 的采用最广泛。

一块约 3t 的悬臂模板，用吊车安、拆。模板的固定系统由预埋锚筋［图 8－37（b）］、锥形连接螺栓［图 8－37（c）］和高强紧固螺杆组成。预埋锚筋埋设在混凝土表面下 50cm 处，由 ϕ36mm 钢筋加工而成，其头部为内螺纹套管。锥形螺栓旋进预埋锚栓套管，高强螺杆再旋进锥形螺栓，从而将模板固定在已凝固的混凝土先浇块上。

预埋锚筋的安装：模板提升、固定后，在面板上距浇筑层顶部 50cm 的预留孔处，将锥形螺栓穿入预留孔并与锚筋连接，临时用与高强螺杆同直径的短螺栓将锥形螺栓和锚筋一起固定在加强格栅上。

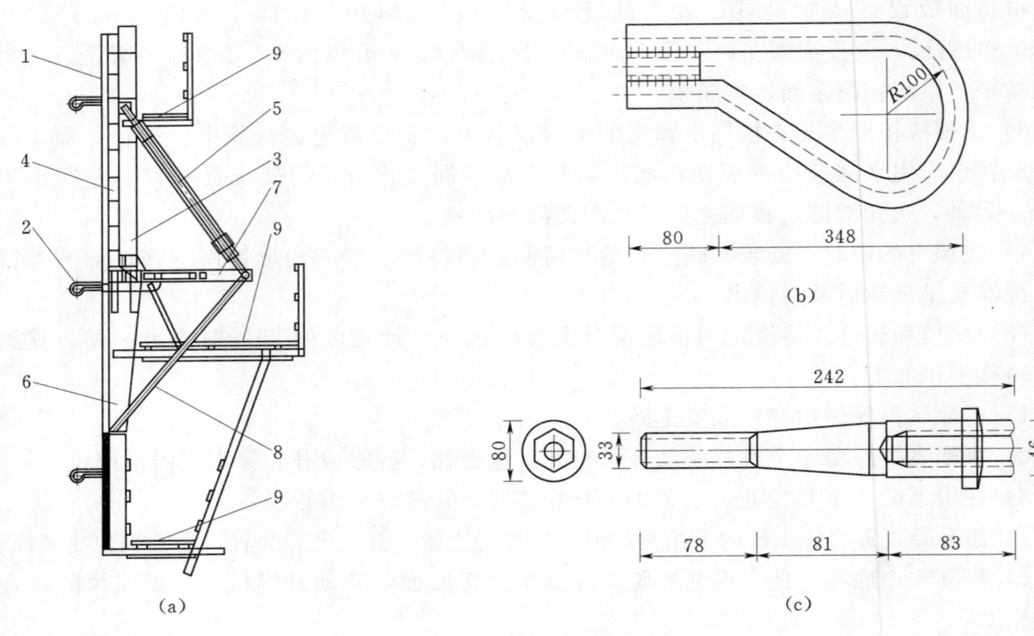

图 8-37 二滩拱坝悬臂模板（单位：cm）

1—压合板；2—预埋锚筋；3—上部大梁；4—加强格栅；5—可变支杆；6—下部竖梁；7—横梁；8—下支架腹杆；9—工作平台

调整模板时，首先要操作下支架横梁内的水平调节装置，使面板紧贴老混凝土表面；然后操作竖梁内的竖向调节装置，调整模板与老混凝土的搭接长度达到要求；最后通过上部斜向可变支杆的伸缩来调整面板的倾角，从而完成一块模板的一次调整过程。考虑到在浇筑混凝土时模板将有微小的外倾变形，事先将模板的顶边设置为内倾 5mm。

锥形螺栓和高强螺杆的旋紧和松开都采用配套的气动扳手。拆模后预埋锚筋留在混凝土内，锥形螺栓和高强螺杆循环使用。拆除锥形螺栓后，混凝土面上留下一个圆形的孔洞，用砂浆封堵。

东风电站双曲拱坝悬臂模板，其面板具有后退和横移的功能，通用性强。插挂式锚钩定位准，装、拆快。并配有计算机辅助立模系统，能显示各种立模参数和图形，可按施工要求重新布置。模板结构简图如图 8-38 所示。模板高 3.3m，宽 3m，最大顺坡角度为 24°，最大倒坡角度为 20°，垂直相对调坡角度≤2°，模板上口控制变位≤1cm。模板面板采用双榀可变“人”字形桁架支撑。调整桁架上的可调斜撑及平移丝杠，可实现模板的变坡。面板下口贴紧混凝土面，面板可退离混凝土面的最大距离为 60cm。为了解决收分量累积和横缝倾斜带来的问题，模板面板需要横移，最大横移量 30cm。模板挂在支撑桁架的 4 个滚轮上，通过 4 只螺栓与桁架固定。当模板需要调整时，松开 4 只螺栓，模板即可横移。

三、多卡模板

多卡模板是中外合资生产的一种典型的悬臂模板，其结构简图如图 8-39 所示。模板的支撑结构采用三角形桁架、可调撑杆。模板的固定系统采用略弯成蛇形的 ϕ5mm 高强度预埋锚筋，其本身即是螺距为 10mm 的特殊牙型螺杆，可与多种多卡紧固件（如螺母、套筒、山型卡扣等）连接。面板可采用整体钢框大块钢板、胶合板、铝合金板和复合塑料板等多种方案。

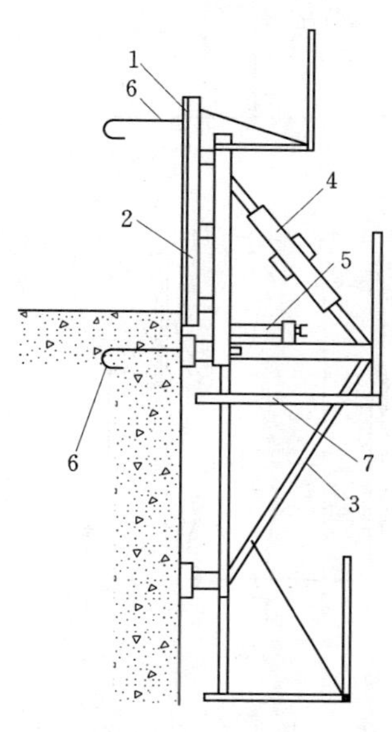

图 8-38　东风水电站双曲拱坝悬臂模板

1—面板；2—围令；3—支撑桁架；4—可调斜撑；5—平移丝杠；6—锚固件；7—工作平台

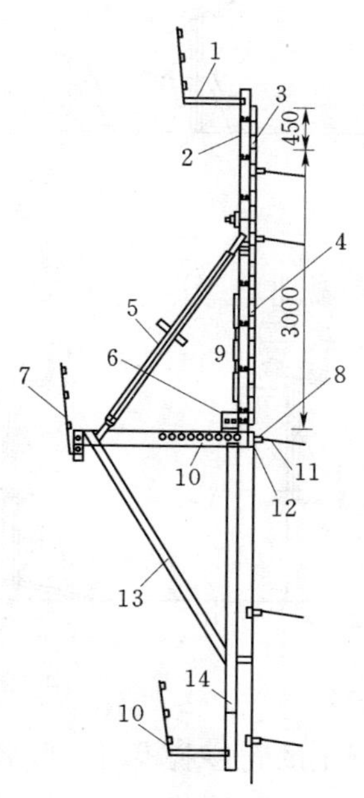

图 8-39　多卡模板结构简图

1—工作平台；2—竖围令；3—120mm×450mm×3000mm 面板；4—120mm×3000mm×3000mm 面板；5—螺杆；6—连接模块；7—主工作平台栏杆；8—定位锥；9—调节器勾头螺丝；10—作平台；11 —锚筋；12—勾挂螺栓；13—三脚架；14—悬挂

用于三峡工程的多卡模板型号为 D15 型，单套模板由面板、竖围令、支撑系统、锚固装置、辅助支架和工作平台等部分组成，其主要技术参数见表 8-5。

表 8-5　D15 型模板主要技术参数（单套）

序号	技术指标	参　数
1	立模面积（m×m）	3×2.4
2	允许混凝土侧 K 力（kN）	25
3	锚筋最大拉力（kN）	150
4	固系统允许拉拔力（kN）	120
5	面板角度可调范围	30℃
6	锚筋规格（mm）、根数	2ϕ15　L600
7	组装质量（kg）	1780

多卡大坝模板应用流程图如图 8-40 所示。

多卡大坝模板锚固系统如图 8-41 所示。

预埋锚筋是浇筑混凝土时模板的主要受力构件，又是模板定位的悬挂依托点，与锚筋相连的定位锥直接决定了模板的空间位置，因此，多卡模板对起始仓的预埋锚筋埋设位置精度要求很高。在起始仓立模时，在锚筋埋设高程通长布置一道已钻好锚筋孔的模板，将蛇形锚筋和定位锥用螺栓固定在木模板的孔位上。浇完混凝土，拆模后再将勾挂螺栓拧入预埋的定位锥中，即可挂装模板。

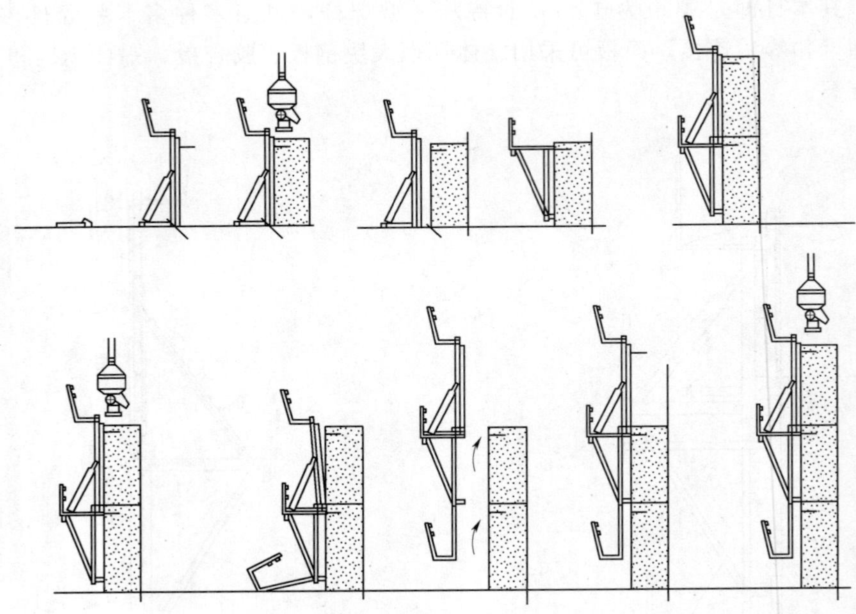

图 8-40 多卡模板应用流程图

浇完混凝土的仓位脱模时，收紧支撑螺杆，模板后倾，在定位锥中拧入勾挂螺栓，模板即可脱位提升，再挂装到新安装的勾挂螺栓上。已卸除模板的勾挂螺栓和定位锥可回收再用，对定位锥形成的孔洞用砂浆封堵。

四、钢模台车

钢模台车是一种为提高隧道（洞）衬砌表面光洁度和衬砌速度，并降低劳动强度而设

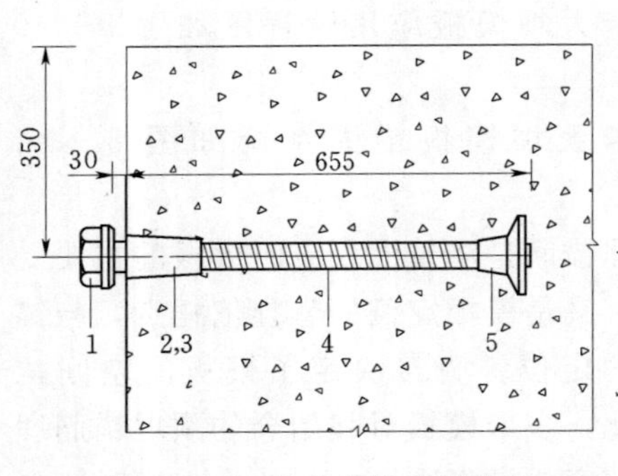

图 8-41 多卡大坝模板锚固系统图（单位：mm）

1—勾挂螺栓；2—定位锥；3—密封壳；4—锚筋；5—锚固盘

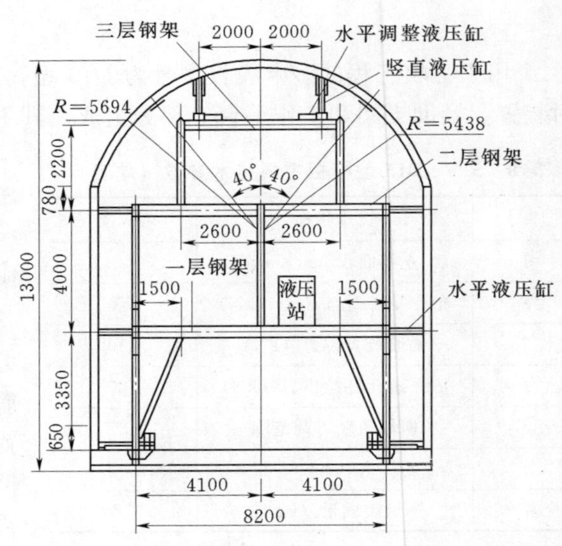

图 8-42 钢模台车结构示意图

计、制造的专用设备。有边顶拱式、直墙变截面顶拱式、全圆针梁式、全圆穿行式等几种形式。钢模台车的优点是实现全断面浇筑混凝土，提高了衬砌结构的整体性，施工效率高，钢模台车浇筑功效比传统模板高30%，装模、脱模速度快2～3倍，所用的人力是传统的1/5。其缺点是钢结构工程量较大，造价较高。

（一）台车结构

台车主要由模板总成、平移机构、行走机构、侧向液压油缸、侧向螺旋千斤顶等组成。钢模台车结构如图8-42所示。

1. 模板总成

模板由2块顶模及2块侧模构成横断面（台车顶拱模板一般采用8mm厚钢板，侧模板采用5mm厚钢板），顶模之间通过螺栓连成整体，边模与顶模通过铰耳轴连接，每节模板做成1.5 m宽，由10节组合成15m，模板之间皆由螺栓连接，模板上开有呈“品”字形排列的工作窗，顶部安装有与输送泵接口的注浆装置。

2. 平移机构

液压台车平移机构前后各一套，它支承在门架边横梁上，平移小车上的液压油缸与托架纵梁相连，通过油缸的收缩来调整模板的竖向定位及脱模，其调整行程为20cm，而水平方向的油缸用来调整模板的衬砌中心与隧道中心是否对中，左右可调行程为10cm。

3. 行走机构

液压台车主、从行走机构各两套，它们铰接在门架纵梁上。主行走机构由Y型电机驱动一级齿轮减速后，再通过两级链条减速，其行走速度为8m/min，行走轮直径为300mm。

4. 侧向液压油缸

侧向液压油缸主要是为模板脱模，同时起着支承模板的作用。

5. 侧向螺旋千斤顶

螺旋千斤顶用来支承、调节模板位置，承受灌注混凝土时产生的压力。

（二）台车工作原理

1. 立模工作

台车通过行走机构在轨道上移动至待浇筑仓位，确认台车和轨道无异常情况后锁定行走轮。让平移油缸工作，升降调节，使模板外形中心线与隧洞中线重合；调节竖向油缸，使上模总成外形达到施工要求；4个竖向油缸是由4个换向阀手柄控制，操作时4个油缸必须同步工作。调节侧向油缸，使侧模总成外形达到施工要求；8个侧向油缸由2个换向阀控制，操作时每边4个油缸运输应该同步。模板全部就位后，再将各模板的锁定机构锁紧，即完成了立模工作。

2. 脱模工作

混凝土浇筑完毕，当强度达到要求时即可脱模，首先撤除端模板后，启动液压调节系统，收回侧向千斤顶，缩回侧向油缸。收回侧模总成，使模板离开混凝土墙体15～20cm，收回竖向托架支承千斤顶，缩回竖向油缸，脱下顶模总成，使模板离开混凝土面10～15cm。其次，对称采用2台100t液压千斤顶，松动、拆除楔铁及锁定，松动千斤顶使滚动轮着力，全面完成并检查无误，方可开始台车移位。

钢模台车立模和脱模状态如图8-43所示。

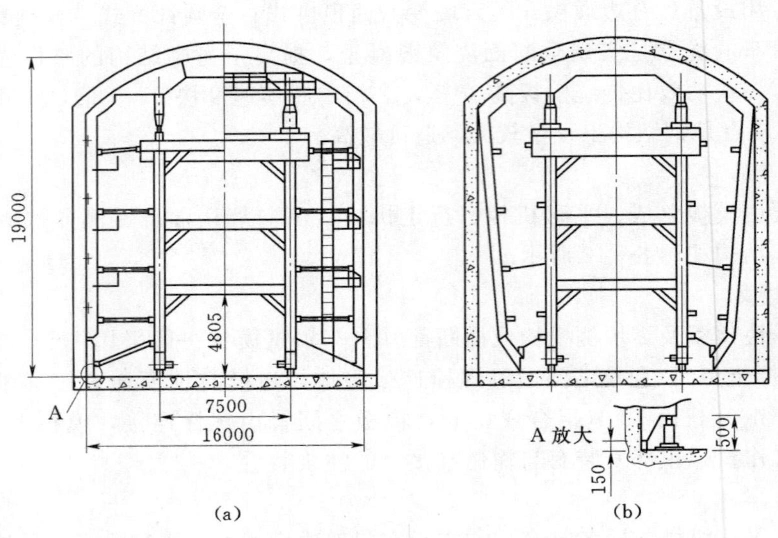

图 8-43 钢模台车立模、脱模状态图
(a) 立模状态；(b) 脱模状态

（三）钢模台车施工工艺

1. 台车的立模顺序

放置枕木→铺轨→放线校正→台车移动→台车就位→顶拱升位→侧墙模板就位→模板刷脱模剂→堵头模板及止水带安装→整体校正→二次校正。

2. 台车的拆模顺序

铺下跨枕木→铺下跨轨道→拆卸堵头模板→降顶拱模板、收拢侧模→台车牵引移动。

由于隧洞底板一次性开挖至设计高程，在放置枕木前，必须在两侧垫上石渣，夯实平整，然后再放置枕木，保证枕木平稳就位时，台车轴线与洞轴线大的错位主要靠轨道控制，小范围的误差可通过升降液压缸和水平液压缸来调整竖直和水平位置。因此，台车行走轨道中线必须与隧洞的中线重合，两轨顶面水平，并按设计高程测量好两轨的高程。台车就位后，要检验中线与标高，符合要求后，才能固定，以保证衬砌断面符合设计尺寸。

台车校正时，首先利用台车的调中液压缸进行调中校正中线；其次，利用台车拱顶的升降液压缸校正高程；第三，利用台车侧模的水平液压缸把侧模顶到设计位置；最后用丝杠进行台车模板加固。

钢模台车的临空面采用挡头板，用穿墙拉杆加固，并与岩面紧密相贴，不使灰浆漏出。浇筑混凝土时，侧墙两侧混凝土料应均衡上升，每层浇筑厚度控制在 0.5m 以内，避免台车受偏压变形，影响混凝土表面平整度。脱模时，将液压缸同时缩回，将支架模板收拢后，再向前推进到下次浇筑的位置。每次脱模后，必须对模板洗刷干净，涂上脱模剂。

（四）轻型钢模台车

在某些特定情况下（例如工期特别紧、洞段较短、制作正规钢模台车不经济等），采用轻型钢模台车也是一个较好的选择。所谓轻型钢模台车，是以脚手架组装成台车骨架，在其上安装模板及其调节装置。台车底部设行走轮，由卷扬机等牵引，在临时轨道上移动。某工程采用的轻型钢模台车结构如图 8-44 所示。

另外，还有一种外模台车，如图 8-45 所示。

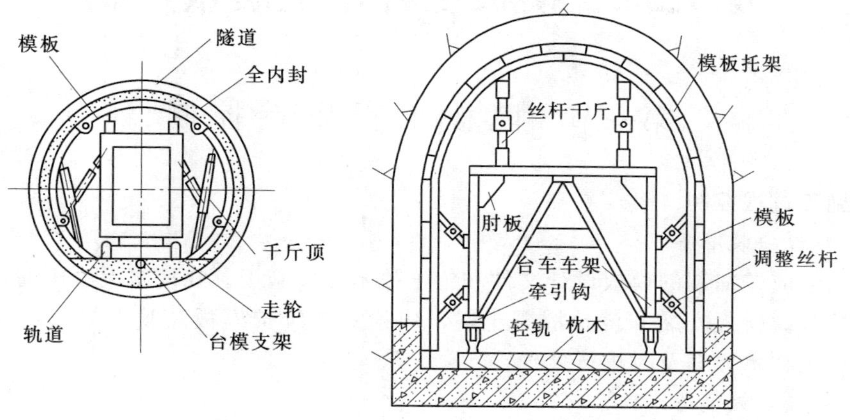

图 8-44 轻型钢模台车示意图

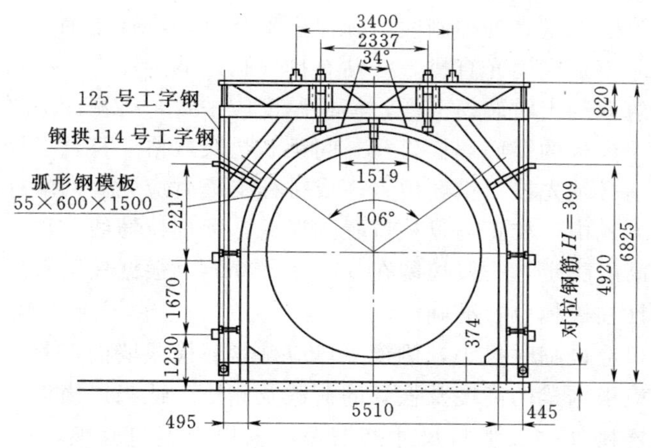

图 8-45 外模台车示意图

第九章　模板工程施工质量控制

第一节　模板工程质量控制

一、施工过程控制

（一）模板安装准备

模板安装应按编制的模板设计文件和施工技术方案施工。在浇筑混凝土前，应对模板工程进行验收。模板安装和浇筑混凝土时，应检查和维护模板及其支架，发现异常情况时，应按施工技术方案及时进行处理。

（二）模板安装偏差

（1）模板轴线放线时，应考虑建筑装饰装修工程的厚度尺寸，留出装饰厚度。

（2）模板安装的根部及顶部应设标高标记，并设限位措施，确保标高尺寸准确。支模时应拉水平通线，设竖向垂直度控制线，确保横平竖直，位置正确。

（3）基础的杯芯模板应刨光直拼，并钻有排气孔，减少浮力；杯口模板中心线应准确模板钉牢，防止浇筑混凝土时芯模上浮；模板厚度应一致，格栅面应平整，格栅木料要有足够强度和刚度。墙模板的穿墙螺栓直径、间距和垫块规格应符合设计要求。

（4）柱子支模前必须先校正钢筋位置。成排柱支模时应先立两端柱模，在底部弹出通线，定出位置并兜方找中，校正与复核位置无误后，顶部拉通线，再立中间柱模。柱箍间距按柱截面大小及高度决定，一般控制在500～1000cm，根据柱距选用剪刀撑、水平撑及四面斜撑撑牢，保证柱模板位置准确。

（5）梁模板上口应设临时撑头，侧模下口应贴紧底模或墙面，斜撑与上口钉牢，保持上口呈直线；深梁应根据梁的高度及核算的荷载及侧压力适当以横档。

（6）梁柱节点连接处一般下料尺寸略缩短，采用边模包底模，拼缝应严密，支撑牢靠，及时错位并采取有效、可靠措施予以纠正。

（三）预埋件、预留孔模板清理

（1）固定在模板上的预埋件、预留孔和预留洞，应按图纸逐个核对其质量、数量、位置，不得遗漏，并应安装牢固。

（2）模板与混凝土的接触面应清理干净并涂刷隔离剂，严禁隔离剂沾污钢筋和混凝土接槎处。

（3）浇筑混凝土前，模板内的杂物应清理干净。

（四）支架稳定

（1）模板的地坪、胎膜等应保持平整光洁，不得产生下沉、裂缝、起砂或起鼓等现象。

（2）支架的立柱底部应铺设合适的垫板，支承在疏松土质上时，基土必须经过夯实，并应通过计算，确定其有效支承面积，并应有可靠的排水措施。

（3）立柱与立柱之间的带锥销横杆，应用锤子敲紧，防止立柱失稳，支撑完毕应设专人检查。

安装现浇结构的上层模板及其支架时，下层楼板应具有承受上层荷载的承载能力或加设支架支撑，确保有足够的刚度和稳定性；多层楼盖下层支架系统的立柱应安装在同一垂直线上。

（五）模板变形控制

（1）超过3m高度的大型模板的侧模应留门子板；模板应留清扫口。

（2）浇筑混凝土高度应控制在允许范围内，浇筑时应均匀；对称下料，避免局部侧压力过大造成胀模。

（3）控制模板起拱高度，消除在施工中因结构自重、施工荷载作用引起的挠度。对跨度不小于4m的现浇钢筋混凝土梁、板，其模板应按设计要求起拱；当设计无具体要求时，起拱高度宜为跨度的1/1000～3/1000。

（六）拆模时间及顺序

（1）模板及其支架的拆除时间和顺序应事先在施工技术方案中确定，拆模必须按拆模顺序进行，一般是后支的先拆，先支的后拆；先拆非承重部分，后拆承重部分。重大复杂的模板拆除，按专门制定的拆模方案执行。

（2）现浇楼板采用早拆模施工时，经理论计算复核后将大跨度楼板改成支模形式为小跨度楼板（≤2m），当浇筑的楼板混凝土实际强度达到50%的设计强度标准值，可拆除模板，保留支架，严禁调换支架。

（3）多层建筑施工，当上层楼板正在浇筑混凝土时，下一层楼板的模板支架不得拆除，再下一层楼板的支架，仅可拆除一部分。跨度4m及4m以上的梁下均应保留支架，其间距不得大于3m。

（4）高层建筑梁、板模板，完成一层结构，其底模及其支架的拆除时间控制，应对所用混凝土的强度发展情况，分层进行核算，确保下层梁及楼板混凝土能承受上层全部荷载。

（5）拆除时应先清理脚手架上的垃圾杂物，再拆除连接杆件，经检查安全可靠后可按顺序拆除。拆除时要有统一指挥、专人监护，设置警戒区，防止交叉作业，拆下物品及时清运、整修、保养。

（6）后张法预应力结构构件，侧模宜在预应力张拉前拆除；底模及支架的拆除应按施工技术方案，当无具体要求时，应在结构构件建立预应力之后拆除。

（7）后浇带模板的拆除和支顶方法应按施工技术方案执行。

（七）柱子支模

主要控制断面尺寸、垂直度、柱身抗侧压力的紧固件等，柱子模板的支撑就得到了控制。

（八）梁模板支撑

主要控制断面尺寸、根据跨度大小适度起拱，采取防止梁底模下沉措施，如在基土上支模，土要夯实、防水浸、加垫板。若梁的高度较大，则还应对侧模板考虑防混凝土侧压力的措施，如对穿螺栓进行拉结等。保证构件尺寸和正确的外形。避免底模支撑不实，梁出现鱼腹式的下曲现象。

（九）模板支护

首先主要是控制竖向支撑的间距，防止模板下沉而造成板面成锅底形；其次应抓住板缝的拼缝密合以防止大量漏浆。

（十）墙模板固定

主要掌握竖向垂直度，充分考虑混凝土的侧压力；根部要固定好，防止胀模或局部鼓肚。

（十一）楼梯模板变形

主要掌握不发生梯段变形和弯曲，防止踏步侧板下沉；底部支撑应垂直梯段斜向模板，支撑要牢固，防止支点滑移。

二、成品保护措施

对于模板工程，由于模板种类较多，相应的成品保护措施亦不尽相同，现举例说明。

（一）钢模板

（1）吊装模板时轻起轻放，不准碰撞，防止模板变形。

（2）拆模时不得用大锤硬砸或撬棍硬撬，以免损伤混凝土表面和楞角。

（3）拆下的钢模板，如发现模板不平或肋边损坏变形，应及时修理。

（4）钢模在使用过程中应加强管理，分规格堆放，及时补涂刷防锈剂。

（二）组合钢框胶合板模板

（1）预组拼的模板要有存放场地，场地要平整夯实。模板平放时，要有木方垫架。立放时，要搭设分类模板架，模板触地处要垫木方，以此保证模板不扭曲不变形。不可乱堆乱放或在组拼的模板土堆放分散模板和配件。

（2）工作面已安装完毕的墙、柱模板，不准在吊运其他模板时碰撞，不准在预拼装模板就位前作为临时椅靠，以防止模板变形或产生垂直偏差。工作面已安装完毕的平面模板，不可作临时堆料和作业平台，以保证支架的稳定，防止平面模板标高和平整产生偏差。

（3）拆除模板时，不得用大锤、撬棍硬砸猛撬，以免混凝土的外形和内部受到损伤。

（三）大模板

（1）保持大模板本身的整洁及配套设备零件的齐全，吊运应防止碰撞墙体，堆放合理，保持板面不变形。冬季施工时大模板背面的保温措施应保持完好。

（2）大模板吊运就位时要平稳、准确，不得碰砸楼板及其他已施工完的部位，不得兜挂钢筋。用撬棍调整大模板时，要注意保护模板下面的砂浆找平层。

（3）拆除有支撑架的大模板时，应先拆除模板与混凝土结构之间的对拉螺栓及其他连接件，拆地脚螺栓，使模板后倾与墙体脱离开；拆除无固定支撑架的大模板时，应对模板采取临时固定措施。禁止用大锤敲击，防止混凝土墙面及门窗洞口等处出现裂纹。

（4）起吊大模板前应先检查模板与混凝土结构之间所有对拉螺栓、连接件是否全部拆除，必须确认模板和混凝土结构之间无任何连接后方可起吊大模板，移动模板时不得碰撞墙体。

（5）大模板的拆除顺序应遵循先支后拆、后支先拆的原则。

（6）当混凝土已达到拆除强度而不能及时拆模时，为防止混凝土粘模，可在未拆模之前先将对拉螺栓松开。

（7）模板与墙面粘结时，禁止用塔吊吊拉模板，防止将墙面拉裂。

（8）冬期施工防止混凝土受冻，当混凝土达到规范规定拆模强度后方准拆模，否则会影响混凝土质量。

（9）大模板及配件拆除后，应及时清理干净，对变形及损坏的部位及时进行维修，对斜撑丝杠拉螺栓螺纹上应抹油保护。

（四）密肋楼板模壳模板

（1）在层高 1/2 处左右的支架系统的水平栏杆上宜固定一层水平安全网，用于防止人员坠落。同时，拆模壳时，使之坠入安全网，以保护模壳。

（2）拆除模壳用小撬棍，以木楞为支点，先撬模壳相对两侧边中点，模壳松动后，依然以木楞为支点，轻撬模壳底脚的内肋，进而撬掉模壳。切忌硬撬或用铁锤硬砸，也不能使用大撬棍以肋梁混凝土为支点进行撬动，以保护模壳和密肋混凝土。

（3）吊运模壳、木钢楞或钢筋时，不得碰撞已安装好的模壳，以防模板变形。

（4）要严格遵循混凝土强度达到 10MPa 时方可拆模壳；混凝土强度达到 75%，肋跨小于 8m 时，可拆除支柱；但肋跨大于 8m 时，混凝土强度必须达 100%，方可拆除支柱。

（五）液压滑动模板

（1）模板提升后，应对脱出模板下口的混凝土表面进行检查。

（2）情况正常时，混凝土表面有 25～30mm 宽的水平方向水印。

（3）若有表面拉裂、坍塌等缺陷时，应及时研究处理并作表面修整。

（4）若表面有流淌、穿裙子等现象时，应及时采取调整模板锥度等措施。

（5）混凝土出模后，必须及时进行养护。养护方法宜选用喷雾养护或喷涂养护液。冬期养护期用塑料薄膜保湿和阻燃棉毡保温。

三、应注意的质量问题

（1）构造柱外墙砖挤鼓变形。支模板时应在外墙面采取加固措施。

（2）圈梁模板外胀。圈梁模板支撑没卡紧，支撑不牢固，模板上口拉杆碰坏或没钉牢固。浇筑混凝土时设专人修理模板。

（3）混凝土流坠。模板板缝过大，没有用纤维板、木板条等贴牢；外墙圈梁没有先支模板后浇筑圈梁混凝土，而是先包砖代替模板再浇筑混凝土，致使水泥浆顺砖缝流坠。

（4）板缝模板下沉。悬吊模板时镀锌钢丝没有拧紧吊牢，采用钢木支撑时，支撑下面垫木没有楔紧钉牢。

（5）柱模板截面尺寸不准。混凝土保护层过大，柱身扭曲。为此，支模前按图弹位置线，校正钢筋位置，支柱前柱子应做小方盘模板，保证底部位置准确。根据柱子截面尺寸及高度，设计好柱箍尺寸及间距，柱四角做好支撑及拉杆。

1）针对胀模、断面尺寸不准应根据柱高和断面尺寸设计核算柱箍自身的截面尺寸和间距，以及对大断面柱使用穿柱螺栓和竖向钢楞，以保证柱模的强度、刚度足以抵抗混凝土的侧压力。施工应认真按设计要求作业。

2）针对柱身扭向应在支模前先校正柱筋，使其首先不扭向。安装斜撑（或拉锚），吊线找垂直时，相邻2片柱模从上端每面吊2点，使线坠到地面，线坠所示2点到柱位置线距离均相等，即使柱模不扭向。

3）轴线位移，1排柱不在同一直线上，应在支模前在地面上弹出柱轴线及轴边通线，然后分别弹出每柱的另一方向轴线，再确定柱的另2条边线。支模时，先立两端柱模，校正垂直与位置无误后，柱模顶拉通线，再支中间各柱模板。柱距不大时，通排支高水平拉杆及剪刀撑，柱距较大时，每柱分别四面支撑，保证每柱垂直和位置正确。

（6）梁、板模板不平直。梁侧面鼓出，梁上口尺寸偏大，板中部下挠。防止办法是：梁、板模板应通过设计确定龙骨、支柱的尺寸及间距，使模板支撑系统有足够的强度及刚度，防止浇混凝土时模板变形。模板支柱的底部波在坚实地面上，垫通长脚手板，防止支柱下沉，梁、板模本应按设计要求起拱，防止挠度过大。梁模板上口应有拉杆锁紧，防止上口变形。

（7）墙模板厚薄不一致。墙体混凝土厚薄不一致，截面尺寸不准确，拼接不严，缝过大造成跑浆。模板应根据墙体高度和厚度通过设计，确定纵横龙骨的尺寸间距，墙体的支撑方法，角模的形式。模板上口应设拉结，防止上口尺寸偏大。

第二节 工程质量缺陷处理

模板工程质量常见的缺陷及防治措施见表9-1。

表9-1　模板工程质量缺陷及防治措施

序号	质量缺陷	原因分析	防治措施
1	带形基础模板沿基础通长方向：模板上口不直；宽度不准；下口陷入混凝土内；侧面混凝土麻面、露石子；拆模时上段混凝土缺损；底部上模不牢，如图9-1所示	模板安装时，挂线垂直度有偏差，模板上口不在同一直线上； 钢模板上口未用圆钢穿入洞口扣住，仅用镀锌钢丝对拉，有松有紧，或木模板上口未钉木带，浇筑混凝土时，其侧压力使模板下端向外推移，以致模板上口受到向内推移的力而内倾，使上口宽度大小不一； 模板未撑牢，在自重作用下模板下垂。浇筑混凝土时，部分混凝土由模板下口翻上来，未在初凝时铲平，造成侧模下部陷入混凝土内； 模板平整度偏差过大，残渣未清除干净；拼缝缝隙过大，侧模支撑不牢； 木模板临时支撑直接撑在土坑边，以致接触处土体松动掉落	模板应有足够的强度和刚度，支模时，垂直度要找准确； 钢模板上口应用ϕ8mm圆钢套入模板顶端小孔内，中距50～80cm，如图9-2所示。木模板上口应钉木带，以控制带形基础上口宽度，并通长拉线，保证上口平直； 上段模板应支承在预先横插圆钢或预制混凝土垫块上；木模板也可用临时木撑，以使侧模支承牢靠，并保持高度一致； 发现混凝土由上段模板下翻上来，应在混凝土初凝时轻轻铲平至模板下口，使模板下口不至于卡牢； 混凝土呈塑性状态时切忌用铁锹在模板外侧用力拍打，以免造成上段混凝土下滑，形成根部缺损； 组装前应将模板上残渣剔除干净，模板拼缝应符合规范规定，侧模应支撑牢靠； 支撑直接撑在土坑边时，下面应垫以木板，以扩大其接触面。木模板长向接头处应加拼条，使板面平整，连接牢固

续表

序号	质量缺陷	原因分析	防　治　措　施
2	杯形基础模板杯基中心线不准；杯口模板位移；混凝土浇筑时芯模浮起；拆模时芯模起不出，如图9－3所示	杯基中心线弹线未兜方； 杯基上段模板支撑方法不当，浇筑混凝土时，杯芯木模板由于不透气，比重较轻，向上浮起模板四周的混凝土振捣不均衡，造成模板偏移； 操作脚手板搁置在杯口模板上，造成模板下沉杯芯模板拆除过迟，粘结太牢	杯形基础支模应首先找准中心线位置及标号，先在轴线桩上找好中心线，用线锤在垫层上标出2点，弹出中心线，再由中心线按图弹出基础四面边线，要兜方并进行复核，用水平仪侧定标高，然后依线支设模板； 木模板支上段模板时采用抬把木带，可使位置准确，托木的作用是将抬把木带与下段混凝土面隔开少许间距，便于混凝土面拍平； 杯芯木模板要刨光直拼，芯模外表面涂隔离剂，底部应钻几个小孔，以便排气，减少浮力； 浇筑混凝土时，在芯模四周要均衡下料并振捣； 脚手板不得搁置在模板上； 拆除的杯芯模板，要根据施工时的气温及混凝土凝固情况来掌握，一般在初凝前后即可用锤轻打，撬棍拨动。较大的芯模，可用倒链将杯芯模板稍加松动后再徐徐拔出
3	梁模板梁身不平直；梁底不平，下挠；梁侧模炸模（模板崩塌）；拆模后发现梁身侧面有水平裂缝、掉角、表面毛糙；局部模板嵌入构件中，拆除困难，如图9－4所示	模板支设未校直撑牢； 模板没有支撑在坚硬的地面上。混凝土浇筑过程中，由于荷载增力口，泥土地面受潮降低了承载力，支撑随地面下沉变形； 梁底模未起拱； 侧模拆模过迟； 木模板采用黄花松或易变形的木材制作，混凝土浇筑后变形较大，易使混凝土产生裂缝、掉角和表面毛糙； 木模在混凝土浇筑后吸水膨胀，事先未留有空隙，造成局部模板嵌入构件中，难以拆除	梁底支撑间距应能保证在混凝土重量和施工荷载作用下不产生变形。支撑底部如为泥土地面，应先认真夯实，铺放通长垫木，以确保支撑不沉陷。梁底模应起拱； 梁侧模应根据梁的高度进行配制，若超过60cm，应加钢管围檩，上口则用圆钢插入模板上端小孔内，如图9－5所示； 支梁木模时应遵守边模包底模的原则。梁模与柱模连接处，应考虑梁模板吸湿后长向膨胀的影响，下料尺寸一般应略为缩短，使混凝土浇筑后不致嵌入柱内，如图9－6所示； 木模板梁侧模下口必须有夹条木，钉紧在支柱上，以保证混凝土浇筑过程中，侧模下口不致炸模； 梁侧模上口模横档应用斜撑双面支撑在支柱顶部。如有楼板，则上口横档应放在板模格栅下； 梁模用木模时尽量不采用黄花松或其他易变形的木材制作，并应在混凝土浇筑前充分用水浇透
4	梁模板下口炸模，上口偏歪，梁中部下挠	下口围檩未夹紧或木模板夹木未钉牢，在混凝土侧压力作用下，侧模下口向外歪移； 梁过深，侧模刚度差，又未设对拉螺栓支撑按一般经验配料，梁自重和施工荷载未经核算，致使超过支撑能力，造成梁底模板及支撑不够牢固而下挠； 斜撑角度过大（>60°），支撑不牢造成局部偏歪	根据深梁的高度及宽度核算混凝土振捣时的重量及侧压力（包括施工荷载）。钢模板外侧应加双排钢管围檩，间距不大于50cm（图9－7），并加穿对拉螺栓，沿梁的长方向每隔80～120cm，螺栓内可穿ϕ40钢管或塑料管，以保证梁的净宽，并便于螺栓回收重复使用。木模采取50mm厚模板。每40～50cm加一拼条（宜立拼），根据梁的高度适当加设横档。一般离梁底30～40cm处加ϕ16mm对拉螺栓（用双根横档，螺栓放在两根横档之间，由垫板传递应力，可避免在横档上钻孔），沿梁长方向相隔不大于1m，在梁模内螺栓可穿上钢管和硬塑料套管撑头，以保证梁的宽度，并便于螺栓回收，重复利用； 木模板夹木应与支撑顶部的横担木钉牢； 梁底模板应按规定起拱； 单根深梁模板上口必须拉通长麻线（或铅丝）复核，两侧斜撑应同样牢固

续表

序号	质量缺陷	原因分析	防治措施
5	柱模板炸模，造成断面尺寸鼓出、漏浆、混凝土不密实或蜂窝麻面如图 9-8 所示； 柱偏斜，一排柱子不在同一轴上 柱身扭曲，如图 9-9 所示	柱箍间距太大或不牢，或木模钉子被混凝土侧压力拔出板缝不严密成排柱子支模不跟线，不找方，钢筋偏移未扳正就套柱模 柱模未保护好，支模前已歪扭，未整修好就使用； 模板两侧松紧不一； 模板上有混凝土残渣，未很好清理，或拆模时间过早	成排柱子支模前，应先在底部弹出通线，将柱子位置兜方找中； 柱子支模板前必须先校正钢筋位置； 柱子底部应做小方盘模板，或以钢筋角钢焊成柱断面外包框（图 9-10）保证底部位置准确； 成排柱模支撑时，应先立两端柱模，校直与复核位置无误后，顶部拉通长线，再立中间各根柱模，如图 9-11 所示。柱距不大时，相互间应用剪刀撑及水平撑搭牢。柱距较大时，各柱单独拉四面斜撑，保证柱子位置准确； 根据柱子断面的大小及高度，柱模外面每隔 80～120cm 应加设牢固的柱箍，防止炸模，如图 9-12 所示； 柱模如用木料制作，拼缝应刨光拼严，门子板应根据柱宽采用适当厚度，确保混凝土浇筑过程中不漏浆，不炸模，不产生外鼓； 较高的柱子，应在模板中部一侧留临时浇灌孔，以便浇筑混凝土，插入振动棒，当混凝土浇筑到临时洞口时，即应可靠封闭
6	圈梁模板局部胀模，造成墙内侧或外侧水泥砂浆挂墙； 梁内外侧不平，砌上段墙时局部挑空，如图 9-11 所示	卡具未夹紧模板，混凝土振捣时产生侧向压力造成局部模板向外推移； 模板组装时，未与墙面支撑平直	采用在墙上留孔挑扁担木方法施工时，如图 9-11所示，扁担木长度应不小于墙厚加 2 倍梁高，圈梁侧模下口应夹紧墙面，斜撑与上口横档钉牢，并拉通长直线，保持梁上口呈直线； 采用钢管卡具组装模板时，如图 9-12 所示，如发现钢管卡具滑扣应立即调换； 圈梁木模板上口必须有临时撑头，保持梁上口宽度
7	墙模板炸模、倾斜变形； 墙体厚薄不一，墙面高低不平； 墙根跑浆、露筋，模板底部被混凝土及砂浆裹住，拆模困难； 墙角模板拆不出	钢模板事先未作排板设计，未绘排列图，相邻模板未设置围檩或间距过大，对拉螺栓选用过小或未拧紧。墙根未设导墙，模板根部不平，缝隙过大； 木模板制作不平整，厚度不一致，相邻两块墙模板拼接不严、不平，支撑不牢，没有采用对拉螺栓来承受混凝土对模板的侧压力，以致混凝土浇筑时炸模（或因选用的对拉螺栓直径太小，不能承受混凝土侧压力而被拉断）； 模板间支撑方法不当，如图 9-13 (a) 所示； 混凝土浇筑分层过厚，振捣不密实，模板受侧压力过大，支撑变形； 角模与墙模板拼接不严，水泥浆漏出，包裹模板下口。拆模时间太迟，模板与混凝土粘结力过大； 未涂刷隔离剂，或涂后被雨水冲走	墙面模板应拼装平整，符合质量检验评定标准； 有几道混凝土墙时，除顶部设通长连接木方定位外，相互间均应用剪刀撑撑牢，如图 9-13 (b)、(c) 所示； 墙身中间应用对拉螺栓拉紧，模板两侧以连杆增强刚度（图 9-14）承担混凝土的侧压力，确保不炸模（一般采用 ϕ12～16mm 螺栓）。2 片模板之间，应根据墙的厚度用钢管或硬塑料撑头，以保证墙体厚度一致。有防水要求时，应采用焊有止水片的螺栓； 墙根按墙厚度先灌注 15～20cm 高导墙作根部； 模板支撑，模板上口应用扁钢封口，如图 9-15 所示，拼装时，钢模板上端边肋要加工 2 个缺口，将两块模板的缺口对齐，板条放入缺口内，用 U 形卡卡紧

续表

序号	质量缺陷	原因分析	防治措施
8	板模板板中部下挠，板底混凝土面不平，采用木模板时梁边模板嵌入梁内不易拆除	板格栅用料较小，造成挠度过大； 板下支撑底部不牢，混凝土浇筑过程中荷载不断增加，支撑下沉，板模下挠； 板底模板不平，混凝土接触面平整度超过允许偏差； 将板模板铺钉在梁侧模上面，甚至略伸入梁模内，浇筑混凝土后，板模板吸水膨胀，梁模也略有外胀，造成边缘一块模板嵌牢在混凝土内，如图 9-16（a）所示	楼板模板下支撑料或桁架支架应有足够强度和刚度，支承面要平整； 支撑材料应有足够强度，前后左右相互搭牢；支撑如撑在软土地上，必须将地面预先夯实，并铺设通长垫木，必要时垫木下再加垫横板，以增加支撑在地面上的接触面，保证在混凝土重量作用下不发生下沉（要采取措施消除泥地受潮后可能发生的下沉）； 木模板板模与梁模连接处，板模应拼铺到梁侧模外口齐平，避免模板嵌入梁混凝土内，以便于拆除，如图 9-16（b）所示； 板模应按规定起拱
9	楼梯侧帮露浆、麻面，底部不平	楼梯底模采用钢模板，遇有不能满足模数配齐时，以木模板相拼；楼梯侧帮模也用木模板制作，易形成拼缝不严密，造成跑浆； 底板子整度偏差过大，支撑不牢靠	侧帮在梯段可用钢模板以 2mm 厚薄钢模板和[8 槽钢点焊连接成型，每步 2 块侧帮必须对称使用，侧帮与楼梯立帮用 U 形卡连接，如图 9-17 所示； 底模应平整，拼缝要严密，符合施工规范，若支撑杆细长比过大，应加剪刀撑撑牢
10	桩身不直，几何尺寸不准；桩尖偏斜，桩头木平； 接桩处，上节桩预留钢节与下节桩预留钢筋孔洞位置有偏差，或下节桩孔深不足； 叠捣桩上下粘连	场地未平整夯实，使接触地面的桩身不平直； 弹线有偏差； 桩模支撑强度与刚度不足； 桩尖模板振捣时移位。桩头模板不垂直于桩身； 上下桩的连接处，下节桩预留孔洞位置不准，深度不够；上节桩预留钢筋未设定位套板，混凝土振捣时位置走动； 桩上未刷隔离剂，或隔离剂已被雨水冲掉	制桩场地应平整夯实，排水通畅，铺 7cm 厚道渣压平粉光，再用 M5 水泥砂浆抹平压光，如图 9-18 所示； 采用间隔支模施工方法，地面上弹准桩身宽度线（间隔宽度应加纸筋灰作隔离剂的厚度）。模板与模挡应有足够的刚度。桩头端面要用角尺兜方； 桩尖端应用专用钢帽套上，如图 9-19 所示； 上下节桩端部均应做相匹配的专用模板，以保证接桩位置准确，并与桩侧模板连接好。为使接桩准确，在浇筑桩身混凝土时，可在钢管内预先放置 4ϕ50mm 圆钢，在初凝前应经常转动圆钢，初凝后拔出成孔，如图 9-20 所示； 采用间隔支模方法时，可采用纸筋石灰做隔离层，厚度约 2mm
11	柱模板底部漏浆，叠捣柱粘连，平面尺寸变形，高低不平	炸模或模板接缝处松动； 未使用隔离剂或隔离剂失效，造成粘连； 场地未平整夯实	底模一般应采用分节脱模法或胎模施工； 两侧及端部模板要有足够的刚度，并撑牢夹紧，保证嵌缝严密； 叠捣时，隔离剂可采用纸筋石灰粉刷，或涂废机油 2 遍以上
12	桁架模板构件不平整、扭曲或有蜂窝、麻面、露筋，沿预应力抽芯管孔道的混凝土表面出现裂缝	底部胎模未用水平仪抄平，尺寸不准； 模板制作不良，支撑不牢，底部两侧漏浆，侧模外胀。上部对拉螺栓拉得过紧又未加撑木，当混凝土浇筑完成，拆除侧模上口临时搭头木时，侧模向里收进，造成构件上口宽度不足； 当混凝土浇筑完毕转动芯管时，由于钢管不直，造成混凝土表面裂缝。抽芯过早，容易造成混凝土塌陷裂缝	模板制作要符合质量标准，达到设计要求的平整度与形状尺寸，周围要夹紧夹牢，不使变形，不得漏浆，如图 9-21 所示； 架设叠捣模板时，下口要夹紧在已捣好的构件上，上口螺栓收紧要适度，这样在拆除构件上口搭头木时，模板上口不致挤小； 芯管如用无缝钢管制作时，应保证钢管匀直构件混凝土浇筑完毕，应每隔 10～15min 将芯管转动一圈，以免混凝土粘牢芯管。当手指捺压混凝土表面不出水时，即可缓缓将芯管抽出

续表

序号	质量缺陷	原因分析	防治措施
13	预应力筋孔道堵塞。预应力抽芯管拔不出。预应力张拉灌浆后，在翻身竖起时，屋架呈现侧向弯曲	预应力抽芯管采用2节拼接方法，转动芯管时如不小心拉出一些，中间会被混凝土堵塞； 混凝土浇筑完毕，抽芯钢管未及时转动，混凝土结硬后芯管转不动，拔不出	在混凝土浇筑过程中，注意勿将芯管向外拉出采用分节脱模法预制构件时，除上述防治措施外，应保证各支点有足够的承载力，拼接处模板要平齐
14	构件不方正，边角歪斜； 厚薄不匀，超厚超宽	地坪不平，边模安装时，未按设计要求尺寸拉对角线校正； 边模连接不牢，表面振实过程中，边框接头处向外胀开浇筑混凝土时，边模向上浮起，造成底部漏浆	底模要平整，应符合构件表面质量要求，边模厚度要正确，当容易出现超厚时，可根据生产实践预将边模高度减小3～5mm； 安装模板时应校正对角线长度，接头处要牢固； 浇筑混凝土时，要防止边模浮起。表面要按边模高度铲平； 模板及地坪要涂隔离剂； 脱模时间应根据当时气温及混凝土强度发展情况而定，不宜过早或过迟拆模
15	钢模底盘整体扭翘，放在平整地面上只有三支点着地； 底盘下垂或上拱。钢模板在起吊时或多次承受预应力张拉的钢模板最容易产生这种缺陷； 局部变形或损伤	底盘结构未经力学计算，刚度较小； 起吊时4个吊钩钢丝绳长短不一或码放垛底楞不平； 多次重复施加预应力，此力对底盘是偏心荷载，引起较大变形，放张后外力消除，留下剩余变形。下次施加预应力后，偏心值增大，变形也增大，重复次数越多，剩余变形越大，导致不能使用； 内胎面用钢面板过薄，区格划分过大，随使用次数增多而凹凸不平； 清模时锤击硬伤，隔离剂不良，混凝土粘结锤击硬伤； 起吊、运输、码放过程中撞击，造成硬伤； 焊接不良，焊缝不够，焊后内应力过大导致变形； 局部受力区零件构造处理不当，如模外张拉的预应力圆孔板梳筋条焊在槽钢上，受力后引起槽钢翼缘变形，如图9-22（a）所示	设计时应从各种不利的受力状态作结构的强度、刚度（变形）和局部稳定性计算。特别应控制刚度，对承受预应力的钢模板更要注意； 注意细部构造，运用钢结构理论进行细部设计。图9-22（b）用加劲肋加强上翼缘，使承受张拉力后不变形。图9-22（c）改槽形截面为箱形截面底盘结构设计要考虑变形要求，布置合理，省工省料。不仅要计算变形，而且要考虑三点支承后第4个角的变形； 起吊时4个吊钩的钢丝绳要长短一致； 码放垛底楞应用水平仪找平，用材要耐撞击，如钢轨等； 内胎面钢面板板厚至少5mm以上，使用次数不多的钢模板可用3～4mm厚。区格划分不大于1000mm×1000mm； 焊接质量要可靠，施焊顺序要合理，尽量减少焊接变形和降低焊接内应力。即使用胎具卡具固定，也要考虑施焊顺序。焊缝尺寸应符合设计要求，不得少焊； 变形超过规定，要及时用专门工具调平

续表

序号	质量缺陷	原因分析	防治措施
16	侧向弯曲过大，构件成型后两头窄中间宽。采用模外张拉工艺时，由于预应力反作用力需由侧模承受，更易产生侧向弯曲； 垂直方向产生弯曲，组装后与底盘缝隙大，引起跑浆，严重者构件麻面扭曲变形，引起组装困难； 组装后侧模不垂直，上口大下口小旋转侧模的合页板启闭不灵活； 表面局部硬伤变形	设计截面本身垂直轴（Y 轴）惯性矩小，在混凝土侧压力作用下，向外变形或扭曲旋转侧模使周转次数多，合页板孔径变大或销轴磨细，也会引起构件尺寸误差； 由于清模不仔细，混凝土渣和灰浆未清除干净，侧模受挤垫，造成垂直弯曲或上口大下口小，不垂直； 合页板与焊在底盘上的耳板位置不正确，或侧模本身纵向移动产生摩擦，因而启闭费力； 侧模在浇筑混凝土前未涂隔离剂或涂得不匀，脱模后混凝土粘结在侧模上，清理时锤击振动，使表面凹凸不平； 操作过程紧固件松动，使侧模变形。支拆或搬动时摔碰或搁置不平而变形； 焊接变形或焊缝不足，不能起组合截面的功能，以致一经使用即产生变形	侧模刚度要进行力学计算，尽量采用刚度较大的截面形式，如槽形、箱形等； 合页板焊接位置要正确。为减少旋转时的摩擦，可在合页板两边焊上 6mm 厚环形垫圈，如图 9-23 所示； 及时检查合页板旋转孔径，过大则更换。销轴磨细也要及时更换。紧固件如有掉落或变形要及时换备件； 制造过程焊接工艺要合理，焊缝尺寸应按设计要求
17	平面变形或硬伤； 构件成型过程中端模上窜，引起构件超高； 端头外倾或内倒，不垂直 端头埋件位移	设计时紧固构造考虑不周，在振实混凝土过程中引起端模活动； 用料刚度较差，经受不住混凝土的侧压力而引起变形； 操作过程中锤击、摔碰等，引起变形及硬伤； 灰渣未清理干净，硬性支模引起变形	设计端模时不应只考虑自重轻和省料，要以力学计算为依据，必要时可用加劲肋提高其刚度； 设计的紧固工艺要可靠，位置易固定，易装拆； 按操作规程操作，不用或少用锤击； 有变形应及时修理，不能凑合使用； 预埋件应采取可靠固定措施，防止位移
18	预应力圆孔板钢模梳筋条和端模槽口不在一条直线上，造成穿筋困难和张拉力不准； 两端模圆孔中心不平行，引起穿圆管芯子困难； 张拉端 U 形承力板变形； 张拉板上挠变形，导致预应力筋保护层偏大； 张拉板螺栓断裂	钢模板加工不合格，未经验收或验收粗糙，投入使用即造成各种问题； U 形承力板多次重复承受张拉力，引起疲劳和剩余变形张拉板本身受力状态复杂，会引起变形。多次重复施力以及焊接等因素，可能引起螺栓开裂	设计提出加工误差要明确，要按机械制图注尺寸，特别是圆孔中心线和槽口中心线应分别从板中心线计算，避免累计误差； U 形承力板的应力分析应从最不利条件考虑，如力的作用点可能上移或 2 个承力板受力不匀等，构造加固及焊接要可靠； 张拉板受力大且偏心，为了避免张拉板上挠变形和螺栓断裂等，对于较宽且受张拉力较大的张拉板可以改为 2 块，以保证质量和安全； 经常检查零配件，发现隐患及变形，应及时更换或修理

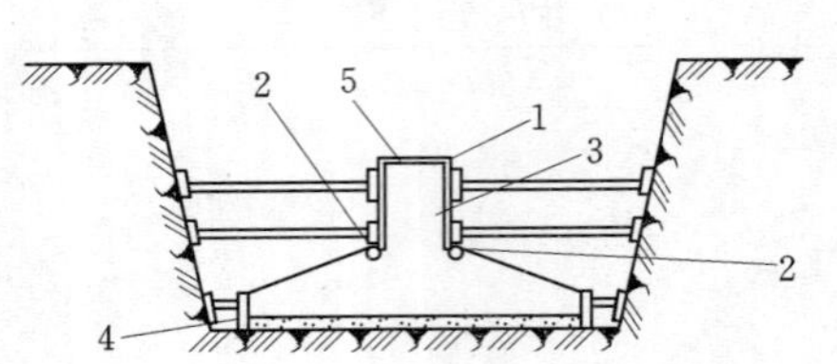

图 9-1 带形基础钢模板缺陷示意图
1—上口不直，宽度不准；2—下口陷入混凝土内；3—侧面露石子、麻面；4—底部上模不牢；5—模板口用镀锌钢丝对拉，有松有紧

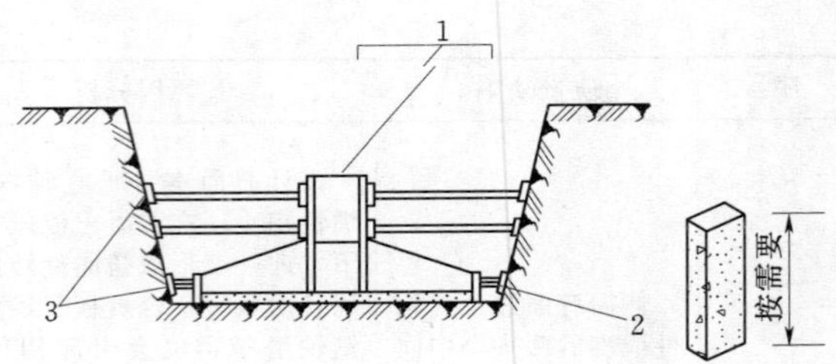

图 9-2 钢筋支架或混凝土长方垫块
1—ϕ8mm 或 ϕ10mm 圆钢；2—横插于基础钢架 ϕ12mm 圆钢或 5cm×80cm 混凝土垫块，间距 80～100cm；3—土坑边垫木板扩大接触面

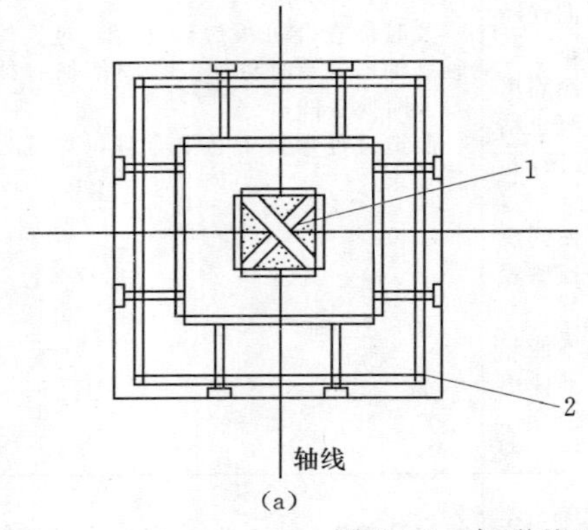

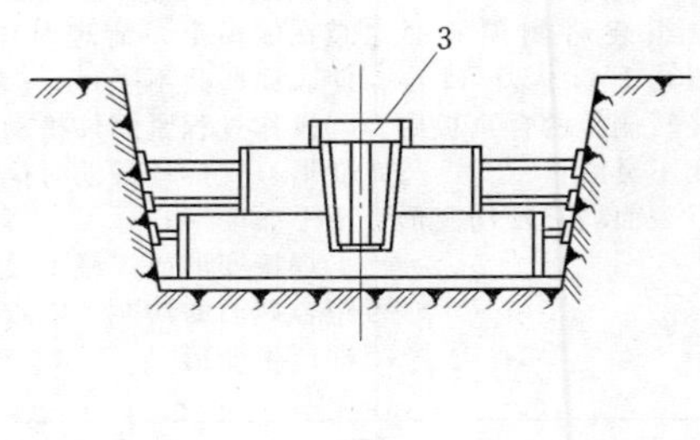

图 9-3 杯形基础钢模板缺陷示意图
(a) 平面图；(b) 剖面图
1—排气孔；2—角模；3—杯芯模板

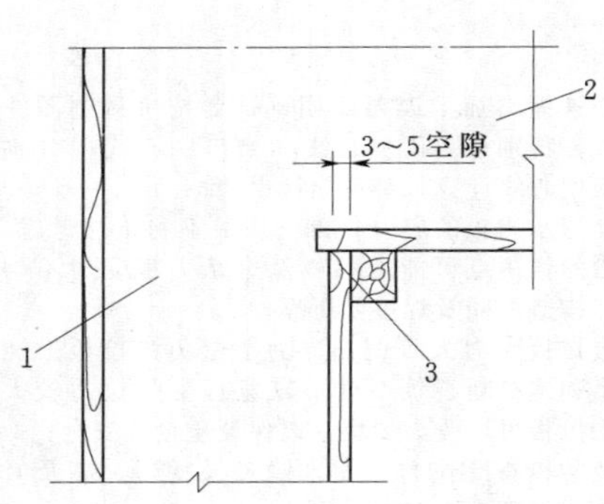

图 9-4 梁模板缺陷示意图
1—柱模；2—梁模；3—梁底模板与柱侧模相交处须稍留空隙

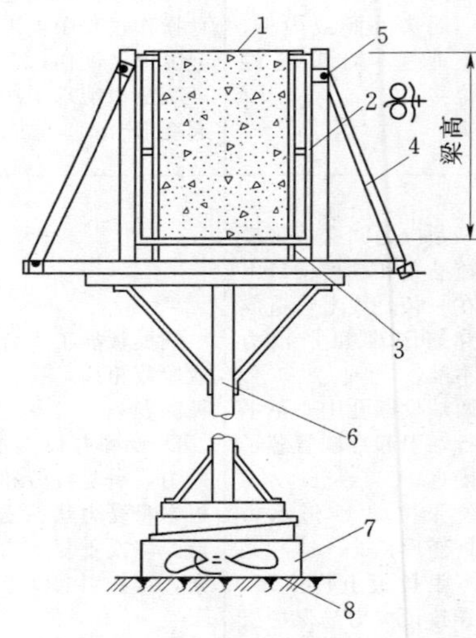

图 9-5 梁模安装示意图
1—模板上口用 ϕ8mm 或 ϕ10mm 圆钢套入，间距 50～80cm；2—梁高若超过 60cm，侧模加围檩；3—角模；4—ϕ50mm 钢管斜撑；5—扣件；6—支撑（间距按受力计算）；7—通长垫木；8—泥土地应夯实

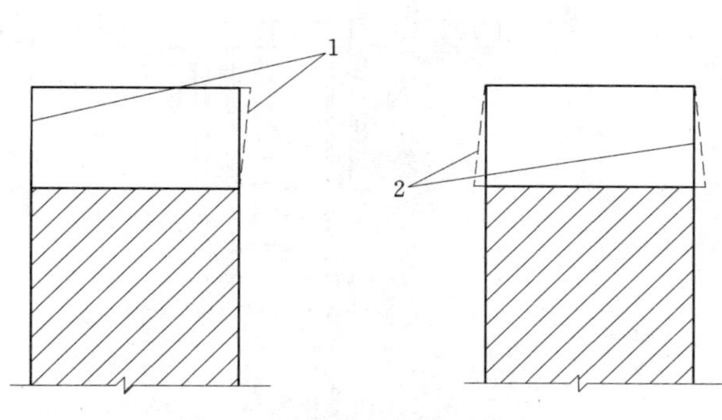

图 9-6　梁模板缺陷示意图
1—上口歪斜；2—下口胀模

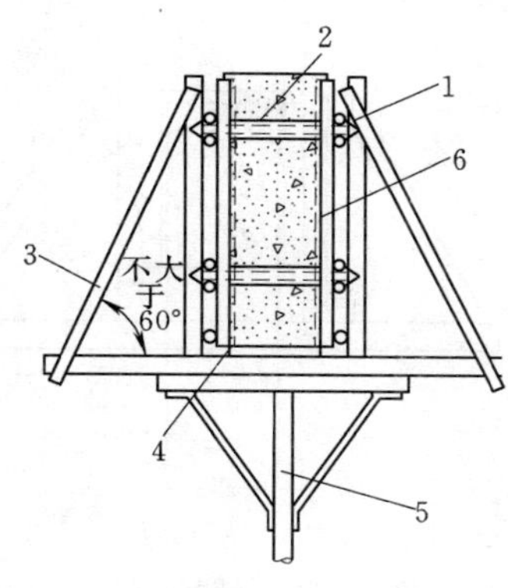

图 9-7　深梁模板支模示意图
1—ϕ50mm 钢管 3 形扣件；2—对拉螺栓套 ϕ30mm 钢管；3—斜撑不大于 60°；4—角模；5—支撑（间距根据计算）；6—旗板拼缝符合要求

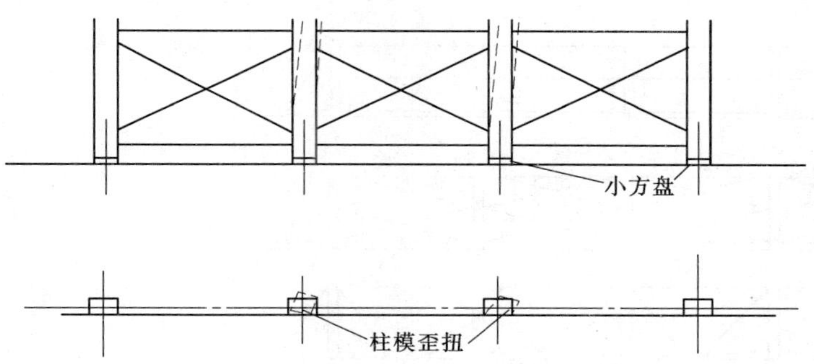

图 9-8　柱模板缺陷

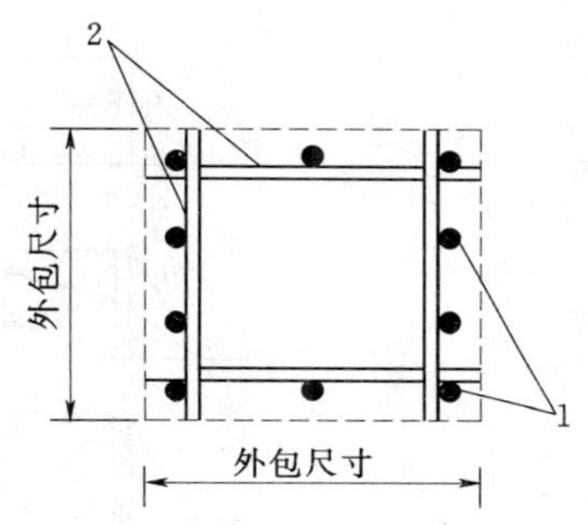

图 9-9　柱底焊外包框
1—柱内钢筋；2—加焊钢筋，长与柱外包齐

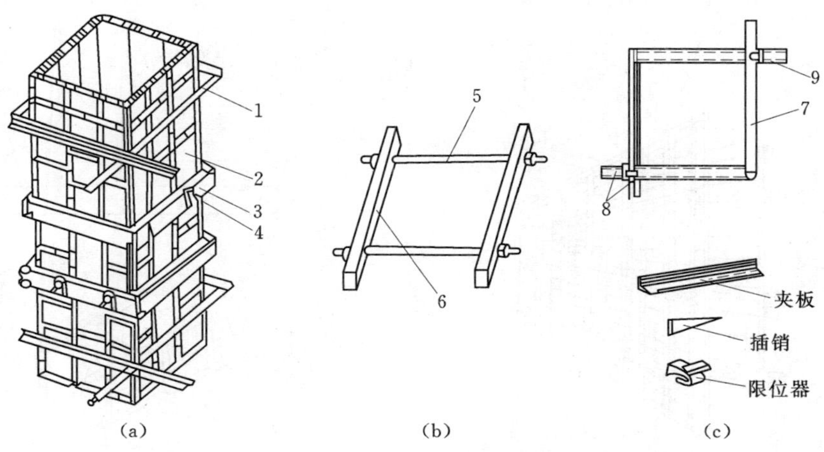

图 9-10　柱钢模板安装示意图
(a) 柱模安装；(b) 钢木夹箍；(c) 角钢型柱箍
1—夹箍；2—模板；3—C 型钢；4—对拉螺栓；5—ϕ8～10mm 螺栓
6—50mm×70mm 夹木；7—夹板；8—插销；9—限位器

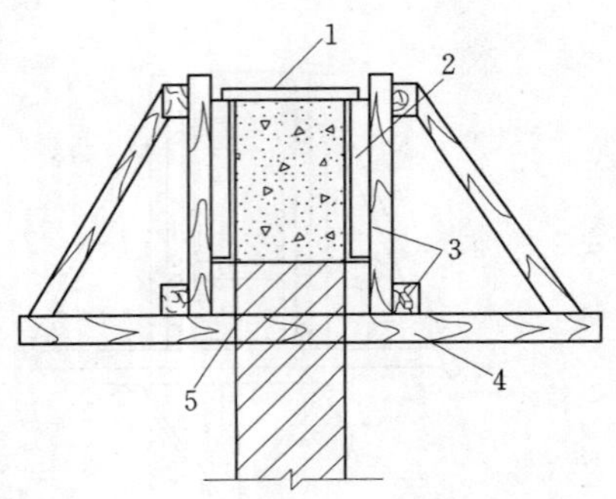

图 9-11 钢模卡具支模法

1—ϕ50mm 钢管 3 形扣件；2—对拉螺栓套 ϕ30mm 钢管；3—斜撑不大于 60°；4—角模；5—支撑

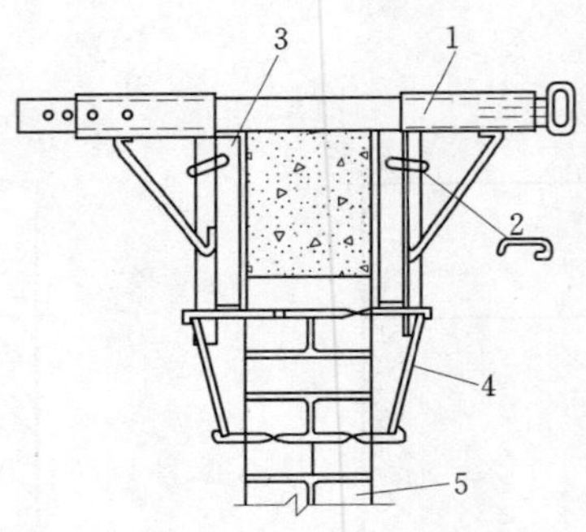

图 9-12 钢模卡具支模法

1—梁卡具；2—钢钩绊；3—钢模板；4—托具；5—砖墙

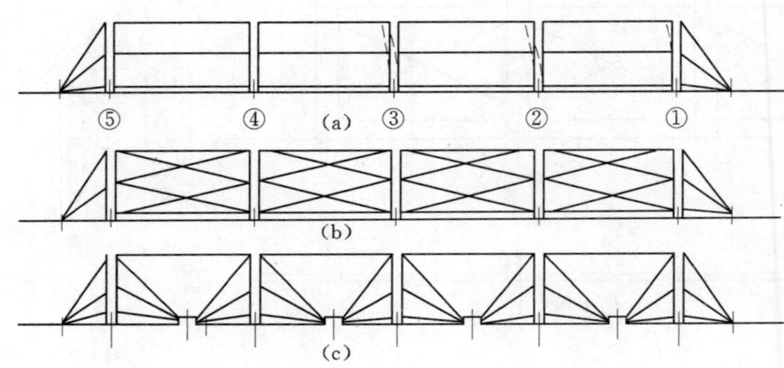

图 9-13 墙模板缺陷示意图

(a) 错误的支撑方法；(b) 正确的支撑方法之一；(c) 正确的支撑方法之二

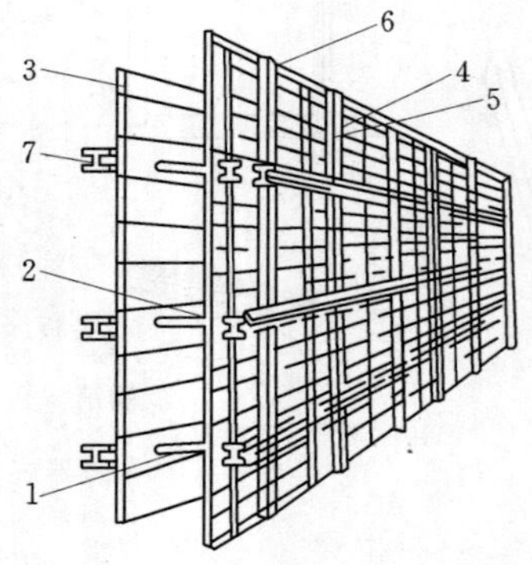

图 9-14 墙模板示意图

1—对拉螺栓；2—钢管或塑料管；3—模板；4—蝶形卡；5—钩头螺栓；6 一竖连杆；7 一横连杆

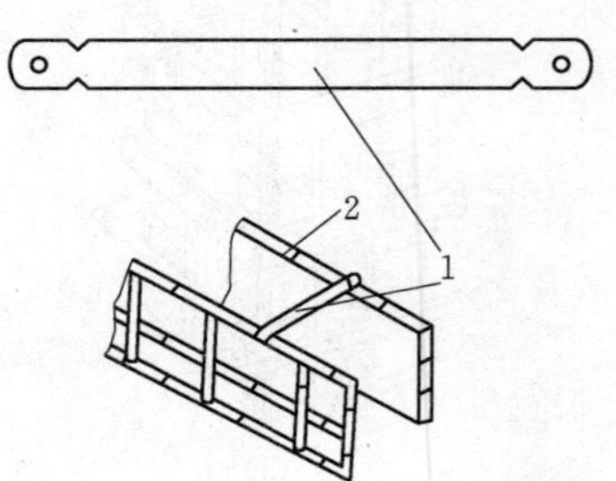

图 9-15 扁钢封口

1—板条式拉杆；2—模板

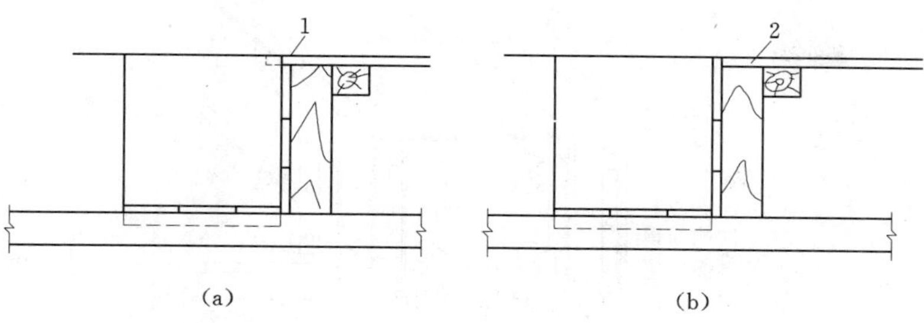

图 9-16　板模板缺陷示意图

(a) 错误的铺钉方法；(b) 正确的铺钉方法

1—板模板铺钉在梁侧模上面；2—板模板铺钉到梁侧模外口齐平

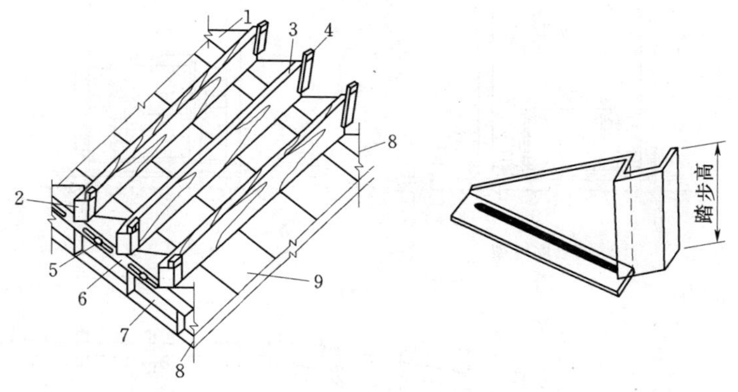

图 9-17　楼梯踏步组合模板侧帮模

1—踏步侧帮（2mm 钢模）；2—[8 槽钢；3—踏步模板；4—嵌缝木条；5—U 形卡；6—2mm 厚扁钢；7—侧模（组合钢模板）；8—角模；9—底模（组合钢模板）

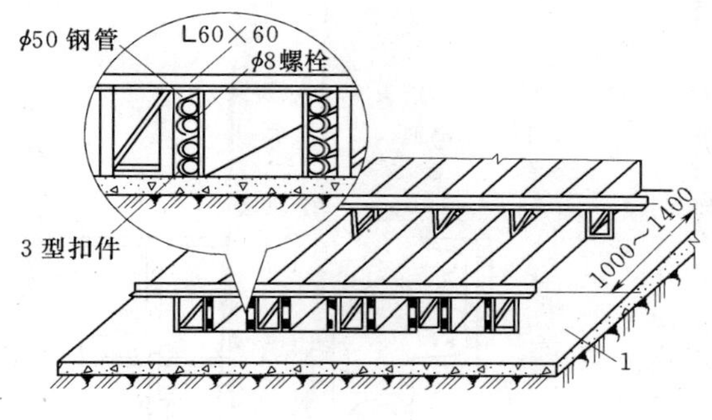

图 9-18　现场预制桩模板示意图

1—地坪（按制桩场地每边放出 200mm）

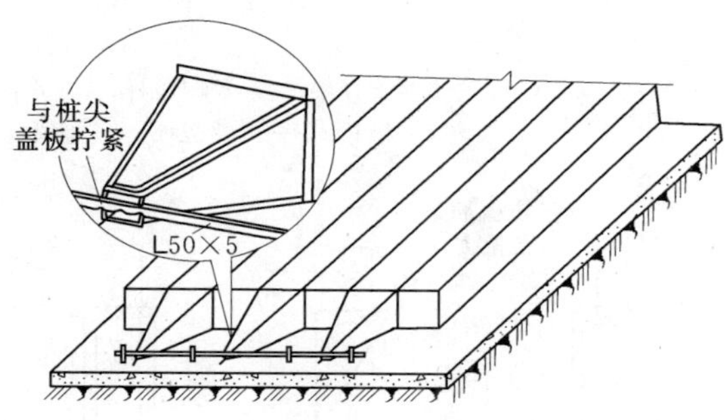

图 9-19　桩尖钢帽

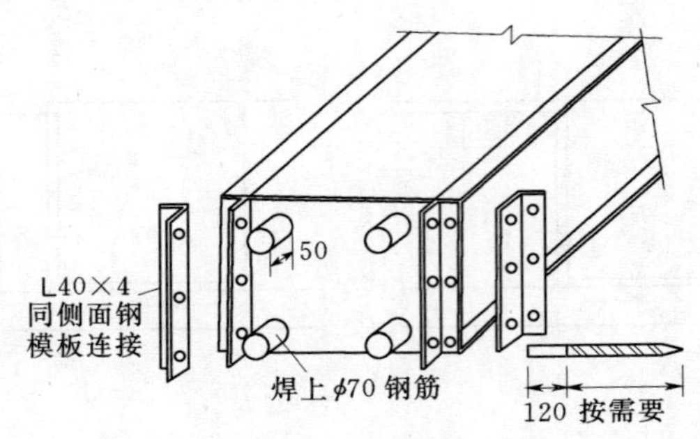

图 9-20 接桩预留孔示意图

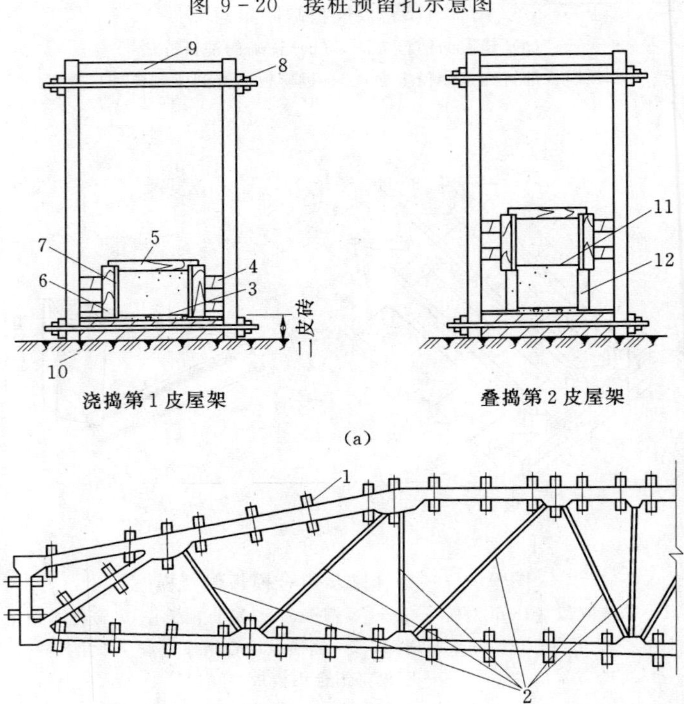

图 9-21 预制桁架模板示意图

(a) 剖面图；(b) 平面图

1—临时支撑架；2—预制腹杆；3—水泥砂浆面层；4—木楔；5—搭头木；6—拼条；7—模板；8—对拉螺栓；9—撑木；10—素土夯实，11—隔离剂；12—撑木

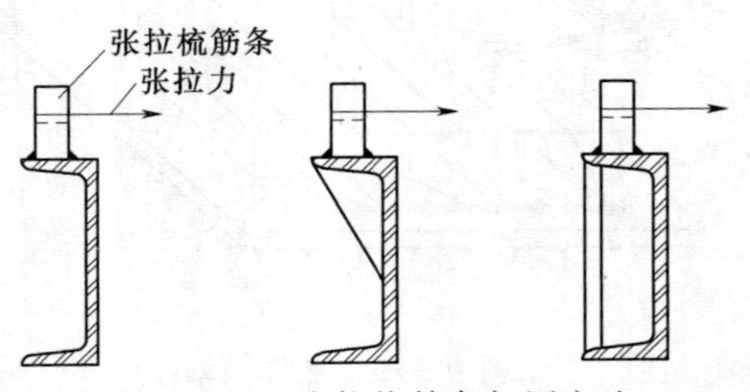

图 9-22 张拉梳筋条加固方法

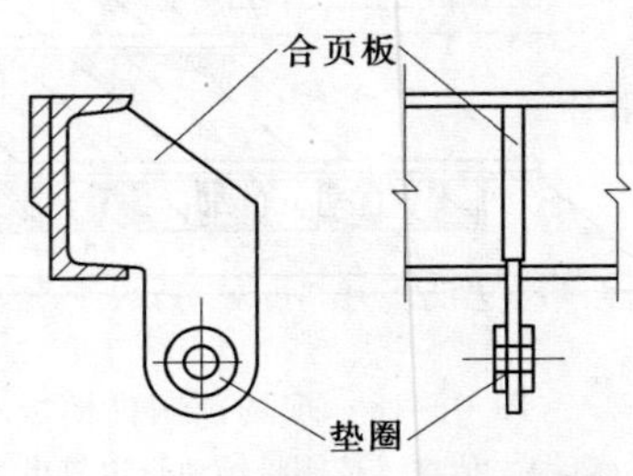

图 9-23 侧模合页板加垫圈

第三节　模板工程质量验收标准

一、模板工程质量验收标准

（一）模板安装

1. 主控项目

主控项目内容验收要求见表 9-2。

表 9-2　主控项目内容及验收要求

序号	项目内容	条　号	质量要求	验收方法
1	模板支撑、立柱位置和垫板	第 4.2.1 条	安装现浇结构的上层模板及其支架时，下层楼板应具有承受上层荷载能力，或加设支架；上、下层支架的立柱应对准，并铺设垫板	检查数量：全数检查 检验方法：对照模板设计文件和施工技术方案观察
2	避免隔离剂沾污	第 4.2.2 条	在涂刷模板隔离剂时，不得沾污钢筋和混凝土接槎处	检查数量：全数检查 检验方法：观察

2. 一般项目

一般项目内容验收要求见表 9-3。

表 9-3　一般项目内容及验收要求

序号	项目内容	条　号	质量要求	验　收　方　法
1	模板安装的一般要求	第 4.2.3 条	模板安装应满足下列要求： （1）模板的接缝不应漏浆；在浇筑混凝土前，木模板应浇水湿润，但模板内不应有积水； （2）模板与混凝土的接触面应清理干净并涂刷隔离剂，但不得采用影响结构性能或妨碍装饰工程施工的隔离剂； （3）浇筑混凝土前，模板内的杂物应清理干净； （4）对清水混凝土工程及装饰混凝土工程，应使用能达到设计效果的模板	检查数量：全数检查 检验方法：观察
2	用作模板地坪、模板质量	第 4.2.4 条	用作模板的地坪、胎模等应平整光洁，不得产生影响构件质量的下沉、裂缝、起砂或起鼓	检查数量：全数检查 检验方法；观察
3	模板起拱高度	第 4.2.5 条	对跨度不小于 4m 的现浇钢筋混凝土梁、板，其模板应按设计要求起拱；当设计无具体要求时，起拱高度宜为跨度的1/1000～3/1000	检查数量：在同一检验批内，对梁，应抽查构件数量的 10%，且不少于 3 件；对板，应按有代表性的自然间抽查 10%，且不少于 3 间；对大空间结构，板可按纵、横轴线划分检查面，抽查 10%，且不少于 3 面 检验方法：水准仪或拉线、钢尺检查

续表

序号	项目内容	条 号	质量要求	验 收 方 法
4	预制件模板安装允许偏差	第4.2.8条	预制构件模板安装的偏差应符合表9-4的规定	检查数量：首次使用及大修后的模板应全数检查；使用中的模板应定期检查，并根据使用情况不定期抽查 检验方法：见表9-4
5	预埋件、预留孔允许偏差	第4.2.6条	固定在模板上的预埋件、预留孔和预留洞均不得遗漏，且应安装牢固，其偏差应符合表9-5的规定	检查数量：在同一检验批内，对梁、柱和独立基础，应抽查构件数量的10%，且不少于3件；对墙和板，应按有代表性的自然间抽查10%，且不少于3间；对大空间结构，墙可按相邻轴线间高度5m左右划分检查面，板可按纵横轴线划分检查面，抽查10%，且均不少于3面 检验方法：钢尺检查
6	现浇结构模板安装允许偏差	第4.2.7条	现浇结构模板安装的偏差应符合表9-6的规定	检查数量：在同一检验批内，对梁、柱和独立基础，应抽查构件数量的10%，且不少于3件；对墙和板，应按有代表性的自然间抽查10%，且不少于3间；对大空间结构，墙可按相邻轴线间高度5m左右划分检查面，板可按纵、横轴线划分检查面，抽查10%，且均不少于3面 检验方法：见表9-6

表9-4 预制构件模板安装的允许偏差及检验方法

项目		允许偏差(mm)	检验方法
长度	板、梁	±5	钢尺量两角边，取其中较大值
	薄腹梁、桁架	±10	
	柱	0，-10	
	墙板	0，-5	
宽度	板、墙板	0，-5	钢尺量一端及中部，取其中较大值
	梁、薄腹梁、桁架、柱	+2，-5	
高（厚）度	板	+2，-3	钢尺量一端及中部，取其中较大值
	墙板	0，-5	
	梁、薄腹梁、桁架、柱	+2，-5	
侧向弯曲	梁、板、柱	$L/1000$ 且≤15	拉线、钢尺量最大弯曲处
	墙板、薄腹梁、桁架	$L/1500$ 且≤15	
板的表面平整度		3	2m靠尺和塞尺检查
相邻两板表面高低差		1	钢尺检查
对角线差	板	7	钢尺量2个对角线
	墙板	5	
翘曲	板、墙板	$L/1500$	调平尺在两端量测
设计起拱	薄腹梁、桁架、梁	±3	拉线、钢尺量跨中

注 L为构件长度，mm。

表 9-5　　预埋件和预留孔洞的允许偏差

项　目		允许偏差(mm)	项　目		允许偏差(mm)
预埋钢板中心线位置		3	预埋螺栓	中心线位置	2
预埋管、预留孔中心线位置		3		外露长度	+10，0
插筋	中心线位置	5	预留洞	中心线位置	10
	外露长度	+10，0		尺　寸	+10，0

注　检查中心线位置时，应沿纵、横两个方向量测，并取其中的较大值。

表 9-6　　现浇结构模板安装的允许偏差及检验方法

项　目		允许偏差(mm)	检验方法
轴线位置		5	钢尺检查
底模上表面标高		±5	水准仪或拉线、钢尺检查
截面内部尺寸	基 础	±10	钢尺检查
	柱、墙、梁	+4，-5	钢尺检查
层高垂直度	不大于 5m	6	经纬仪或吊线、钢尺检查
	大于 5m	8	经纬仪或吊线、钢尺检查
相邻两板表面高低差		2	钢尺检查
表面平整度		5	2m 靠尺和塞尺检查

注　检查轴线位置时，应沿纵、横两个方向量测，并取其中的较大值。

（二）模板拆除

1. 主控项目

主控项目模板拆除验收要求见表 9-7。

表 9-7　　主控项目内容及验收要求

序号	项目内容	规范编号	质　量　要　求	验　收　方　法
1	底模及其支架拆除时的混凝土强度	第 4.3.1 条	底模及其支架拆除时的混凝土强度应符合设计要求；当设计无具体要求时，混凝土强度应符合相关的规定	检查数量：全数检查 检验方法：检查同条件养护试件强度试验报告
2	后张法预应力构件侧模和底模的拆除时间	第 4.3.2 条	对后张法预应力混凝土构件，侧模宜在预应力张拉前拆除；底模支架的拆除应按施工技术方案执行，当无具体要求时，不应在结构构件建立预应力前拆除	检查数量；全数检查 检验方法：观察
3	后浇带拆模和支顶	第 4.3.3 条	后浇带模板的拆除和支顶应按施工技术方案执行	检查数量：全数检查 检验方法：观察

注　规范是指 GB 50204—2002《混凝土结构工程施工质量验收规范》。

2. 一般项目

一般项目模板拆除验收要求见表 9-8。

表 9-8 一般项目内容及验收要求

序号	项目内容	规范编号	质量要求	验收方法
1	避免拆模损伤	第 4.3.4 条	侧模拆除时的混凝土强度应能保证其表面及棱角不受损伤	检查数量：全数检查 检验方法：观察
2	模板拆除、堆放和清运	第 4.3.5 条	模板拆除时，不应对楼层形成冲击荷载。拆除的模板和支架宜分散堆放并及时清运	检查数量：全数检查 检验方法：观察

注 规范是指 GB 50204—2002《混凝土结构工程施工质量验收规范》。

二、质量验收文件

模板工程质量验收文件主要包括以下内容：

（1）模板设计及施工技术方案。

（2）技术复核单。

（3）检验批质量验收记录。

（4）模板分项工程质量验收记录。

三、质量验收记录内容与要求

（一）模板设计图

在进行模板配板布置及支撑系统布置的基础上，要严格对其强度、刚度及稳定性进行验算，合格后要绘制全套模板设计图，其中包括模板平面布置配板图，分块图、组装图、节点大样图、零件及非定型拼接件加工图。

（二）施工物资资料

施工物资资料包括各种模板及连接件、隔离剂等的出厂合格证及质量证明文件。

（三）施工记录

1. 预检记录

模板：检查几何尺寸、轴线、标高、预埋件及预留孔位置、模板牢固性、接缝严密性、起拱情况、清扫口留置、模内清理、脱模剂涂刷、止水要求等；节点做法，放样检查。

须办理预检的分项工程完成后，由专业工长填写预检记录，项目技术负责人组织，项目质量检查员、专业工长及班组长参加验收并将检查意见填入栏内。如检查中发现问题，施工班组进行整改后，再对本分项工程进行复验，将复查意见填入复查意见栏中。未经预检或预检未达到合格标准的不得进入下道工序。

2. 工序交接检查记录

在上一道工序完成并进入下一道工序时，要由质检员组织上、下工序施工负责人进行工序施工交接检查，对上一工序的施工质量进行检查，质量合格后才能进入下一工序，上一工序施工负责人要对下一工序施工负责人进行质量、技术、数据交接，填写工序交接检查记录单，并签字确认。

3. 混凝土拆模申请单

在拆除现浇混凝土结构板、梁、悬臂构件等底模柱墙侧模前，应填写混凝土拆模申请单并附同条件混凝土强度报告，报项目专业技术负责人审批，通过后方可拆模。

（四）施工试验记录

混凝土抗压强度试验报告。

供拆模作参考的同条件混凝土抗压强度试验报告，同条件养护的试块数量应与 28d 标养的混凝土试块数量相同。

（五）施工质量验收记录

（1）检验批施工完成，施工单位自检合格后，应由项目专业质量检查员填报《检验批质量验收记录表》（按照建设部施工质量验收系列规范标准表格执行）。

（2）检验批质量验收应由监理工程师（建设单位项目专业技术负责人）组织项目专业质量检查员等进行验收并签认。

（3）模板分项工程是混凝土浇筑成形用的模板及其支架的设计、安装、拆除等一系列技术工作和完成实体的总称。由于模板可以连续周转使用，故模板分项工程所含检验批通常根据模板安装和拆除的数量确定。

模板工程质量验收记录表见表 9－9～表 9－11。

表 9－9　　模板安装工程检验批质量验收记录表（GB 50204—2002）

单位（子单位）工程名称							
分部（子分部）工程名称						验收部位	
施工单位						项目经理	
施工执行标准名称及编号							
施工质量验收规范的规定						施工单位检查评定记录	监理（建设）单位验收记录
主控项目	1	模板支撑、立柱位置和垫板			第 4.2.1 条		
	2	避免隔离剂沾污			第 4.2.2 条		
一般项目	1	模板安装的一般要求			第 4.2.3 条		
	2	用作模板地坪、胎膜质量			第 4.2.4 条		
	3	模板起拱高度			第 4.2.5 条		
	4	预埋件、预留孔允许偏差	预埋钢板中心线位置（mm）		3		
			预埋管、预留孔中心线位置（mm）		3		
			插筋	中心线位置（mm）	5		
				外露长度（mm）	＋10，0		
			预埋螺栓	中心线位置（mm）	2		
				外露长度（mm）	＋10，0		
			预留洞	中心线位置（mm）	10		
				尺寸（mm）	＋10，0		
	5	模板安装允许偏差	轴线位置（mm）		5		
			底模上表面标高（mm）		±5		
			截面内部尺寸（mm）	基础	±10		
				柱、墙、梁	＋4，－5		
			层高垂直度（mm）	大于 5m	6		
				大于 5m	8		
			相邻两板表面高低差（mm）		2		
			表面平整度（mm）		5		
施工单位检查评定结果			专业工长（施工员）			施工班组长	
			项目专业质量检查员　年　月　日				
监理（建设）单位验收结论			专业监理工程师（建设单位项目专业技术负责人）　年　月　日				

表 9-10 预制构件模板工程检验批质量验收记录表（GB 50204—2002）

单位（子单位）工程名称							
分部（子分部）工程名称					验收部位		
施工单位					项目经理		
施工执行标准名称及编号							
施工质量验收规范的规定						施工单位检查评定记录	监理（建设）单位验收记录
主控项目	1	避免隔离剂沾污			第 4.2.2 条		
一般项目	1	模板安装的一般要求			第 4.2.3 条		
	2	用作模板地坪、胎模质量			第 4.2.4 条		
	3	模板起拱高度			第 4.2.5 条		
	4	预埋件、预留孔允许偏差	预埋钢板中心线位（mm）		3		
			预埋管、预留孔中心线位置（mm）		3		
			插筋	中心线位置（mm）	5		
				外露长度（mm）	＋10.0		
			预埋螺栓	中心线位置（mm）	2		
				外露长度（mm）	＋10，0		
			预留洞	中心线位置（mm）	10		
				尺寸（mm）	＋10，0		
	5	预制构件模板允许偏差	长度（mm）	板、梁	±5		
				薄腹梁、桁架	±10		
				柱	0，－10		
				墙板	0，－5		
			宽度（mm）	板、墙板	0，－5		
				梁、薄腹梁、桁架、柱	＋2，－5		
			高（厚度）（mm）	板	＋2，－3		
				墙板	0，－5		
				梁、薄腹梁、桁架、柱	＋2，－5		
			侧向弯曲	梁、板、柱	$L/1000$ 且≤15		
				墙板、薄腹梁、桁架	$L/1000$ 且≤15		
			板的表面平整度（mm）		3		
			相邻两板表面高低差（mm）		1		
			对角线差	板	7		
				墙板	5		
			翘曲（mm）	板、墙板	$L/1500$		
			设计起拱	薄腹梁、桁架、梁	±3		

施工单位检查评定结果	专业工长（施工员）		施工班组长	
	项目专业质量检查员 年 月 日			
监理（建设）单位验收结论	专业监理工程师			

表 9-11　　模板拆除工程检验批质量验收记录表（GB 50204—2002）

<table>
<tr><td colspan="3">单位（子单位）工程名称</td><td colspan="3"></td></tr>
<tr><td colspan="3">分部（子分部）工程名称</td><td colspan="2"></td><td>验收部位</td></tr>
<tr><td colspan="2">施工单位</td><td colspan="3"></td><td>项目经理</td></tr>
<tr><td colspan="3">施工执行标准名称及编号</td><td colspan="3"></td></tr>
<tr><td colspan="4">施工质量验收规范的规定</td><td>施工单位检查评定记录</td><td>监理（建设）单位验收记录</td></tr>
<tr><td rowspan="3">主控项目</td><td>1</td><td>底模及其支架拆除时的混凝土强度</td><td>第 4.3.1 条</td><td></td><td rowspan="3"></td></tr>
<tr><td>2</td><td>后张法预应力构件侧模和底模的拆除时间</td><td>第 4.3.2 条</td><td></td></tr>
<tr><td>3</td><td>后浇带拆模和支顶</td><td>第 4.3.3 条</td><td></td></tr>
<tr><td rowspan="2">一般项目</td><td>1</td><td>避免拆模损伤</td><td>第 4.3.4 条</td><td></td><td rowspan="2"></td></tr>
<tr><td>2</td><td>模板拆除、堆放和清运</td><td>第 4.3.5 条</td><td></td></tr>
<tr><td colspan="3" rowspan="2">施工单位检查评定结果</td><td>专业工长（施工员）</td><td></td><td>施工班组长</td></tr>
<tr><td colspan="3">项目专业质量检查员　　年　月　日</td></tr>
<tr><td colspan="3">监理（建设）单位验收结论</td><td colspan="3">专业监理工程师
（建设单位项目专业技术负责人）　　年　月　日</td></tr>
</table>

第四节　模　板　拆　除

混凝土结构在浇筑完成一些构件或一层结构之后，经过自然养护（或冬期蓄热法等养护）之后，在混凝土具有相当强度时，为使模板能周转使用，就要对支撑的模板进行拆除。

拆模一般可分为两种情况：一种是在混凝土硬化后对模板无作用力的，如侧模板；另一种是混凝土已硬化，但要拆除模板则其构件本身还不具备承担荷载的能力。那么，构件的这种模板是不能拆除的。

一、拆模条件

（一）现浇混凝土结构拆模条件

对于整体式结构的拆模期限，应遵守以下规定：

（1）非承重的侧面模板，在混凝土强度能保证其表面及棱角不因拆除模板而损坏时，方可拆除。

(2) 底模板在混凝土强度达到表 9-12 规定后，方能拆除。

表 9-12　　底模拆除时的混凝土强度要求

构件类型	构件跨度（m）	达到设计的混凝土立方体抗压强度标准值的百分率（%）
板	≤2	≥50
	>2，≤8	≥75
	>8	≥100
梁、拱、壳	≤8	≥75
	>8	≥100
悬臂构件	—	≥100

(3) 已拆除模板及其支架的结构，应在混凝土达到设计强度后，才允许承受全部计算荷载。施工中不得超载使用已拆除模板的结构，严禁堆放过量建筑材料。当承受施工荷载大于计算荷载时，必须经过核算加设临时支撑。

(4) 钢筋混凝土结构如在混凝土未达到表 9-12 所规定的强度时进行拆模及承受部分荷载，应经过计算复核结构在实际荷载作用下的强度。必要时应加设临时支撑，但需说明的是表 9-12 中的强度系指抗压强度标准值。强度在常温下可以按曲线表 9-13 推算，而在低温时应按所做的同条件试块压出的值来确定。所以冬期施工拆模时间离浇筑完毕时间较长。

表 9-13　　混凝土强度与温度、龄期的关系曲线表

控制混凝土所用水泥种类	关系曲线
32.5	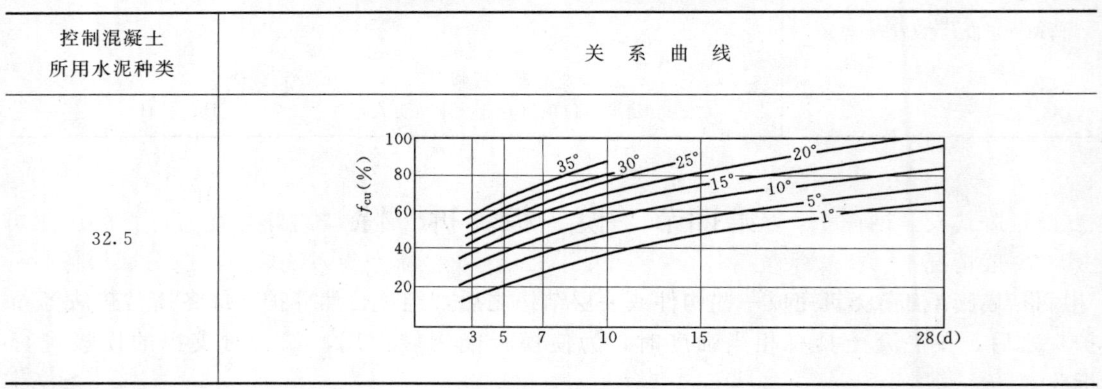

(5) 多层框架结构当需拆除下层结构的模板和支架，而其混凝土强度尚不能承受上层模板和支架所传来的荷载时，则上层结构的模板应选用减轻荷载的结构（如悬吊式模板、桁架支模等），但必须考虑其支承部分的强度和刚度。或对下层结构另设支柱（或称再支撑）后，才可安装上层结构的模板。

(二) 预制构件拆模条件

预制构件的拆模强度，当设计无明确要求时，应遵守下列规定：

(1) 拆除侧面模板时，混凝土强度能保证构件不变形、棱角完整和无裂缝时方可拆除。

（2）承重底模时应符合表9-14的规定。

（3）拆除空心板的芯模或预留孔洞的内模时，在能保证表面不发生塌陷和裂缝时方可拆模，并应避免较大的振动或碰伤孔壁。

表9-14　　预制构件拆模时所需的混凝土强度

预制构件的类别	按设计的混凝土强度标准值的百分率计（%）	
	拆侧模板	拆底模板
普通梁、跨度在4m及4m以内分节脱模	25	50
普通薄腹梁、吊车梁、T形梁、Γ形梁、柱、跨度在4m以上	40	75
先张法预应力屋架、屋面板、吊车梁等	50	建立预应力后
先张法各类预应力薄板重叠浇筑	25	建立预应力后
后张法预应力块体竖立浇筑	40	75
后张法预应力块体平卧重叠浇筑	25	75

（三）滑升模板拆除条件

滑动模板装置的拆除，尽可能避免在高空作业。提升系统的拆除可在操作平台上进行，只要先切断电源，外防护齐全（千斤顶拟留待与模板系统同时拆除），不会产生安全问题。

（1）模板系统及千斤顶和外挑架、外吊架的拆除，宜采用按轴线分段整体拆除的方法。总的原则是先拆外墙（柱）模板（提升架、外挑架、外吊架一同整体拆下）；后拆内墙（柱）模板。模板拆除程序如下：将外墙（柱）提升架向建筑物内侧拉牢→外吊架挂好溜绳→松开围圈连接件→挂好起重吊绳，并稍稍绷紧→松开模板拉牢绳索→割断支承杆→模板吊起缓慢落下→牵引溜绳使模板系统整体躺倒地面→模板系统解体。

此种方法模板吊点必须找好，钢丝绳垂直线应接近模板段重心，钢丝绳绷紧时，其拉力接近并稍小于模板段总重。

（2）若条件不允许时，模板必须高空解体散拆。高空作业危险性较大，除在操作层下方设置卧式安全网防护，危险作业人员系好安全带外，必须编制好详细、可行的施工方案。一般情况下，模板系统解体前，拆除提升系统及操作平台系统的方法与分段整体拆除相同，模板系统解体散拆的施工程序为：拆除外吊架脚手板、护身栏（自外墙无门窗洞口处开始，向后倒退拆除）→拆除外吊架吊杆及外挑架→拆除内固定平台→拆除外墙（柱）模板→拆除外墙（柱）围圈→拆除外墙（柱）提升架→将外墙（柱）千斤顶从支承杆上端抽出→拆除内墙模板→拆除一个轴线段围圈，相应拆除一个轴线段提升架→千斤顶从支承杆上端抽出。

高空解体散拆模板必须掌握的原则是：在模板解体散拆的过程中，必须保证模板系统的总体稳定和局部稳定，防止模板系统整体或局部倾倒塌落。因此，制定方案、技术交底和实施过程中，务必有专门负责人员统一组织、指挥。

二、拆模程序

（1）模板拆除一般是先支的后拆，后支的先拆，先拆非承重部位，后拆承重部位，并做到不损伤构件或模板。

(2) 肋形楼盖应先拆柱模板，再拆楼板底模、梁侧模板，最后拆梁底模板。拆除跨度较大的梁下支柱时，应先从跨中开始分别拆向两端。侧立模的拆除应按自上而下的原则进行。

(3) 工具式支模的梁、板模板的拆除，应先拆卡具，顺口方木、侧板，再松动木楔，使支柱、桁架等平稳下降，逐段抽出底模板和横档木，最后取下桁架、支柱、托具。

(4) 多层楼板模板支柱的拆除：当上层模板正在浇筑混凝土时，下一层楼板的支柱不得拆除，再下一层楼板支柱，仅可拆除一部分。跨度4m及4m以上的梁，均应保留支柱，其间距不得大于3m；其余再下一层楼的模板支柱，当楼板混凝土达到设计强度时，方可全部拆除。

三、拆模注意事项

(1) 拆除时不要用力过猛、过急，拆下来的木料应整理好及时运走，做到活完地清。

(2) 在拆除模板过程中，如发现混凝土有影响结构安全的质量问题时，应暂停拆除。经处理后，方可继续拆除。

(3) 拆除跨度较大的梁下支柱时，应先从跨中开始，分别拆向两端。

(4) 多层楼板模板支柱的拆除，其上层楼板正在浇灌混凝土时，下一层楼板模板的支柱不得拆除，再下一层楼板的支柱，仅可拆除一部分。

(5) 拆模间歇，应将已活动的模板、牵杆、支撑等运走或妥善堆放，防止因扶空、踏空而坠落。

(6) 模板上有预留孔洞者，应在安装后将洞口盖好。混凝土板上的预留孔洞，应在模板拆除后随即将洞口盖好。

(7) 模板上架设的电线和使用的电动工具，应用36V的低压电源或采用其他有效的安全措施。

(8) 拆除模板一般用长撬棍。人不许站在正在拆除的模板下。在拆除模板时，要防止整块模板掉下，拆模人员要站在门窗洞口外拉支撑，防止模板突然全部掉落伤人。

(9) 高空拆模时，应有专人指挥，并在下面标明工作区，暂停人员过往。

(10) 定型模板要加强保护，拆除后即清理干净，堆放整齐，以利再用。

(11) 已拆除模板及其支架的结构，应在混凝土强度达到设计强度等级后，才允许承受全部计算荷载。当承受施工荷载大于计算荷载时，必须经过核算，加设临时支撑。

参 考 文 献

[1] GB 50204—2002 混凝土结构工程施工质量验收规范. 北京：中国建筑工业出版社，2002.
[2] GB 50300—2001 建筑工程施工质量验收统一标准. 北京：中国计划出版社，2001.
[3] GB 50214—2001 组合钢模板技术规范. 北京：中国计划出版社，2001.
[4] GB 50113—2005 滑动模板工程技术规范. 北京：中国计划出版社，2005.
[5] GB 50005—2003 木结构设计规范. 北京：中国建筑工业出版社，2003.
[6] GB 50214—2001 组合钢模板技术规范. 北京：中国计划出版社，2001.
[7] GB/T 13123—2003 竹编胶合板. 北京：中国标准出版社，2003.
[8] GB/T 17656—2008 混凝土模板用胶合板. 北京：中国建筑工业出版社，2008.
[9] GB 50018—2002 冷弯薄壁型钢结构技术规范. 北京：中国计划出版社，2003.
[10] JJ 80—1991 滑模液压提升机. 北京：中国建筑工业出版社，1991.
[11] JCJ 96—1995 钢框胶合板模板技术规程. 北京：中国建筑工业出版社，2003.
[12] JG/T 156—2004 竹胶合板模板. 北京：中国标准出版社，2004.
[13] JGJ 130—2001 J84—2001 建筑施工扣件式钢管脚手架安全技术规范. 北京：中国建筑工业出版社，2002.
[14] JGJ 74—2003 建筑工程大模板技术规程. 北京：中国建筑工业出版社，2003.
[15] JGJ 128—2000 J43—2000 建筑施工门式钢管脚手架安全技术规范. 北京：中国建筑工业出版社，2000.
[16] JGJ 162—2008 建筑施工模板安全技术规范. 北京：中国建筑工业出版社，2008.
[17] 瞿义勇. 模板工长实用技术手册. 北京：中国电力出版社，2008.
[18] 徐光霞. 模板工程安全·操作·技术. 北京：中国建材工业出版社，2007.
[19] 杨嗣信. 建筑工程模板施工手册. 北京：中国建筑工业出版社，2004.
[20] 郭杏林. 模板工程施工细节详解. 北京：机械工业出版社.
[21] 杨嗣信. 模板工程现场施工实用手册. 北京：人民交通出版社，2005.
[22] 张建边. 模板工. 北京：化学工业出版社，2008.